BIM – Das digitale Miteinander

Jetzt diesen Titel zusätzlich als E-Book downloaden und 70 % sparen!

Als Käufer dieses Buchtitels haben Sie Anspruch auf ein besonderes Kombi-Angebot: Sie können den Titel zusätzlich zum Ihnen vorliegenden gedruckten Exemplar für nur 30 % des Normalpreises als E-Book beziehen.

Der BESONDERE VORTEIL: Im E-Book recherchieren Sie in Sekundenschnelle die gewünschten Themen und Textpassagen. Denn die E-Book-Variante ist mit einer komfortablen Volltextsuche ausgestattet!

Deshalb: Zögern Sie nicht. Laden Sie sich am besten gleich Ihre persönliche E-Book-Ausgabe dieses Titels herunter.

In 3 einfachen Schritten zum E-Book:

1. Rufen Sie die Website **www.beuth.de/e-book** auf.

2. Geben Sie hier Ihren persönlichen, nur einmal verwendbaren E-Book-Code ein:

   3135737734F5394

3. Klicken Sie das „Download-Feld“ an und gehen dann weiter zum Warenkorb. Führen Sie den normalen Bestellprozess aus.

Hinweis: Der E-Book-Code wurde individuell für Sie als Erwerber dieses Buches erzeugt und darf nicht an Dritte weitergegeben werden. Mit Zurückziehung dieses Buches wird auch der damit verbundene E-Book-Code für den Download ungültig.

BIM – Das digitale Miteinander

André Pilling

BIM – Das digitale Miteinander

Planen, Bauen und Betreiben
in neuen Dimensionen

4., aktualisierte und erweiterte Auflage 2022

Herausgeber:
DIN Deutsches Institut für Normung e. V.

Beuth Verlag GmbH · Berlin · Wien · Zürich

Herausgeber: DIN Deutsches Institut für Normung e. V.

Berlin · Wien · Zürich
Am DIN-Platz
Burggrafenstraße 6
10787 Berlin

Telefon: +49 30 2601-0
Telefax: +49 30 2601-1260
Internet: www.beuth.de
E-Mail: kundenservice@beuth.de

Maßgebend für das Anwenden jeder in diesem Werk erläuterten oder zitierten Norm ist deren Fassung mit dem neuesten Ausgabedatum. Den aktuellen Stand zu jeder DIN-Norm können Sie im Webshop des Beuth Verlags unter www.beuth.de abfragen. Dort finden Sie insbesondere etwaige Berichtigungen und Warnvermerke, welche bei der Anwendung der jeweiligen Norm unbedingt zu beachten sind.

Titelbild: © André Ringel

Satz: Beuth Verlag GmbH, Berlin

Druck: Drukarnia Skleniarz, Kraków

Gedruckt auf säurefreiem, alterungsbeständigem Papier nach DIN EN ISO 9706

ISBN 978-3-410-31357-1
ISBN (E-Book) 978-3-410-31358-8

Grußwort

Gunther Wölfle, Geschäftsführer buildingSMART Deutschland e. V.

Als dieses Buch in seiner ersten Auflage im Jahr 2016 erschien, war Building Information Modeling (BIM) in Deutschland angekommen. Was damals bedeutete, dass sich (vor allem) die planenden Berufe mit Building Information Modeling befassten und – allerdings nur teilweise – auch nutzten. Diese Zeit liegt lange zurück, und schaut man auf die heutigen, drängenden Themen der Bauwirtschaft, so wirkt die gemachte Feststellung etwas aus der Zeit gefallen: Ein „BIM ist angekommen“ wäre zu wenig und heute können wir konstatieren: BIM wird mehr und mehr eingesetzt und setzt sich in der Breite der Bauwirtschaft durch. Längst melden sich auch Bauherren – etwa aus der Industrie, der Energiewirtschaft, aber auch der öffentlichen Hand – bei buildingSMART Deutschland, schließen sich uns an und beteiligen sich aktiv. Die gemeinsame Motivation ist, Digitalisierung wertschöpfend zu nutzen und diese aktiv und vielfältig mitzugestalten.

Denn die heimische Bauwirtschaft ist gefordert wie selten zuvor. Einer extremen Nachfrage nach Wohnungen, energetischen Sanierungen, der Ertüchtigung von Infrastrukturbauwerken stehen harsche Verknappungen der zwingend nötigen Ressourcen gegenüber: Fachkräfte und Baumaterialien, sei es Bauholz oder Stahl, Beton oder auch Logistikkapazitäten, sind schwer und nur zu hohen Preisen zu bekommen. Dieser Zustand – hohe Anforderungen und knappe Ressourcen – wird voraussichtlich auf Jahre hinweg die Wirklichkeit des Planens, Bauens und Betreibens von Bauwerken begleiten.

BIM ist ein immens wichtiger Schlüssel, um die hohe Nachfrage und die Ressourcenknappheit zu bewältigen. Wie in anderen Industrie- und Wirtschaftszweigen auch, so ist der Einsatz von digitalen Methoden und Werkzeugen unerlässlich, um Effizienzen zu steigern, Qualitäten zu sichern, Nachhaltigkeit zu gewährleisten, Nutzungsversprechen zu halten, Ressourcen schonend und sparsam einzusetzen und vieles, vieles mehr. BIM ist für die Bauwirtschaft somit zu einem Dreh- und Angelpunkt über Erfolg und Misserfolg geworden – wobei Misserfolge schlicht nicht (mehr) tragbar sind.

Mit BIM ziehen nicht nur einfach neue digitale Methoden und Werkzeuge in die Baubranche ein, wie etwa VR-Brillen für die virtuelle Planungsbesprechung. Die sich im Gange befindliche Transformation ist umfassender und sehr vielfältig. Es ändern sich – vielmehr: erweitern sich – Rollenbilder und Abläufe. Wo früher eine fehlerhafte Durchbruchsplanung oder eine falsche Betonbestellung die halbe Baustelle lähmte, lassen sich solche drohenden Probleme heute dank digitaler Bauablaufplanung und an Lean-Management-Methoden angelehnte

Arbeitsweisen rechtzeitig identifizieren und wirksam korrigieren. BIM fordert und fördert schlanke, kollaborativ angelegte Prozesse, in deren Mittelpunkt ein neues Miteinander beim Bauen entsteht.

BIM bedeutet, mit großen Informations- und Datenmengen umgehen zu können. Daten sind zu einem neuen, sehr wertvollen Baustoff geworden. Offene (Daten-) Standards und Schnittstellen, wofür buildingSMART seit nunmehr schon fast drei Jahrzehnten steht, ermöglichen, diesen Datenrohstoff nicht nur einfach zu nutzen, sondern diesen vielfältig und hochinnovativ nutzbar zu machen. Der BIM Champions Wettbewerb von buildingSMART Deutschland belegt dies Jahr für Jahr eindrucksvoll.

Dieses Buch richtet sich an alle, die BIM Champion werden wollen – es zeigt in nachvollziehbaren Beispielen und Erläuterungen Wege auf, mit BIM erfolgreich zu planen, zu bauen und Bauwerke zu erschaffen, die nutzergerecht und nachhaltig und wirtschaftlich betrieben werden können.

Gunther Wölfle

Geschäftsführer buildingSMART Deutschland e.V.

Vorwort

Building Information Modelling oder das digitale Miteinander am Bau

Der globale Gebäudesektor wächst in einem noch nie dagewesenen Tempo und wird dies auch weiterhin tun. In den nächsten 40 Jahren müssen weltweit ca. 230 Milliarden Quadratmeter neu gebaut werden – das entspricht der Fläche von Paris, die jede Woche auf der Erde entsteht. Das sind beeindruckende, aber auch erschreckende Zahlen. Denn wir können diese Gebäude nicht mehr so erstellen, wie wir das bis anhin getan haben. Aspekte der Nachhaltigkeit und Energieeffizienz, knapp werdende Rohstoffe, steigende Kosten, ein Mangel an Fachkräften, gestiegene Ansprüche der Eigentümer und Nutzer, veränderte politische Rahmenbedingungen und mangelhafte Produktivität stellen die Bauwirtschaft unter immensen Veränderungsdruck.

Was andere Industriezweige in überschaubaren Schritten über viele Jahre hinweg erreicht haben, muss die Bauwirtschaft nun in kurzer Zeit schaffen. Es geht um Nachhaltigkeitsziele, Produktivitätssteigerung, Wirtschaftlichkeit, Schnelligkeit und – als Treiber und Enabler – um die Digitalisierung.

Der größte Teil des Gebäudebestands hat zudem das Alter für eine Renovierung erreicht: 90 % des Gesamtbestands wurde vor 1990 gebaut, davon 40 % vor 1960, als Normen für die Gesamtenergieeffizienz von Gebäuden noch nicht verpflichtend waren. Angesichts des alternden Gebäudebestands werden auch Lösungen benötigt, die die Renovierungsrate erhöhen und die Renovierungszeit verkürzen können. In einer zunehmend datengesteuerten Welt wird eine bessere Nutzung von Daten zu besseren Entscheidungen, besserer Planung und besserer Ausführung von Sanierungsprojekten für bestehende Gebäude führen, was zu höherer Produktivität und letztlich zu besseren Ergebnissen für alle Beteiligten führt. Daten ohne Kontext sind Rauschen. Mit dem richtigen Kontext können Daten verarbeitet werden, um verwertbare Informationen und Wissen zu generieren und den Austausch und die Kommunikation zwischen den Beteiligten zu erleichtern.

Eine Möglichkeit, sich diesen veränderten Bedingungen anzupassen, liegt in einer konsequenten digitalen Transformation der gesamten Branche. Ein zentraler Hebel ist dabei Building Information Modelling (BIM).

BIM: 100 % digitale Planung, über die Simulation im digitalen Gebäudezwilling, den Betrieb bis hin zu Sanierung oder Rückbau

Building Information Modeling (BIM) ist für die Infrastrukturbranche das, was Industrie 4.0 für die Fertigung ist. Unstrittig ist, dass BIM neben anderen Digitalisierungstrends wie Virtual und Augmented Reality, Robotik, selbstfahrende Baufahrzeuge, Baumaterialien aus 3D-Druckern die wichtigste Antwort der Branche auf ihre Herausforderungen ist. Gerade im Bereich der Gebäudeplanung und -ausführung steht die Digitalisierung in Form von Building Information Modeling (BIM) ganz oben auf der Agenda. Als digitaler Ansatz revolutioniert BIM den gesamten Planungs- und Errichtungsprozess und – wenn es richtig gemacht wird – reicht die BIM-Wertschöpfungskette von der grundlegenden Analyse, Vor- und Entwurfsplanung bis hin zur Dokumentation. Darüber hinaus umfasst sie den Fertigungsprozess, Mengenermittlungen, Terminplanungen und das Baustellenmanagement. Nach der Fertigstellung können die so generierten Informationen über den gesamten Lebenszyklus für den Betrieb und das Facility Management genutzt werden. Somit ist BIM als branchenweit akzeptierte Arbeitsmethode zur intelligenten Vernetzung von Gewerken, Werkzeugen, Prozessen und Nutzern der zentrale Hebel für die Digitalisierung in der Bauwirtschaft.

Allerdings bedeutet die Anwendung von BIM für alle Beteiligten eine grundlegende Umstellung: Der Aufbau von Methoden- und Werkzeugkompetenz, die Bereitstellung umfassend ausgearbeiteter BIM-Objekte für alle Bauteile und die kontinuierliche Zusammenarbeit aller Gewerke für eine koordinierte Planung und Ausführung sind die entscheidenden Parameter. Aber nur durch die Digitalisierung mit BIM wird die Baubranche in der Lage sein, die hohen Anforderungen an Produktivitätssteigerung, Termintreue, Ressourcenschonung und Rezyklierfähigkeit der verbauten Materialien zu erfüllen.

Das Thema Nachhaltigkeit wird am besten so früh wie möglich in einem Bauprojekt berücksichtigt, seien es ökologische Aspekte wie CO_2-Neutralität, ökonomische Aspekte wie Energie- und Kosteneffizienz oder soziale Aspekte wie thermischer Komfort für die Nutzer.

Und nur wer in der Lage ist, BIM konsequent anzuwenden, wird auf den Märkten der Zukunft als Planer, Hersteller, Bauherr und Betreiber erfolgreich sein.

BIM wird Beschaffungsprozesse stark verändern

Mit BIM geplante Gebäude sind zum Zeitpunkt der Ausschreibung – und damit lange vor ihrer Errichtung – bereits digital „fertig". Das bedeutet auch, dass Investoren und Planer bereits sehr solide Vorentscheidungen über die Merkmale und Eigenschaften der zu verwendenden Produkte getroffen haben müssen. Mit anderen Worten: Die Erzeuger und Lieferanten, die in einem Projekt zum Einsatz kommen sollen, stehen am Ende der Planungsphase weitgehend fest. Die eigentliche Erstellung des Leistungsverzeichnisses ist dann nur noch ein „Knopfdruck", um die Ergebnisse des Planungsprozesses zu exportieren.

BIM oder nicht BIM – das ist nicht die Frage

Weltweit sind verschiedene Normungsinitiativen zu BIM im Gange, die in Normen und Gesetzen umgesetzt wurden oder werden. Die weitere Intensivierung unserer aktiven Gremienarbeit wird zwei Ergebnisse sicherstellen: einerseits die Mitwirkung und Erarbeitung von gültigen Normen und Richtlinien, und andererseits die Rückmeldung, dass unsere BIM-Maßnahmen jederzeit mit den bestehenden Vorschriften übereinstimmen.

Wie alle Experten in den Infrastrukturbereichen sind auch wir davon überzeugt, dass die konsequente Nutzung von BIM zu einem verpflichtenden Standard für Großprojekte weltweit werden wird und zum Teil auch schon ist. So setzt sich die Abteilung Tiefbau des Kantons Aargau (CH) seit 2017 intensiv mit der Digitalisierung im Bauwesen auseinander. Die Abteilung Tiefbau sieht in der Digitalisierung eine Chance, auf die wachsenden Anforderungen besser reagieren zu können und hat dazu ein Strategiepapier veröffentlicht. Wesentlich ist, dass der gesamte Lebenszyklus der Bauwerke betrachtet und berücksichtigt wird. Die Abteilung Tiefbau stellt sich den Herausforderungen durch BIM und geht sie sowohl strategisch als auch mit gezielten Aktivitäten an. So wurden erste Pilotprojekte bereits 2020 initiiert. Standardmäßig eingesetzt werden soll BIM ab 2025 bei allen neu startenden Projekten.

Auch in Deutschland ist BIM seit 2020 für alle Infrastrukturprojekte des Bundes verpflichtend. Für den Hochbau sieht der „Masterplan BIM für Bundesbauten" eine verpflichtende Anwendung in allen öffentlichen Gebäuden des Bundes vor (mit geplanter Umsetzung in mehreren Einführungsstufen ab 2022). Damit können auch sehr hohe Nachhaltigkeits- und Energieeffizienzanforderungen in frühen Leistungsphasen untersucht, simuliert und planerisch optimiert werden.

„BIM oder nicht BIM“ wird über kurz oder lang zur Frage „Sein oder Nichtsein“ im Infrastrukturbereich werden. So viel zum Risiko. Umso faszinierender sind die Chancen, die sich für Siemens Smart Infrastructure mit unserer Kraft am Markt ergeben.

Lassen Sie uns gemeinsam an der Zukunft bauen.

Let's BIM together!

Christian G. Frey

VP Industry Affairs BIM & Digital Building Twin
SIEMENS
Smart Infrastructure, Global Headquarters
6300 Zug, Switzerland

Autorenporträt

André Pilling

Dipl.-Ing. André Pilling, geschäftsführender Gesellschafter und Gründer der DEUBIM mit ihren EDUBIM-Produkten, als auch Gesellschafter und Mitgründer von POS4 Architekten Generalplaner, realisierte als Architekt bereits zahlreiche Projekte im Handels-, Gewerbe-, Wohn- und Sportstättenbau. Nach der Grundlagenvermittlung im Bauingenieurstudium an der RWTH Aachen wechselte er an die Peter Behrens School of Architecture, Düsseldorf, wo er sich insbesondere dem konzeptionellen Entwurf widmete. Bereits während seines Architekturstudiums, das er 1999 erfolgreich abschloss, gründete er seine eigene Planungsgesellschaft und war freiberuflich für den schwedischen Planungskonzern FFNS, Mitbegründer der heutigen Sweco, sowie RKW Architektur & Städtebau tätig.

Seine Planungsgesellschaft POS4 Architekten Generalplaner mit Sitz in Düsseldorf, für die er seit dem Jahr 2000 als geschäftsführender Gesellschafter tätig ist, nutzt BIM über alle Leistungsphasen der Planung und projektiert und realisiert im Fokus Großprojekte, insbesondere mit den Schwerpunkten Handelsimmobilien und Sportstätten und Schwimmbäder wie auch Quartiersentwicklungen und Wohnungsbau.

Die von André Pilling im Jahr 2014 mitbegründete DEUBIM mit Sitz in Düsseldorf ist ein unabhängiges Beratungsunternehmen mit der Spezialisierung auf die digitale Transformation der Bau- und Immobilienwirtschaft. Im Rahmen von ganzheitlichen Digitalisierungskonzepten zählt die BIM-Methode zu den Kernkompetenzen des Unternehmens. Dabei werden Lösungsansätze mit der im Unternehmensverbund befindlichen POS4 auf Praxisnähe und Effizienz verprobt. Auf dem eigenen EDUBIM Campus, wie auch gemeinsam mit Kooperationspartnern, wie beispielsweise Allplan, werden BIM-Inhalte nach neuestem Stand der Forschung und Entwicklung in der Fort- und Weiterbildung gelehrt. Damit zählt DEUBIM zu den führenden Weiterbildungsinstituten in Deutschland und betreibt bereits seit 2014 erfolgreich Schulungen. DEUBIM ist gelisteter Fort- und Weiterbilder für das VDI/buildingSMART Programm „Professional Certification“. 2018 wurde DEUBIM um die EDUBIM-Produktpalette ergänzt, die Schulungskonzepte und Lernarchitekturen mit dem Fokus auf BIM anbietet. Entsprechend den Kundenanforderungen einer zügigen und fundierten BIM-Ausbildung fokussieren sich EDUBIM-Produkte auf neue Formen des Lernens mit interaktiven, mehrstufigen E-Learning- und Blended Learning-Angeboten. Die Qualifizierung von BIM-Anwendern erfolgt nach den Vorgaben des Kunden oder dem individuellen Bedarf der Interessenten. DEUBIM ist berechtigt „VDI/buildingSMART"-Zertifizierungen durchzuführen.

Die DEUBIM ist Mitglied von buildingSMART Deutschland (bS), dem deutschsprachigen Chapter von buildingSMART International, und in diversen BIM-Clustern. André Pilling wurde in der zweiten Amtszeit in das Präsidium von buildingSMART Deutschland gewählt.

André Pilling ist Mitgründer des Düsseldorfer Start-ups Imti Enterprises, welches basierend auf der BIM-Methode plattformbasiert über künstliche Intelligenz Planungen einliest, modularisiert und so serielles Bauen mit Holz ermöglicht.

Zahlreiche Vortragsveranstaltungen, Dozenten- und Seminartätigkeiten und Fachpublikationen zum Thema BIM wie auch Jurymitgliedschaften in Architektur- und BIM-Wettbewerben begleiteten den Werdegang André Pillings. Bereits seit 2014 war er darüber hinaus Gremiumsmitglied (stellv. Arbeitskreisleiter) des Arbeitskreises VDI 2552 Blatt 6: „BIM und FM" und wurde im Jahr 2015 ebenfalls zum Gremienmitglied zur VDI 2552/bS Blatt 8: „BIM-Qualifizierung" und VDI 2552 Blatt 10: „Auftraggeber-Informations-Anforderung (AIA) und BIM-Abwicklungspläne (BAP)" berufen. Im VDI ist er Mitglied des Fachbeirats Architektur.

André Pilling ist auch Autor des Buches „Das neue Bauen mit BIM und Lean ", erschienen bei DIN im Beuth Verlag 2021.

Mit dem Anspruch qualifizierter Wissens- und Kompetenzvermittlung agiert er darüber hinaus zunächst in 2016 als Vertreter von bS Deutschland im buildingSMART International Arbeitskreis „Individual Certification", um internationale Industriestandards auch in der Fort- und Weiterbildung zu etablieren. Von 2017 bis 2020 leitete er das buildingSMART Zertifizierungsprogramm „Professional Certification" und führte es in Deutschland ein und ist darüber hinaus Mitglied des Advisory Panel des Programms auf internationaler Ebene.

Inhaltsverzeichnis

Einführung
„Bitte ein BIM!"

Als ich 2016 die Erstauflage schrieb, hätte ich nicht gedacht, wie die Welt sich rasend verändert und BIM weltweit seine Erfolgsgeschichte schreibt. Ich hätte aber auch nicht gedacht, dass wir insbesondere in Deutschland so lange brauchen, die Methode BIM einzuführen. Aber welche Faktoren sind eigentlich entscheidend für den Erfolg und was darf ich erwarten? Die vielen Leser der bisherigen Auflagen haben mir berichtet, dass der Einstieg in die Methodik mit dieser Publikation einfacher gelungen ist, weil es ein bisschen „Sendung mit der Maus zum Thema BIM" beschreibt. Darauf aufbauend gibt es für jegliche Rollen, Anwendungen und den gewünschten Tiefgang weitere Publikationen, dieses Buch soll aber niederschwellig aufklären, vielleicht Vorurteile beseitigen, neugierig machen und hoffentlich auch Spaß bereiten! Doch wie fing es denn mit „BIM, dem digitalen Miteinander" an?

In meinem Alltag als Architekt hatte ich vor ein paar Jahren folgendes Telefonat:

Ich: „Lieber Statiker meines Vertrauens! Heute möchte ich mit dir gerne einmal über die Zukunft unserer Zusammenarbeit sprechen. Wir kennen uns seit vielen Jahren, und nun ist es Zeit, etwas enger zusammenzurücken! Ich möchte mir dir auf eine neue Weise zusammenarbeiten. Hast du schon von BIM gehört, also von Building Information Modeling?"

Statiker: „Ja, davon habe ich schon viel gehört! Das ist diese neue Software. Ich habe unser Sekretariat schon gebeten, die sollen das mal runterladen! Ich glaube aber, wir machen das mit unserem eigenen Programm schon seit Jahren so ähnlich!"

Ich: „Lass uns mal treffen. Ich glaube, wir müssen reden." Denn ich war auf ein großes Missverständnis gestoßen.

Es hätte sich auch andersherum abspielen können. Also bitte nicht falsch verstehen, lieber Statiker! So oder so ähnlich verlaufen derzeit immer noch viele Erstkontakte mit BIM in der Bau- und Immobilienwirtschaft. Viel wird geschrieben, viel wird geredet, viel wird praktiziert – oder auch nicht! Die einen sprechen von einer Wunderwaffe und einem „BER-Impfmittel" (gegenüber den ersten Auflagen ist er ja doch noch fertig gestellt worden), die anderen beschwören eine Bedrohung der Planungskultur (und fürchten die katalogisierte Einheitsarchitektur). Die einen machen schon lange BIM und können alles, die anderen haben Bedenken und vielleicht auch ein bisschen Angst vor dem Neuen.

Wie gesagt, ich möchte an dieser Stelle etwas aufräumen und Vorurteile durch Wissen ersetzen. Vielleicht auch ein wenig für BIM begeistern. Obwohl ich weder

Softwareverkäufer noch IT-Freak oder Wissenschaftler bin, sondern nur als Architekt mitten im Leben und in der Praxis stehe. Das aber seit über 25 Jahren und mit großer Leidenschaft. Gestalterischer Anspruch ist mir genauso wichtig wie nachhaltige, wirtschaftliche, maßstäbliche Lösungen. Dies durfte ich an zahlreichen realisierten kleineren und größeren Bauvorhaben unter Beweis stellen. Dabei habe ich immer nach neuen Wegen effizienter Bearbeitung von Projekten wie auch nach mehr Nähe zu den Projektbeteiligten gesucht. Und ich bin sehr kommunikativ und co-creative! Die besten Projekte gelingen immer nur bei guter Kommunikation der Beteiligten zwischen und mit allen Akteuren. Natürlich gab es auch schon Projekte, bei denen wir hätten besser sein können oder wir ein Ziel verfehlt haben. Kurz: Ich bin ein ganz normaler Planer – Mittelstand eben!

Unser Büro beschäftigte immer zwischen 8 und 15 Architekten. Damit sind wir repräsentativ für die Mehrzahl der Planungsunternehmen in Deutschland. Sie werden sich fragen, warum jetzt ausgerechnet ein „Häuslebauer" von Mittelmaß etwas über BIM erzählen will. Ist das nicht etwas für große Projekte und große Büros? Ich möchte Sie einladen, mit mir einen realistischen Blick auf eine wunderbare Methode der Projektbearbeitung zu werfen. Dazu muss ich Ihnen sagen, dass für den Einsatz nicht die Projektgröße entscheidend ist, sondern die angemessene Anwendung, und das kann auch bei kleineren Projekten durchaus der Fall sein. Da wir auch als kleineres Büro größere Projekte beplanen durften, konnte ich die Anwendung von BIM bei Projekten unterschiedlichster Größenordnung ausprobieren.

Das Telefongespräch mit dem Statiker liegt inzwischen viele Jahre zurück und wir arbeiten immer noch gerne zusammen, ich nunmehr als Generalplaner, der heute weitestgehend digital mit ihm kommuniziert. Das BIM konnte er leider doch nicht eben mal so herunterladen, sondern musste es sich selbst erarbeiten, denn BIM ist ja keine Software, sondern eine Methode. Wie es dann weiterging mit uns, was in der Zwischenzeit geschah und was auf Bauherrenseite, auf Bauunternehmerseite und auf Nutzerseite im Gebäudebetrieb derzeit weiterhin geschieht, das erzähle ich Ihnen in den folgenden Kapiteln.

Analoges Buch mit digitalem Zwilling
Wie lese ich dieses Buch?

So, wie Sie immer Bücher lesen! Von vorne nach hinten, kapitelweise oder wie Sie es am liebsten mögen. Analog in Papierform oder digital als E-Book. Doch dieses Buch hat einen **„digitalen Zwilling"**. Um die Digitalisierung zu spüren und um uns vielleicht auch ein bisschen romantisch wieder auf die analoge Welt zu besinnen, spielt dieses Buch in zwei Welten. Dafür können Sie sich im App Store (iOS) oder im Google Play Store (Android) die **kostenlose App zum Buch *BIM Twin*** herunterladen. Immer wenn Sie eine Skizze oder Zeichnung oder Unterschrift entdecken, gibt es eine Brücke zum digitalen Zwilling. Scannen Sie dann bitte die Seite mit der BIM Twin App, um Zusatzinhalte zu entdecken. Außerdem gelangen Sie über die QR-Codes ebenfalls zu verlinkten medialen Inhalten, die Sie einfach über Ihre Handykamera oder einen QR-Code-Leser öffnen können. Das Anwenden von digitalen Anwendungen ist der Einstieg in die BIM-Methode und auch in dieses Buch! Haben Sie keine Angst vor Neuem, verstehen Sie die Änderung als Spiel. Ich wünsche Ihnen viel Spaß beim „digitalen Miteinander"!

Zusammen mit dem Verlag haben wir Sie, die künftigen Leser, zu Ihrem Nutzerverhalten und Ihren Bedürfnissen bei der Informationsbeschaffung über digitale Medien befragt. Auch im Fachbuchbereich erwies sich das Wechseln zwischen dem analogen Medium Buch und webbasierten Informationen als sinnvoll und gewünscht und wird daher verstärkt angeboten. Sie, die befragten Leser, gaben an, dass Sie für Fachinformationen am häufigsten die punktuelle Internetrecherche nutzen. Aber auch das Printmedium und das Buch werden weiterhin genutzt. Bei den Funktionalitäten ist Ihnen eine ausgeprägte Suchfunktion sehr wichtig. Auch eine ergänzende Information, zusätzlich zur eigentlichen Fachinformation, ist durchaus gewünscht. Der stationäre PC ist beim Konsumieren von Fachinformationen weiterhin das am meisten genutzte Gerät, gefolgt vom Smartphone, Laptop oder Tablet. Auch werden mehrere Geräte in Kombination genutzt. Im Vorgriff auf das Thema dieses Buches haben wir Sie ebenfalls gefragt, wie innovationslustig Sie eigentlich sind. Bei der befragten Zielgruppe war dabei eine deutliche Innovationsneigung zu erkennen. Viele sehen sich sogar als Treiber von Neuerungen im Unternehmen. Als Autor freut mich das besonders, denn in den folgenden Kapiteln wird das „Wollen" eine große Rolle spielen.

Warum dieses Buch? *Nun wird auch die Bau- und Immobilienwirtschaft zur Industrie 4.0!*

Der technische Fortschritt im IT-Zeitalter ist nicht nur ein vielbeachtetes gesellschaftliches Phänomen, sondern rückt zunehmend auch in den Fokus unserer Wirtschafts- und Arbeitswelt. Im Zusammenhang mit dem Internet sprechen Experten bereits seit längerem von einer neuen industriellen Revolution. Was bei der ersten industriellen Revolution „1.0" mit Wasser- und Dampfkraft begann und als zweite industrielle Revolution „2.0" die Massenfertigung mit sich brachte, mündete mit „3.0" – dem Einsatz von Mikroelektronik in der Produktion – in die beginnende Digitalisierung. Folgerichtig macht die ehemalige Bundesregierung die Digitalisierung in ihrer strategischen Initiative „Industrie 4.0" zu einem der wichtigsten Zukunftsthemen. 4.0 steht dabei für die Verknüpfung von Daten, für die intelligente Produktion. Doch wo steht bei dieser Betrachtung die Bau- und Immobilienwirtschaft? Vielen Akteuren in der Wirtschaft ist gar nicht bewusst, dass es noch eine wichtige deutsche Schlüsselbranche gibt, der die Digitalisierung erst noch bevorsteht. Gerade hier bieten sich viele ungenutzte Potenziale – sie müssen nur gehoben werden.

In fast allen deutschen Schlüsselbranchen, vom Automobilbau über die Chemie bis hin zum Maschinenbau, ist der Digitalisierungsgrad aktuell deutlich höher als in der Immobilien- und Bauwirtschaft. Zwar sind aus Marketing und Vertrieb von Immobilien Online- bzw. soziale Medien nicht mehr wegzudenken, doch wenn es um das eigentliche Bauwerk, seine Beschaffenheit und seine Bewirtschaftung geht, arbeiten die Planer, Bauherren, Betreiber und Verwalter weiterhin überwiegend analog und dokumentbasiert. Die Informationen zum Bauwerk sind nicht kategorisiert und datenbankgestützt und somit nicht intelligent auswertbar. Eine digitale Dokumentenablage, die nur Pläne einscannt, aber nicht wirklich methodisch verwertbar macht, ändert daran nichts. Eine eigene Umfrage während eines Handelsimmobilien-Kongresses ergab, dass nur 5 Prozent der anwesenden Bestandshalter ihre Immobilien durchgehend digital erfassen. 30 Prozent halten ihre Gebäudedokumentation für gut, aber der überwiegende Teil von 65 Prozent unterstrich die Aussage: „Ich kenne meine Immobilie ganz gut, doch bei der Dokumentation und Nutzbarkeit der Informationen haben wir deutlich Potenzial nach oben!" Je länger die Lebensdauer einer Immobilie, desto stärker geht ihr Informationsgehalt verloren. Mit jeder Transaktion bleiben auch wertvolle Daten auf der Strecke.

Schön und gut, könnte man entgegnen, es läuft aber doch auch so ganz gut. Bei Investoren sind deutsche Immobilien so beliebt wie nie, die Kaufpreise steigen stetig und auch die Leerstände halten sich in Grenzen. Brauchen wir da mehr Effizienz oder gar Fortschritt? Auf den ersten Blick mag das zutreffen. Angesichts jahrelanger von Kapitalmarktzinsen in einer Spanne zwischen 1 und 2 Prozent liegt die Messlatte nicht besonders hoch für eine Performance, die konservative Anleger bereits zufriedenstellt. Das Zinsumfeld zieht aber gerade an, die Nachwirkungen der Pandemie mit unterbrochenen Lieferketten, Materialmangel und Facharbeitermangel setzen dem Markt zu. Da wird fast zwangsläufig ein effizientes Planen, Bauen und Betreiben von Immobilien als Anforderung wieder stärker in den Mittelpunkt rücken. Und schon heute liegt darin ein wichtiger Wettbewerbsfaktor. Tatsächlich hat die Pandemie um Covid-19 uns die digitale Kommunikation zwangsverordnet und somit ein großes Commitment mit digitalen Medien auch in der Bau- und Immobilienwirtschaft geschafft. Heute überlegt sich ein Bauherr sehr wohl, ob er alle Projektbeteiligten anreisen lassen muss oder ob nicht ab und zu auch eine virtuelle Planungsbesprechung ausreicht.

Sich anstehenden Veränderungen nicht zu öffnen und am Althergebrachten festzuhalten, kann sogar Innovationsträgern und großen Unternehmen, ja sogar Monopolisten zum Verhängnis werden. Wer hätte einst gedacht, dass AOL einmal von der Bildfläche verschwinden würde? Dabei war AOL damals der Inbegriff von digitalisierter Kommunikation und WorldWideWeb! Doch wer sich den schnellen Veränderungen und neuen Technologien nicht stellt, wird überrollt. Die Online-Dienste von AOL wurden im Jahr 2000 von Time Warner übernommen. Zunächst unter der Marke AOL Time Warner am Markt, wurde ab 2003 nach Wertkorrektur und Abschreibung das Unternehmen AOL nicht mehr im Namen geführt und 2009 endgültig abgestoßen. Die Devise lautet: „Move fast and break things." Dabei ist gerade in der Medienindustrie durch den jahrzehntelangen Vorsprung in der Digitalisierung bereits ein Leben nach der Digitalisierung zu beobachten. Wir Bauleute jedoch stehen noch vor diesem Kurswandel, vor dem aber niemand Angst haben muss.

In den Gesprächen rund um dieses Buch traf ich auf Wirtschaftsgrößen, denen nicht bewusst war, dass es noch eine so wenig digitale Branche gibt. „Im Bankenbereich haben wir über das, was wir hier besprechen, vor fünfzehn Jahren gesprochen", sagte mir Oliver Maassen, ehemaliger Vorstand der HypoVereinsbank. Die Aussichten für technische Innovationen sind aber auch in der Immobilienwirtschaft erfreulich gut. Im Rahmen einer ganzheitlichen Herangehensweise hat insbesondere die Planungsmethode Building Information Modeling (BIM) das Tor zur vollständig digitalen Immobilie weit aufgestoßen. In weiten Teilen des europäischen Auslandes, Asien wie auch in den USA ist BIM bereits fester Bestandteil der Immobilienwirtschaft. Und das nicht ohne Grund, denn mit diesem interdisziplinären, digitalen Ansatz können die vollständigen Bauwerksinformationen virtuell dargestellt und verwaltet werden. Vor allem aber sind die digitalen Immobiliendaten dann unter allen Beteiligten austauschbar und werden dauerhaft und zeitgleich auf dem aktuellen Stand gehalten. So können Bauwerke vom ersten Planungsansatz über den Bau bis hinein in den Betrieb wirkungsvoll gemanagt werden. Im Idealfall ist BIM ein offenes System, nutzbar für alle, und das ganz unabhängig von geschützter Software.

BIM ist zugleich ein dringend benötigtes Werkzeug, das alle Veränderungen an der Immobilie dokumentiert und nachvollziehbar macht. Bei vielen Großprojekten der Vergangenheit, deren Kosten weit aus dem Ruder liefen, wären Planabweichungen durch den konsequenten Einsatz eines virtuellen Modells mit großer Wahrscheinlichkeit frühzeitig aufgedeckt worden. Nicht von ungefähr äußerte sich der ehemalige Minister für Verkehr und digitale Infrastruktur Alexander Dobrindt auf der Messe BAU 2015 bereits so: „Modernes Bauen heißt: erst digital, dann real bauen. Das muss der Standard werden, um Kosten zu senken und Fehler zu vermeiden.“ BIM ist längst politischer Auftrag geworden, fester Bestandteil vieler Koalitionspapiere auf Bundes- und Landesebene.

Doch BIM macht nicht bei der Planung und beim Bau einer Immobilie halt. Gerade für den laufenden Betrieb kann eine digitale Verwaltung der Liegenschafts- und Gebäudeinformationen großen Nutzen bringen. Demographische, pandemische und gesellschaftliche Veränderungen und Herausforderungen sowie ein rasanter technischer Fortschritt stellen über die gesamte Lebensdauer eines Gebäudes hohe Anforderungen an das Management und die Bewirtschaftung. Modernisierungszyklen werden tendenziell kürzer. Digital verwaltet, werden die Veränderungen am Objekt für alle Beteiligten – ob Bauherren, Asset Manager oder Immobilienbewirtschafter – fortlaufend sichtbar und die Dokumentation des Gebäudes wird verlässlich. Wird die Immobilie am Ende des Prozesses zusammen mit der digitalen Immobilienakte veräußert, ist dies zusätzlich profitabel. Für den Käufer senkt Transparenz schließlich die Transaktionskosten und erhöht somit den Wert der Immobilie. Es gibt folglich viele Gründe, digital zu werden.

Für jeden von uns ist die Digitalisierung allgegenwärtig. Privat surfen wir mit Tablets und Smartphones im Internet, kommunizieren über Social Media und Messagingsysteme sowie Bildübertragung, posten Bilder und Nachrichten, bewahren Bilder und Dokumente in der Cloud, tauschen Tweets und betreiben Blogs. Auch in einigen deutschen Schlüsselbranchen ist die Digitalisierung schon sehr weit vorangeschritten, wobei wir uns im internationalen Kontext allerdings noch stark verbessern könnten.

Dieses Buch bekennt sich *eindeutig und unmissverständlich zur Digitalisierung.*

Unter Industrie 4.0 erkennt schon heute jeder den Zukunfts- und Innovationsanspruch des wichtigsten Wirtschaftszweiges in Deutschland. Wohlstand und Wachstum unseres Landes hängen von der internationalen Wettbewerbsfähigkeit unserer wirtschaftlichen Akteure ab. In vielen Bereichen ist Deutschland Weltmarktführer. Deutsche Anlagentechnik, deutsche Automobile genießen im Ausland hohes Ansehen. Aber wir müssen auch erkennen, dass im Rahmen der Digitalisierung plötzlich andere Nationen unseren Vorsprung durch Technik schmälern, dass gute Elektroautos nicht automatisch aus deutschen Konzernen kommen müssen.

Schon heute bestimmt die digitale Transformation der Wirtschaft in hohem Maße unsere Gesellschaft und Wirtschaft, unsere Arbeit. In einigen Branchen wurde sie von einem Kulturwandel begleitet, dessen Veränderungen viele Erleichterungen mit sich brachten, aber auch Herausforderungen stellten. Lassen Sie uns betrachten, wie andere Branchen digital wurden, wie im Ausland Projekte bereits effizienter abgewickelt werden und was in Deutschland schon geht und was auf uns zukommt!

Digitales Miteinander beschreibt nicht nur eine Planungsmethode, sondern steht vor allem für die Verknüpfung von Daten über alle Stakeholder und über die gesamte Lebensdauer. Und digitales Miteinander bedarf einer neuen Kultur, der sich dieses Buch ganz besonders widmet.

Dieses Buch wendet sich daher an all die Menschen, die in der Lage sind, sich die Frage zu stellen, ob das gelebte Miteinander – egal ob beruflich oder privat – richtig, zeitgemäß, effektiv und effizient ist und ob es Spaß macht. Wer sich diese Frage lieber nicht stellen möchte, sollte das Buch wie einen guten Wein beiseitelegen und sich seinem Umfeld auf gewohnte Weise widmen. Irgendwann sehen wir uns wieder!

Dieses Buch wendet sich an all die anderen, die mit dem Planen, Bauen oder Betreiben von Bauwerken direkt oder entfernter zu tun haben, und an all diejenigen, die schon digital erfolgreich sind, weil sie nie Angst hatten, über den Tellerrand zu schauen. Weil sie schauen, wie es andere machen, vielleicht auch andere Branchen. Weil sie sich der Digitalisierung stellen und daran partizipieren wollen. Denn vielleicht bekommt Ihre Branche nun eine „Schnittstelle“ zur Bau- und Immobilienwirtschaft und Sie können diesen neuen Partner in Ihr Geschäftsmodell integrieren.

Wenn das Planen, Bauen und Betreiben von Hoch- und Tiefbauten oder von Infrastrukturen in Ihrem Fokus steht, haben Sie bald große Veränderungen zu erwarten. Dieses Buch möchte Ihnen dabei helfen, sich Ihren Platz in der Wertschöpfungskette zu sichern. Es möchte Ihnen wie ein Freund zur Seite stehen, Sie motivieren und Sie vielleicht auch amüsieren. Vielleicht antworten Sie: „Das mache ich doch schon alles“ – dann sehen Sie das Handbuch bitte als eine Bestätigung Ihres Weges und geben es als Beschreibung Ihres eigenen Handelns weiter an Interessierte.

Wenn das Planen, Bauen und Betreiben von anderen Dingen als den zuvor Beschriebenen zu Ihrem Alltag gehört, freue ich mich sehr, dass ich ein wenig Zeit mit Ihnen verbringen darf. Bitte reflektieren Sie die folgenden Kapitel anhand Ihrer Arbeit, Ihrer Prozesse und Ihrer Problemstellungen und Lösungen und geben Sie mir Ihre Meinung sowie Anregungen aus Ihrer Branche zurück. Oder nutzen Sie möglicherweise die jungen Erfahrungen und Erkenntnisse einer anderen Wirtschaftsbranche für sich, um doch noch Optimierungspotenziale im Miteinander zu entdecken, um noch effektiver und effizienter zu arbeiten oder um sich mit der Bauindustrie, dem Planungswesen bzw. der Immobilienwirtschaft zu vernetzen. Denn Sie, die Telekommunikationsfachleute, Medien- und Unterhaltungsspezialisten, IT-ler, Schiffs- und Autobauer, Anlagen- und Maschinenbauer, Handels- und Modeleute und auch Versorger, Sie haben uns in der Bau- und Immobilienwirtschaft eines voraus: Sie arbeiten bereits zu großen Teilen digital.

Dabei muss sich jeder als Erstes die Frage stellen: Wie digital arbeite ich eigentlich heute? Wenn Sie nun sagen, Sie lassen Ihr Sekretariat Ihre E-Mails ausdrucken, Sie schreiben SMS und verwenden im Urlaub eine Digitalkamera, dann sind Sie sicherlich technikaffiner als manch anderer, ganz bestimmt sind Sie aber nicht der Digitalisierung im wirtschaftlichen Sinne auf der Spur. Auch wenn Sie – als Immobilienleute – sagen, ich habe doch schon alle Unterlagen als pdf-Datei, und auch CAD-Pläne für Sie kein Fremdwort sind, dann arbeiten Sie dennoch nicht digital. Bitte versuchen Sie den Handlungsbedarf nicht schönzureden. Spätestens im Dialog mit Experten, vielleicht sogar mit Ihren Kunden, und mit zunehmender Aufklärung in Deutschland machen Sie sich unglaubwürdig. Die Digitalisierung möchte Ihnen helfen, Informationen in Form von Daten in großem Stil nutzbar zu machen. Dazu müssen die Informationstechniken intelligent sein. Es reicht nicht, zwecks Archivierung ein Abbild lesbar im Computer zu erzeugen, sondern es geht darum, Daten für die Verwendung während der gesamten Lebensdauer von Bauwerken bereitzustellen. Mit der herkömmlichen Art der „digitalen“ Archivierung in Projekträumen hat das nichts gemein. Das

Führen eines Datenraumes ist noch kein Indiz für ein digitales Miteinander, wie es das Building Information Modeling versteht. Allzu oft handelt es sich nur um große Datenmülleimer mit rudimentären, in sich nicht konsistenten Fotos alter Pläne. Aber keine Planstände, die eine Ordnungsstruktur generieren, um ein Bauwerk einfacher und effizienter zu beplanen, zu bauen oder zu betreiben.

Die Inhalte dieses Buches entstanden mithilfe von Experten und Anwendern, von Mitgliedern von Gremien und Ausschüssen, insbesondere aber aus meiner persönlichen Erfahrung als Architekt und Generalplaner. Gerade Letzteres bietet die Chance, nicht nur aus der schillernden neuen Digitalwelt, aus den ach so teuren und smarten Cities am Golf oder in China zu berichten, sondern von maßstäblichen Projekten, Erfolgen oder auch Niederlagen. So kann ich es Ihnen vielleicht auch ersparen, einmal in die gleichen Fallen zu tappen oder falsche Erwartungen zu hegen und so auch der Frustration vorbeugen, die sich während der Implementierungsphase leicht einstellen kann.

Eines schon an dieser Stelle: Bitte arbeiten Sie ab sofort an Ihrer Einstellung zu Fehlern. Das ist nämlich das Entscheidende – sowohl in der eigenen Lernkurve als auch in der Teamarbeit. Den Fehler eines anderen nicht auszunutzen, sondern durch ihn für das Projekt und seine Beteiligten Vorteil zu ziehen, schafft für Sie einen neuen Unternehmenswert. Denn Fehler werden in der engen Zusammenarbeit am gemeinsamen Planungsmodell sehr transparent, aber auch ganz normal. Ich weiß, liebe Generalunternehmer und Projektsteuerer, euch nehme ich jetzt ein wenig den Wind aus den Segeln! Die Streitkultur zum Positiven zu wenden, ist jedoch der entscheidende Kulturwandel durch BIM.

Und gleich ein direkter Hinweis zu meinem offenen Wort: Ich kenne und schätze kleine, mittlere und größere Generalunternehmer, mit denen ich schon beste Erfahrungen gemacht habe, zu denen über Jahrzehnte Geschäftsbeziehungen bestehen, und Projektsteuerer, mit denen ich oft und gerne zusammenarbeite. Aber gerade bei Ihnen liegt ein großes Potenzial im Umgang mit Fehlern und den daraus resultierenden Rechtsstreitigkeiten, was teilweise bis ins Geschäftsmodell hinein kultiviert wird. Bitte legen Sie als Betroffener das Buch nicht gleich zur Seite, weil Sie sich über das rüpelhafte Verhalten des Autors ärgern. Es gibt andere und ehrenhaftere Tätigkeitsfelder, die einen höheren wirtschaftlichen Erfolg versprechen, für den Einzelnen wie für das Projekt. Wenn wir – ähnlich wie es das „Leitbild Bau“ beim Projektstart vorsieht – den Willen bekunden, kooperativ zusammenzuarbeiten, dann ist das das Ende der destruktiven Streitkultur. Co-Creation und Kollaboration sind das neue Miteinander.

In den folgenden Kapiteln möchte ich die Möglichkeiten aufzeigen, wie in der Bau- und Immobilienwirtschaft die Digitalisierung unsere Arbeit und deren Ergebnisse erleichtern und verbessern kann. Dabei versuche ich, facettenreich die Mehrwerte aufzuspüren und den Weg aufzuzeigen, wie diese zu Ihnen gelangen, aber auch auf Gefahren hinzuweisen. Dazu müssen wir allerdings den Blick auch einmal darauf richten, wo wir heute technologisch produktiv und im internationalen Wettbewerb stehen, denn eines hat die Digitalisierung schon heute geschafft: die Globalisierung. Auch wenn wir uns in Europa aufgrund der neuen Migrationssituation und geopolitischer Irritationen wieder mit Grenzen beschäftigen müssen – der Datenverkehr kennt diese nicht, wenigstens soweit es sich um demokratisch organisierte Nationen handelt. Dadurch wächst natürlich auch der Druck von außen auf die deutsche Bau- und Immobilienwirtschaft. In vielen Bereichen sind wir Weltmarktführer und Technologie-Vorreiter. Unsere Bauunternehmen genießen höchstes Ansehen und stehen für Qualität „Made in Germany". Wenn aber renommierte Unternehmer bei Preisverleihungen im Ausland Angst haben müssen, auf den Hauptstadtflughafen BER angesprochen zu werden, ist das Image einer ganzen Nation und deren Bauwirtschaft in Gefahr. Wir müssen uns intensiv um die Erhaltung dieser Werte kümmern und dürfen uns vom Ausland technologisch nicht abhängen lassen.

Das ist nicht als das antiquierte Druckmittel „Im Ausland wird schon mit BIM geplant und wir hinken Jahrzehnte hinterher" gemeint. Das wäre natürlich Quatsch. Schaut man aber einmal genauer hin, dann haben andere Nationen tatsächlich etwas früher begonnen, sich mit der Digitalisierung und mit BIM auseinanderzusetzen. Aber auch im Ausland ist noch lange nicht alles BIM, und die Befruchtung der Privatwirtschaft durch eine vorbildliche Nutzung von BIM durch den öffentlichen Sektor ist längst nicht vollzogen. Aber es ist wirklich höchste Zeit für BIM made in Germany!

Das geht nicht von heute auf morgen. Die Umstellung wird uns die nächsten Jahre bis in das kommende Jahrzehnt beschäftigen, wie die Relevanz dieses Buches über die mehrfachen Überarbeitungen aufzeigt. Je früher Sie sich jedoch mit der Thematik auseinandersetzen, desto größer ist Ihre Chance, diese Methode sinnvoll auf Ihr Geschäftsmodell anzuwenden. Warten Sie also nicht, bis Ihnen jemand sagt, was zu tun ist. Dann könnte es passieren, dass Ihnen etwas übergestülpt wird, das nicht zu Ihnen passt.

Damit spreche ich nicht nur den Leser als Einzelperson an, sondern auch Gesellschaften und Verbände, Interessengruppen und Kammern. Wir müssen heraus aus der Warteposition. Von einer hohen Vertreterin einer Architektenkammer konnte man noch vor einem Jahr hören: „Ich glaube nicht, dass sich das durchsetzt." Das war zunächst sicherlich das falsche Signal an die Mitglieder. Doch auch die Architekten- und Ingenieurkammern haben mittlerweile die Zeichen der Zeit erkannt, stehen hinter der Methodik und versuchen aufzuklären und auszubilden.

BIM kommt in jedem Fall, *die Frage ist nur: Wie?*

Noch können wir alle aktiv an der Markteinführung, an der Honorierung, an den Technologien mitgestalten, noch können wir durch Einflussnahme auf die Softwareindustrie und durch Mitgestaltung der Richtlinien unseren eigenen deutschen Weg in die digitale Zukunft ebnen. Aber dafür müssen wir heraus aus der Deckung und selber ausprobieren und mitreden. Die DIN EN ISO 19650 ist bereits ein zu berücksichtigendes Regelwerk, welches zu großen Teilen auf der englische PAS 1192 aufbaut. Damit ist sie auch in Deutschland relevant. Sicherlich ist die britische Strategie ein großes Vorbild für uns gewesen. Es ist ein komplexes Gebilde aus Regelwerken, Richtlinien und Zertifizierungen, aber es ist nicht von uns gemacht. Die meisten englischen Planungsgesellschaften und Bauunternehmen sind im Durchschnitt sehr viel größer als die deutschen. Unser Mittelstand, der uns in Deutschland so stark macht, braucht seinen eigenen Weg. Wir haben schon sehr viel Zeit vergeudet und müssen nun endlich anpacken.

1 Miteinander, zusammen, gemeinsam, im Team

Miteinander jagen, miteinander arbeiten, miteinander planen. Das Miteinander von gestern, heute und morgen.

Einer der größten Mehrwerte der BIM-Methode, einer Variante des digitalen Miteinanders, liegt in der kollaborativen Arbeit. Alle Beteiligten des Planens, Bauens und Betreibens arbeiten gemeinsam miteinander an digitalen Planungsmodellen. Was aber heißt hier eigentlich „miteinander"? Bei all den Spezialisierungen in unseren Jobs, bei all den Standards und Richtlinien, bei all dem Leistungsdruck im Wettbewerb und auch bei all der gelebten Streitkultur ist eine gewisse berufliche Egozentrik nicht zu leugnen. Auch wird in der aktuellen BIM-Diskussion noch fast ausschließlich in der „Ich"-Form argumentiert: „Wie kann ich BIM nutzen, wo ist mein Potenzial, wie kann ich meine Prozesse optimieren?"

Das „Ich" ist mittlerweile auch gesellschaftlich und politisch etabliert. Die „Ich-AG" markierte Anfang der 2000er Jahre eine gewisse Fehlentwicklung in einer Gesellschaft, die mit Egozentrik und der bloßen Smartphone-Freundschaft einhergeht. Sie suggeriert ein „Wir", das aber nicht den klassischen Werten des alten „Wir" wie Sicherheit, Geborgenheit und Vertrauen entspricht. Unser eigenes Handeln perfektionieren wir ohne Rücksicht auf die anderen. In einer freien Marktwirtschaft und in einem gesunden Maße ist das auch ganz normal. Denn als Unternehmer oder in einer Führungsposition werden Sie natürlich sagen, Sie müssen Verantwortung übernehmen und wirtschaftlich denken. Das oberste Ziel muss es sein, das eigene Ergebnis wirtschaftlich zu optimieren. Das Ergebnis eines Partners, zum Beispiel in der Planung, kann dabei nicht berücksichtigt werden. Auch das Planungsziel eines Bauherrn wird oft nicht in die Betrachtung miteinbezogen. Angesichts der starren Honorarordnung bleibt vielen Partnern gar keine andere Wahl, als an sich zu denken und den einfachsten – und egoistischsten – Weg der Projektabwicklung zu suchen. Wenn wir die Wirtschaftlichkeit anhand aktueller Umfragen betrachten, sind die Verdienstmöglichkeiten eines Architekten nicht gerade rosig. Das kann man hinnehmen und darüber lamentieren. Oder eben seine eigene Art der Projektbearbeitung optimieren.

Stellen Sie sich jedoch einmal vor, das wäre auch möglich, wenn wir bei jeglicher Betrachtung unsere Partner mit einbeziehen! Wenn sowohl Partner im Projekt als auch Partner in anderen Unternehmen in eine kooperative Projektbearbeitung einbezogen würden. Dann könnte etwas noch viel Besseres entstehen, das nicht nur das eigene Ergebnis optimiert, sondern auch das Ergebnis bei den kooperativen Partnern und vor allem auch beim Besteller. Viel zu selten beziehen wir beim Anstreben eines gemeinsamen Ziels auch die anderen mit ein.

Dieses Buch

ist ein „Wir"-Buch

Damit meine ich nicht das übliche Aufeinanderaufbauen in prozessualen Strukturen. Zwar haben wir das Ineinandergreifen von Prozessen verschiedener Beteiligter schon stark optimiert, aber eben nicht bidirektional, interdisziplinär und kollaborativ. Ich meine ein neues, echtes „Miteinander", das ein gemeinsames Verfolgen eines Zieles nach sich zieht. Ein Miteinander von Anfang an bedeutet dabei nicht nur das Zusammenfügen einzelner Teile, wie es etwa beim Automobilbau geschieht. Das neue Miteinander beginnt mit dem Planen mit „the end in mind". Gerade am Anfang eines Projekts muss ich den Fokus auf die Nutzung des Bauwerks und seiner Daten legen. Die Realisierung eines Projekts findet statt unter Beachtung der gesetzten Projektziele. Dies birgt eine große Chance für die Betriebsoptimierung. Wie aber erlernt man ein solches Miteinander, und sind wir überhaupt bereit dafür? Wie steuert man solche Prozesse und Strukturen? Wie viel Demokratie verträgt denn dieses neue Miteinander? Lassen Sie uns einmal kurz überlegen, wo wir ähnliche Strukturen vorfinden, in der Gegenwart wie in der Vergangenheit.

Wer spielt *das Orchester?*

Kein Konzern wird und wurde mehr mit der Digitalisierung in der täglichen Anwendung in Verbindung gebracht als Apple. Das Leben des verstorbenen Firmengründers Steve Jobs stellt sich in seiner Autobiographie parallel zu den verschiedenen Entwicklungsstufen seines Imperiums dar. Dort sagt Jobs an einer Stelle zu Steve Wozniak: „Musiker spielen ihre Instrumente, ich spiele das Orchester!" Zugegeben: das ist ein wenig aus dem Zusammenhang gerissen. Und doch beschreibt es das gemeinte Miteinander sehr gut und weckte in mir über die Digitalisierung direkt den Vergleich zum digitalen Miteinander am Bau. Ein Dirigent leitet das Orchester. Das Orchester aber besteht aus Musikern, die alle ihr Instrument beherrschen und auch alleine ein Stück spielen können. Das eine Instrument – die Flöte oder die Geige – ist besser geeignet für Solostücke, das andere – die Posaune oder der Kontrabass – weniger. Die Klanggewalt und Vielfältigkeit einer Sinfonie lässt sich aber nur mit einem Orchester hervorrufen. Jeder trägt das Seine dazu bei, sodass sich prozessual gleichzeitig etwas Größeres ergibt. Gegenseitige Rücksichtnahme, Aufmerksamkeit und Unterstützung auf der einen Seite, Zeitplanung, Einsatz und auch Hierarchien mit Wertschätzungen auf der anderen Seite lassen unter der Koordination des Dirigenten ein gemeinsames Werk entstehen.

Nun werden Sie einwenden, dass die Hierarchien und Prozesse im Planen, Bauen und Betreiben von Gebäuden doch eine ganz andere Sache sind. Aber ich möchte Sie eben mit den neuen Werten des digitalen Miteinanders vertraut

machen. Bleiben wir noch einen Moment bei der Partitur. Der einzelne Musiker ist dabei ein Akteur, der sich eines Werkzeugs bedient, sei dies die Stimme einer Sängerin oder eine Geige oder ein Klavier. Beim Erstellen der Partitur weiß der Komponist um die Einsatzmöglichkeiten der einzelnen Instrumente. Natürlich gibt es dabei Nuancen und Spielarten. An dieser Stelle, beim Erstellen der Partitur, werden die einzelnen Stimmen und Instrumente in etwas Allgemeingültiges übersetzt, es werden Tonhöhen, Lautstärke, Geschwindigkeit, Spielweisen fixiert. In der weiteren Ausarbeitung werden die Stimmen der einzelnen Werkzeuge in einem iterativen Prozess zusammengeführt. Dabei macht der Komponist auch mal Fehler. Oder er erweitert das Klangspektrum um weitere Spieler und Instrumente.

Nach oft jahrelanger Arbeit ist am Ende ein Werk entstanden, das zur Uraufführung kommt. Die Partitur wird gedruckt und der Dirigent übernimmt die Leitung des Orchesters, ohne der Verfasser des Stücks zu sein. Vielleicht haben Sie sich schon einmal über die älteren Herren im Frack mit ihrem wehenden Grauschopf amüsiert, wie sie mit oder ohne Taktstock mit dem Rücken zum Publikum stehen und ihre suggestiven Tänze aufführen. Für das Orchester ist der Dirigent aber ein extrem wichtiger Führer durch ein Werk. Seine Arbeit besteht in der zeitgleichen Überprüfung des exakten Verlaufs und der Vorbereitung der nächsten Einsätze in seinem Team. Durch seine Körpersprache charakterisiert er sogar Nuancen der Ausführung und regelt den exakten Ablauf des Stückes.

Keine Sorge – Sie haben sich nicht vergriffen und aus Versehen einen Leitfaden für den effektiven Einsatz der Blockflöte gekauft! Ich sehe zwischen dem Orchester und dem Bauen jedoch große Parallelen, auf die ich besonders im Kapitel 13 in Form des „BIM-Managements“ zurückkommen möchte. Sie sehen, es geht um das ganz menschliche Miteinander, das Ineinandergreifen von Prozessen, die man gemeinsam im Team schaffen kann, und um die Regelung dieser Prozesse. Bevor wir aber über die Regelung dieser Zusammenarbeit sprechen, möchte ich ganz weit zurückgehen und ergründen, woher eigentlich das Miteinander ursprünglich kommt.

Das erste Miteinander *in der Geschichte*

Ich steige dabei nicht beim Urknall ein, sondern erst, wenn es schon Menschen gibt und ihr erstes Miteinander. Die Evolution steht dabei nicht automatisch für Gruppenbildung und Kollektivismus, sondern eher für die Fähigkeiten differenzierten Erkennens und gegebenenfalls notwendiger Anpassung. Die ersten Menschen, seien sie Homo sapiens oder Neandertaler gewesen, lebten bereits nachweislich in sozialen Strukturen. Der Mensch ist von Natur aus kein Einzelgänger. Funde von Werkzeugen und Waffen belegen sogar schon Ansätze von Arbeitsteilung. Das primäre Ziel des Urtyps der Zusammenarbeit war die Arterhaltung. Am Anfang stand die Jagd auf Fleisch, um sich mit Proteinen zu versorgen, Ackerbau und Viehzucht waren erst in einem späteren Stadium möglich. Die Männer gingen also ursprünglich gemeinsam auf die Jagd, denn mit mehreren Jägern ließ sich ein Tier besser überwältigen.

Anhand der Evolution der Zusammenarbeit lassen sich bereits einfache Strukturen ausmachen. Bleiben wir bei unserem Vorfahren, dem Homo sapiens. Ausgrabungen zeigen Speere und Schleudern. Doch wie ging die Jagd vonstatten? Wie wurden das Jagdgebiet und das Beutetier festgelegt? Auch die Jagdtechnik musste bestimmt werden: Hetzjagd, Kesseltreiben oder Pirsch? Und dann wurden die Jäger für das eingeteilt, was sie am besten konnten. Wer war spezialisiert auf die Pirsch, wer auf die Fixierung der Beute? Wie erfolgte der Zugriff, wer übernahm den Transport, wer die Portionierung und Zubereitung? Am Verzehr hatten zwar alle gemeinsam Anteil, vielleicht aber nicht in gleichem Maße. In der Regel gingen die Männer auf Jagd und erwarteten dafür auch eine größere Essensration. Im Zweifel setzte sich in allen Fällen der Stärkere durch. Die Verwertung des Jagdgutes durch die Frauen wurde als eine viel einfachere Arbeit angesehen.

Viele Leserinnen werden nun sagen: Einen schönen Gruß an die Emanzipation! Damit sind wir gleich auf ein wichtiges Thema eingestimmt: Auch bei einem gemeinsamen Ziel bedarf es unterschiedlicher Fälle der Anwendung und verschiedener Rollen der Beteiligten. Der Prozess der Nahrungsbeschaffung ist ja nicht, wie beim Löwen, mit der rohen Beute zu Ende. Das Vorhandensein von Feuerstätten und dafür geeigneten Gefäßen beweist die Weiterverarbeitung verschiedener Grundnahrungsmittel wie Fleisch, Getreide oder Gemüse.

Beim gleichen Ziel der Ernährung sind also mehrere Anwendungsfälle möglich. Diese können ineinandergreifen, aufeinander aufbauen oder für sich alleine stehen. Ich kann das Fleisch kochen, grillen, braten oder mit Gemüse ergänzen, ich kann Köder mit auf die Jagd nehmen oder ich kann auch nur Gemüse essen. Über die Existenz von Vegetariern unten dem frühen Homo sapiens allerdings weiß ich nicht genügend Bescheid ...

Auch wenn die Menschen noch stark in der evolutionären Entwicklung verhaftet waren, lässt sich eines aber bereits ableiten: Vom Primaten hatten sie sich stark abgegrenzt, eine seiner wertvollen Tugenden jedoch hatten sie adaptiert. Die Kooperation, das Geben und Nehmen unter den freilebenden Affen war dem Menschen ebenso ähnlich wie beispielsweise die Befehlsstruktur bei den Ameisen. Der Mensch hatte erkannt, dass ein Mammut gemeinsam besser zu bewältigen war als allein. Die Entwicklung von Vertrauen war die Folge dieser Verhaltensstrukturen. Von der Frühgeschichte bis in die Neuzeit lassen sich immer wieder Meilensteine der Teamarbeit abzeichnen. Wie schon die Jagd für einen in der Nahrungskette nicht positiv auszugehen pflegt, verlief auch das Kooperationsverhalten in der Zusammenarbeit nicht immer friedlich. Besonders Kämpfe und Kriegsführungen brachten Völker dazu, eng zusammenzuarbeiten, um einem Ziel gemeinsam nahezukommen, nämlich der Macht. Auch die gewaltigen Bauten der Ägypter konnten nur mittels einer kooperativen Methodik erbaut werden. Das Fehlen von Werkzeugen und Kränen brachte damals Gelehrte und Experten in den Kreis der am Bau notwendig Beteiligten. Auch wenn diese Teams oft vom System von Befehl und Gehorsam geprägt waren, ist dies eine weitere Form des kooperativen Zusammenarbeitens. Ob nun der Pyramidenbau mit seinen zehntausenden von Arbeitern und Sklaven oder die finsteren Verbände im Mittelalter, die Teamarbeit kultivierte sich stark. Nicht jedes Kapitel des Zusammenarbeitens war in der Geschichte immer ethisch und moralisch positiv geprägt.

In der Zeit der Aufklärung finden wir einen weiteren Meilenstein dieser Kultivierung des Miteinanders. „Nullius in verba iurare" war das Motto der Royal Society of London, die sich im Jahr 1661 gründete. „Auf niemandes Wort schwören" stand für das Prinzip dieser wissenschaftlichen Vereinigung, also nur dem zu vertrauen, was im Experiment wissenschaftlich bewiesen war. Denn allzu oft hatte das bloße Zitat der vorherrschenden Autorität die Meinungsbildung und das wissenschaftliche Verständnis beeinflusst. Die neue Vereinigung rief auf zur kooperativen Zusammenarbeit der Wissenschaft über die Landesgrenzen hinweg, um den freien Austausch von Wahrheiten und Erkenntnissen als gemeinsamen Beitrag zur Aufklärung zu fördern. Einer der berühmtesten Präsidenten der Vereinigung war Sir Isaac Newton.

Die beginnende Industrialisierung allerdings sollte vieles wieder vernichten, was über Jahrhunderte mühsam errungen worden war. Die Produktionssteigerung ging mit der Teilung der Arbeitsprozesse in kleinste Einheiten einher. Durch das Fließband drang auch noch die Monotonie in die Arbeitswelt ein. Die immer gleiche Tätigkeit auf der einen Seite bescherte auf der anderen nicht gekannte Umsätze und Produktionsmengen. Soziokulturell war dies eine Wüste. Starke Hierarchien und rein körperliche Anforderungen führten die Arbeiter an ihre Belastungsgrenzen. Daran konnten auch eine allmählich bessere Bezahlung und die Einführung der Schichtarbeit nichts ändern.

Erst in den 60er Jahren des letzten Jahrhunderts rückte die Gruppe auch als Einheit wieder in den Fokus der Industrie. Die Weltkriege waren tiefgreifende Ereignisse gewesen, hatten jedoch keine weiteren konstruktiven Aspekte der Zusammenarbeit ans Licht gebracht. Gesellschaftlich war beim Wiederaufbau der Nachkriegszeit ein starker Teamgeist vorhanden, auch wenn er eher der Selbsterhaltung galt. In den Wirtschaftswunderjahren rückte die Gruppe in den Fokus des sich entwickelnden Bereichs des HR, des Personalwesens. In der Gruppe können sich ungeahnte Fähigkeiten des Einzelnen entfalten. Gruppenarbeit wurde populär. Aber die Gruppe birgt auch Gefahren. Zu starke Persönlichkeiten können sich zu Führern entwickeln und der Gruppe Gehorsam aufzwingen. Gruppen neigen auch dazu, ihr Tun nicht zu hinterfragen. Die Wissenschaft der Psychologie widmet sich mit Experimenten und in Studien der Verhaltensforschung in der Arbeitswelt.

Die 70er Jahre brachten wiederum neue Formen der Gruppen- bzw. nun der Teamarbeit hervor. Experimentell wurden nun bereits teilautonome Gruppen gebildet. Verantwortung und Selbstverwaltung werden bewusst dem Team anvertraut, um möglichste große Freiräume für die Selbstentfaltung zu ermöglichen. Doch auch hier wird rasch die Kehrseite der Medaille sichtbar, etwa soziales Faulenzen.

In der IT-Branche kamen Anfang der 90er Jahre bei der Entwicklung von Software ebenfalls neue Formen der Zusammenarbeit auf. Agile Zusammenarbeit ist die effiziente Weiterentwicklung der teilautonomen Gruppen. Eine Form davon ist Scrum. Dabei werden Softwareprodukte in kleinen, selbstorganisierten Teams von drei bis neun Mitarbeitern entwickelt. Der Weg der Lösungsfindung bleibt den Teams überlassen, von außen wird lediglich eine Richtung vorgegeben. Das Scrum-Team umfasst drei Rollen: den Product Owner, das Entwicklungsteam und den Scrum Master. Die Idee von Scrum besteht darin, Lösungsansätze in einem iterativen, empirischen Prozess in Entwicklungsstufen abzubilden und zu überprüfen. Das unterstellt, dass komplexe Entwicklungsprojekte nicht oder nur schwer zu planen sind. Am Anfang sind noch zu viele Dinge unklar. Die fehlende Anforderung wird daher über den Weg von Zwischenergebnissen interpoliert.

In Japan entwickelte sich parallel dazu der Lean-Gedanke, der durch intensive, starke Zusammenarbeit mit einer schlanken Produktion eine höhere Wertschöpfung erreicht. Die Lean Production und die darauf aufbauende Lean Construction sind die bereits etablierten Arbeitsmethoden, die auf eine agile Arbeitsaufteilung zurückgehen. Ich beschreibe in meinem, ebenfalls bei Beuth erschienenen, Buch „Das neue Bauen mit BIM und Lean“ beide Modelle und zeige die Chancen der Kombination beider Methoden auf.

Das neue „Wir“ braucht jedoch Freiheiten, die es dem Individuum ermöglichen, sich einzubringen, statt nur zu parieren, wie statische Referenzprozesse es vorschreiben. Die amerikanische Kulturanthropologin Margaret Mead brachte es auf den Punkt: „Human diversity is a resource, not a handicap.“ Eine gesunde Portion Freiraum und Selbstverwaltung mit agilem Management bei der Nutzung digitaler Prozesse sollten angestrebt werden. Jeder hat seinen Beitrag in der Wertschöpfungskette zu leisten, vermag über die Interoperabilität aber zugleich das große Ganze und seinen darin geleisteten Teil zu erkennen. Das ist Sinnstiftung und Motivation zugleich.

Eines also an dieser Stelle: Bisher haben Sie in Ihrem Berufsleben, zum Beispiel als Planer, noch nie so eng mit anderen an Planung, Bau und Betrieb fachlich Beteiligten zusammengearbeitet wie künftig mit BIM. Vieles aus dem oben Beschriebenen und auch die agile Arbeitsteilung finden sich heute schon in der BIM-Anwendung wieder. Und darin steckt eine riesige Chance! Wenn alle ein vorher bestimmtes Ziel haben mit „the end in mind“, dann lässt sich das Ergebnis unserer Arbeit ebenso drastisch verbessern wie der Weg dorthin. Das schließt sämtliche Akteure und Stakeholder eines Projektes ein. Bauherren, die wissen, was sie wollen, Planer, die gemeinsam einen Lösungsweg aufzeigen, und Bauunternehmer, die mit Sinn und Verstand zur Realisierung beitragen, ermöglichen es dem Nutzer, ein den Bedürfnissen gerechtes Bauwerk über Jahrzehnte zu betreiben. BIM kann dies jedoch nicht allein bewerkstelligen. „Gemeinsam“ bedeutet sehr viel mehr als nur, dass alle das Gleiche tun oder beabsichtigen.

Miteinander *am Bauwerk*

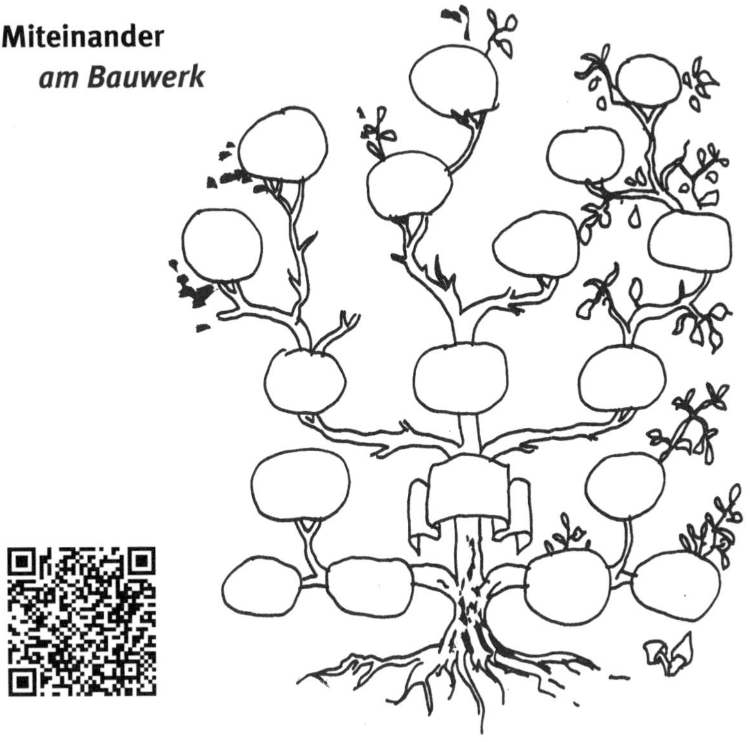

Was bedeutet heute eigentlich, das Miteinander-Planen, -Bauen und -Betreiben? Wie viele Menschen arbeiten im kompletten Lebenszyklus an einer Immobilie? In der Verlagerung der Verantwortlichkeiten auf viele Schultern und in Prozessschritte mit unterschiedlichen Akteuren liegt eine der größten Schwierigkeiten beim Erreichen eines gemeinsamen Projektzieles. Hier droht die Gefahr von Ungleichgewichten und divergierenden Interessen, Medienbrüchen und einer kaum noch überschaubaren Choreografie von Akteuren über den gesamten Lebenszyklus. Nehmen wir einmal ein klassisches Immobilienprojekt mit seinen typischen Beteiligten unter die Lupe.

Zunächst ist da die Liegenschaft, ein Grundstück. Diese ist über sehr lange Zeitläufe hinweg in immer wieder verschiedene Besitzverhältnisse und Nutzungen gelangt. Vor allem in Deutschland bedeutet dies auch, dass sie in den letzten hundert Jahren mit bestimmten bau- und planungsrechtlichen Rahmenbedingungen belegt worden ist. Dadurch kann es schon beim aktuellen Eigentümer zu unterschiedlich gelagerten Interessen kommen. Unterstellen wir zuerst, dass ein wirtschaftlich interessanter Verkauf der Liegenschaft beabsichtigt wird und der Eigentümer sich mit der Ist-Situation auch monetär auseinandersetzt. Je nach Konjunktur und der jeweils vorherrschenden Beliebtheit bestimmter Gebäudetypen (in den 1990er Jahren beispielsweise Multiplexkinos) kann nun ein Recht für die entsprechende Bebauung der Liegenschaft vorhanden sein oder eben nicht. Im günstigsten Fall ist das Baurecht für eine bestimmte Art von Nutzung nach Art und Maß geregelt, sodass einem kurzfristigen Verkauf der Liegenschaft nichts im Wege steht. Nun entsteht ein Renditeinteresse sowohl beim Verkäufer, einem eventuell unterstützend eingeschalteten Makler, sowie weiteren Beratern. Sollte in diesem Kreis eine bessere Vermarktbarkeit und damit ein höherer Verkaufspreis für möglich gehalten werden, besteht für den Eigentümer die Möglichkeit, dies mit dem Erlangen von Baurecht für eine bestimmte, eventuell durch den Berater empfohlene Nutzung anzustreben. Dazu werden dann weitere Fachleute wie Stadtplaner, Baurechtsanwälte, Umweltgutachter, Architekten oder Projektentwickler eingebunden. Alle beschreiben gemeinsam ein möglichst wirtschaftliches Vermarktungsziel.

Ein Gegeninteresse kann in Gestalt von Politik und Verwaltung auftreten, wenn diese die Projektidee nicht tragen wollen. Auch der Markt kann einer Projektierung im Wege stehen. Noch ehe der endgültige Nutzer oder die Nutzung feststeht, werden bereits entscheidende Kriterien des künftigen Bauwerks festgeschrieben. Hier ist wiederum die Gefahr der Bedarfsverfehlung gegeben. Auch ein Verkauf unter bestehendem, nicht der neuen Nutzung entsprechendem Baurecht ist möglich, wenn ein Projektentwickler, Anschubinvestor oder Endinvestor in das Projektrisiko einsteigt und die Liegenschaft ohne das notwendige Baurecht erwirbt. Dieser wird dann ebenfalls gemeinsam mit den gerade beschriebenen Beteiligten versuchen, das Baurecht zu seinen Gunsten zu erlangen, um die Projektierung voranzutreiben.

Dabei unterscheiden sich die Charaktere der Projektanten grundlegend. Der Projektentwickler wird versuchen, die Projektierung möglichst flexibel und üppig anzugehen, bevor er nicht durch den Endinvestor oder Nutzer andere Weisungen erhält. Gerne wird er auch mehrere Nutzungsmöglichkeiten wie Handel, Büro, Dienstleistung, Wohnen oder Hotel in ein Projekt verpflanzen, um am Markt gefällig kokettieren zu können. Oft steht dann nicht die optimale Nutzung, sondern die maximale Ausnutzung der Baumasse im Fokus des Entwicklers. Seine Interessen sind deutlich kurzfristiger als die des Endnutzers oder -investors. Für bestimmte Ausführungsarten bedeutet dies aber auch andere Entscheidungsgrundlagen. Ein eher auf den Betrieb ausgerichteter Fokus würde womöglich eine teurere, dennoch nachhaltigere Art der Energieversorgung im Einstand wählen, weil die Einsparmöglichkeiten im Betrieb eine kurzfristige Amortisierung in Aussicht stellen, während der Projektentwickler versuchen würde, durch die niedrigere Investition eine bessere Rendite abzubilden. Festzuhalten ist, dass nun schon zwei „Eigentümer" der Projektidee im Spiel sind, zu denen sich viele verschiedene Planer, Berater und Dienstleister gesellen werden.

Ist erst einmal ein Bedarf formuliert, gilt es, ein mögliches Projektteam für die Planung zusammenzustellen. Die Auswahlkriterien sind zumeist Kompetenz, Referenz und letztlich auch Wirtschaftlichkeit und Nachhaltigkeit. Insbesondere bei der Wirtschaftlichkeit führt die Vergabepolitik der öffentlichen Hand oft zu erschreckenden Ergebnissen. Allzu oft werden unerprobte Teams, die einander zuvor nicht kannten, zusammengeführt und müssen in kürzester Zeit ein optimales Ergebnis abliefern. Das Sich-nicht-Kennen schließt bei VgV-Verfahren sogar den Bauherrn mit ein. Unter Leitung des Architekten – denn bei ihm liegt die Koordinierungspflicht – werden dann die verschiedenen Fachplaner in den diversen Leistungsphasen der Planung und des Bauens tätig, egal auf welchen diese bereits BIM anwenden oder auch nicht.

Auch hier zweigen ganz unterschiedliche Wege ab. Zumeist wird sich die Zusammensetzung des Planungsteams während der Planungsphasen wieder ändern. Eine Konstanz, wie sie international bei „Design and build"- oder „Design, build and operate"-Projekten und in „partnering"-Projekten besteht, ist in Deutschland eher untypisch. In der Privatwirtschaft ist es gängig, dass die vom Bauherrn beauftragten Planer bis zum Abschluss der Leistungsphase 4 der HOAI arbeiten, also bis zum Bauantrag. Diese Vergabeform ist im Zusammenhang mit BIM dringend zu überdenken, dazu später mehr. Dann wird durch die lokalen Baubehörden die Genehmigung erteilt. Hier geraten nun ebenfalls mehrere Amtsleiter und verschiedene Sachbearbeiter der Bauaufsicht plus der Schreibstelle in unser Projekt. Es werden Ämterumläufe der öffentlichen Träger wie Brandschutzbehörde, Denkmalamt, Umweltamt, Wasserbehörde usw. notwendig. Nun wird ein Generalunternehmer für das Projekt gesucht, der die ergänzenden Planungs- und Bauausführungsaufgaben weiterführt.

Zu diesem Zeitpunkt besteht das Projektteam bereits aus: Bauherr, Bauherrenvertreter/Projektsteuerer, kaufmännischer Projektleiter Bauherr, technischer Projektleiter Bauherr, Architekt, Projektleiter Architekt, Projektarchitekt, Bauzeichner Architekt, TGA-Planer, Projektleiter TGA-Planer, Planer Lüftungssysteme, Planer Sanitäranlagen, Planer Heizungs- und Klimatisierungsanlagen, Planer Elektro- und Gebäudeautomation, Planer sonstige TGA wie Badewassertechnik, Medizintechnik, Lichtplanung, Techniker und technische Zeichner TGA, Tragwerksplaner, Projektleiter Tragwerksplanung, Konstrukteure TWP, Statiker, Bauzeichner TWP, Bauphysiker, Brandschutzgutachter, Verkehrsplaner, Vermesser, Freianlagenplaner und viele weitere Beteiligte. Sie sehen: eine riesige Anzahl von Personen ist nun am Projekt beteiligt, alle mit ihrer Sichtweise und mit ihren Interessen. Schnittstellen-Verluste sind da unvermeidbar. Bei der oben beschriebenen privatwirtschaftlichen Methode der Projektabwicklung wird das Projekt nun vom Generalunternehmer übernommen. Oft wechselt er das gesamte Projektteam aus, da er Projektpartner favorisiert, die er aus der Zusammenarbeit kennt. Im Fall der Übernahme der Planer aus den früheren Planungsphasen könnte es zu Interessenkonflikten kommen. Die Planer müssen die Optimierungsansätze der Bauausführung ebenso bedienen wie die Qualitätsansprüche des Bauherrn.

Zu den bisherigen Akteuren stoßen jetzt noch die Bauausführenden auf Seiten des Generalunternehmers und der Nachunternehmer. In die Projektbearbeitung werden einbezogen: Mitarbeiter Kalkulation, Mitarbeiter Arbeitsvorbereitung, Projektleiter, Bauleiter, Poliere und sämtliche Nachunternehmergewerke. Auf Bauherrenseite werden während der Bauphase auch noch Sicherheits- und Gesundheitskoordinatoren, Qualitätssicherer und Controller eingebunden. Nach der Fertigstellung und sämtlichen Abnahmen erfolgt die Dokumentation. Zur Abnahme sind folglich noch weitere Gutachter eingebunden. Die Anzahl der Projektbeteiligten hat sich damit immens potenziert. Im Betrieb wollen dann obendrein Asset-, Property- und Facility-Manager mit unserem Projekt umgehen, wobei jeder Bereich wiederum zahlreiche Personen ins Spiel bringt. Daher gilt es, geeignete Strukturen zu installieren und die Beteiligten in einem transparenten Prozess mit konsistenten Informationen einzubinden. So unterschiedlich die Interessen im Projekt sind, so unterschiedlich sind auch die einzelnen Informationsbedarfe.

Das Miteinander von analogem Bauwerk und digitalem Zwilling ist der Anfang vom Metaversum

Einer ganz anderen Betrachtung bedarf die Form des Miteinanders von der analogen, linearen mit der digitalen, exponentiellen Welt. In ihrem Verschmelzen werden über den gesamten Lebenszyklus von Bauwerken die viel umschriebenen Mehrwerte geschaffen. Die iterative Geschichte der Immobilie beginnt stets analog mit einem Konzept, das dann in ein digitales Gebäudemodell überführt wird. Analog und digital ergänzen sich während des gesamten Planungsprozesses, beispielsweise in Form von Konzeptstudien und Detailskizzen, die später über das Einmodellieren in das Bauwerksmodell integriert werden. Auch Informationen, Parameter und Attribute werden nach der analogen Auswahl der BIM-Konstrukteure dann eingepflegt. Denn wir Menschen sind nun mal analoge Wesen, und das ist auch gut so.

Vor dem Baubeginn steigt der Grad der Digitalisierung und Detaillierung, die Anzahl der Dokumente und der Informationsgehalt stark an, bis das digitale

Baby schließlich so weit ist, dass es geboren werden kann. Von da an wird es über Jahrzehnte hinweg ein beständiges Nebeneinander von analogem, physischem Bauwerk und digitalem Bauwerksmodell samt Datenbanken geben. Dabei können den statischen Daten im BIM-Modell auch dynamische Daten, wie die aus der Sensorik, zugeordnet werden oder den Zugang zu virtuellen Realitäten bieten. BIM meets Metaversum! Einer der Mehrwerte besteht darin, dass all diese Informationen nicht verloren gehen. Mit dem Beginn der Realisierung des physischen (analogen) Bauwerks beginnt der Abgleich mit seinem digitalen Zwilling. Im Rahmen der Bestellung, Logistik und Bauüberwachung werden nun Vergleiche gestellt und der digitale Zwilling in seiner Entwicklung ständig mitgeführt. Bis zur Fertigstellung werden die Informationen beliebig angereichert, wobei man sich allerdings ständig die Frage der Sinnhaftigkeit der einzelnen Informationen stellen muss.

Schon vor der Inbetriebnahme ermöglicht der digitale Zwilling Simulationen der Betriebsphase und schafft so ein Soft Opening bereits vor der Fertigstellung. Eine Krankenhaus-Rezeptionistin kann also schon ganz spielerisch die künftigen Wege im Neubau erkunden und sich eine erste Orientierung verschaffen. Auch das OP-Team kennt seine Räume bereits vor dem Einzug, und die Stationsteams lernen die horizontalen und vertikalen Bettentransportwege im Rahmen virtueller Realitäten kennen. Zunehmend werden uns auch Augmented Reality-Optionen begleiten und den Rohbau mit der fertigen Planung optisch übereinanderlegen.

Mit der Inbetriebnahme ist der Datenzwilling dann in der Lage, sich mit der Gebäudeautomation zu verknüpfen. Dann kann er auch im Rahmen des Facility-Managements ausgewertet und genutzt werden. Dazu muss möglicherweise das Datenvolumen auf ein handhabbares Maß reduziert werden; man spricht dann von einem FM-Handover bzw. einer Betriebssicht auf das Modell. Die jeweiligen Sichten auf ein Modell werden übrigens als MVD (Model View Definition) bezeichnet. Nicht jedes Produktdatenblatt einer Gipskartonplatte ist für Wartung, Instandhaltung und Betrieb relevant. Es erweist sich als sinnvoll, das große „As-built“-Modell zu bewahren und daraus das FM-Handover zu extrahieren. Dann ergibt sich die Möglichkeit, im FM-Handover auf schlanke Art und Weise kleinere Änderungen vorzunehmen, und dann bei großen Ereignissen wie An- oder Umbauten sowie Revitalisierungen einen Abgleich mit dem „As-built“-Modell durchzuführen. So entsteht eine verlässliche Grundlage für anstehende Planungen und Revitalisierungen.

2 BIM der Baumeister

Baumeister – Architekt – Ingenieur – Bauunternehmer – BIM-Baumeister

Bis zum Beginn der Industrialisierung war der Baumeister derjenige, der dem Ansatz einer „integralen Planung“ am nächsten kam. Building Information Modeling (BIM) hat das Zeug dazu, dessen oft in Vergessenheit geratenes Verständnis des Miteinanders und der Verzahnung von Planung, Bau und Betrieb in die Zukunft zu übertragen. Und diese Zukunft ist digital. Planung, Bauausführung und Bauüberwachung waren noch in der Renaissance feste Bestandteile des Berufsbildes des Baumeisters, der Architekt und Unternehmer zugleich war. Das Verständnis von Funktionalität, Ästhetik, Konstruktion und Organisation war Tagesgeschäft. Auf diese Weise entstanden brillante Bauwerke berühmter Baumeister wie Brunelleschi oder Michelangelo, deren wunderbare Kuppelbauten dies noch heute veranschaulichen. Patrick MacLeamy, einer der renommiertesten BIM-Experten weltweit, hat das in „The Future of Building Industry“ als „A Tale of Three Domes“ sehr schön beschrieben:

Im 14. Jahrhundert entwarf Brunelleschi die Kuppel des Florentiner Domes. Er war Zunftmeister, kein Architekt. Brunelleschi entwarf die Kuppel, überwachte ihren Bau und entwarf sogar Maschinen, die den Bau unterstützten. Kurz, Brunelleschi war Baumeister. Zweihundert Jahre später entwarf Sir Christopher Wren die Kuppel von St. Paul's Cathedral. Zu dieser Zeit bezeichneten sich diejenigen, die Bauwerke entwarfen, bereits als Architekten und grenzten sich von den Zünften ab. Die Kuppel wurde zwar unter seinen Augen gebaut, doch nicht unter seiner Aufsicht. So trennten sich die Rollen des Entwerfers und des Erbauers. Im 19. Jahrhundert entwarf Thomas U. Walter die Kuppel des Kapitols in Washington. Damals hatten sich Architekten bereits in Berufsverbänden zusammengeschlossen. Walter gehörte zu den ersten Anführern des AIA, des American Institute of Architects. Die Washingtoner Kuppel wurde durch eine neuartige Einrichtung errichtet, einem Generalunternehmer (General Contractor). Mit der Errichtung hatte Walter nur wenig Kontakt, die Arbeitsteilung zwischen Architekt und Generalunternehmer war vollzogen. Heute stehen Architekten vor einer neuen Idee, der Integrated Project Delivery (IPD). Es ist keine neue Idee, sie entstand vor langer Zeit. In diesen 150 Jahren haben wir jedoch über der Teilung der Arbeit das Miteinander vergessen, die Voraussetzung dafür, dass wir immer bessere Gebäude errichten können. [Vgl.: MacLeamy, A Tale of Three Domes (1/7).]

1720 wurde in Frankreich das erste militärische Ingenieurkorps für Straßen- und Brückenbau gegründet. Die erste zivile Ingenieurschule wurde daraufhin im Jahre 1747 in Paris eröffnet. Man hatte die entscheidende Rolle erkannt, die die Infrastruktur für den Wohlstand eines Landes spielt, auch in Bezug auf Handels- und Heereswege.

Im Zuge der Industrialisierung hatte sich im 19. Jahrhundert aus dem Berufsfeld des Baumeisters der Beruf des Architekten herausgeschält. Die gestiegenen Ansprüche an die Reproduzierbarkeit von Ausführungsarten führten darüber hinaus das Berufsbild des Bauingenieurs (Statik, bautechnische Berechnungen) ein. Im 20. und auch noch im 21. Jahrhundert werden Bauwerke in sequentieller Planung durch Architekten und Bauingenieure vorbereitet und durch Bauunternehmen realisiert. Historisch gesehen war all das einmal die Aufgabe des Baumeisters.

Eine „integrale Planung“ ist aufgrund des hohen Spezialisierungsgrades der Bauaufgaben, durch immer komplexere Richtlinien und Gesetzesstrukturen und nicht zuletzt durch die geltenden Leistungsbilder der HOAI kaum noch praktizierbar. Selbst ein Verständnis der jeweils fremden Leistungsbilder Architektur, Tragwerksplanung und technische Gebäudeausrüstung untereinander ist oft nicht gegeben. Die sequentielle Planung gebietet es, Leistungen zu einem bestimmten Zeitpunkt zur Verfügung zu stellen, um sie zu integrieren. Dieses Meilensteinsystem bietet den Planungsparteien nur zu wenigen Zeitpunkten eine planerische Interaktion an. Der Weg zur Leistungserbringung bleibt für den jeweils anderen unsichtbar. Einst war der Architekt derjenige, der das Planungsteam führte. Die gesellschaftliche Stellung des Architekten wurde geschwächt und das Leistungsbild seiner Rolle verwässert durch eine Vielzahl von Gutachtern, Projektsteuerern und nicht zuletzt auch den Wechsel der Akteure im laufenden Projekt, z. B. den Vorentwurfsarchitekten im Wettbewerb, den Bauantragsplaner im Auftrag des Bauherrn, den Ausführungsplaner beim Generalunternehmer, den Ausschreibenden beim Generalunternehmer und den extern vergebenen Bauleiter, die Zusammenstellung der Revisionsanlagen durch weitere andere Beteiligte. Um die vorletzte Jahrhundertwende brachte das Miteinander noch eine weitere Dimension hervor.

Der Werkbund

Unter dem Namen Deutscher Werkbund e.V. gründete sich 1907 in Darmstadt eine wirtschaftskulturelle Vereinigung von Architekten, Künstlern, Unternehmern und Sachverständigen. Gründungsmitglieder waren unter anderem: Peter Behrens, Wilhelm Kreis, Joseph Maria Olbrich; später kam Hermann Muthesius dazu. Der Werkbund entwickelte ein klar definiertes Leitbild zur Veredelung der gewerblichen Zusammenarbeit. Das Zusammenspiel von Handwerk, Industrie und Kunst sollte durch eine standardisierte Erziehung, Propaganda und einheitliche Aussage gestärkt werden. Der oft zitierte Slogan „Form follows function" war im Werkbund bereits der manifestierte Anspruch an sowohl ästhetisch wie technisch hohe Qualität. Viele Kritiker, so auch Adolf Loos, vermissten in der Erziehungsarbeit jedoch die für einen Konsens erforderlichen Freiheiten, sodass dieser kaum zu finden sein werde. Ein gutes Beispiel für die interdisziplinäre Zusammenarbeit im Werkbund ist die Siedlung Hellerau in Dresden, bei deren Bau nicht nur die Bedürfnisse der Nutzer einbezogen wurden, sondern auch alle wichtigen Disziplinen im Bau-Team kollaborativ zusammenwirkten. Die Einheit von Wohnen und Arbeiten, von Kultur und Bildung war die Idee der Gartenstadt Hellerau als eines Teils von Lebensreform. Nach dem Ersten Weltkrieg gelangte der Werkbund allerdings zunehmend unter den Einfluss einer neuen Vereinigung:

Das Bauhaus

Im Bauhaus erreichten in den 20er Jahren des letzten Jahrhunderts Architekten, Künstler und Werkmeister durch kollaborative Arbeit eine erneute Rückbesinnung auf die integrale Planung. Walter Gropius hatte die zwischenzeitlich separierten Akteure unter dem Begriff der „Werkgemeinschaft" zum Erstellen von Produkten und Bauwerken wieder enger zusammengebracht. Künstler, Techniker und Kaufleute verfolgten ein gemeinsames Ziel und machten sich die früher nicht vorhan-

denen Schnittstellenproblematiken und die engstirnige Einschränkung auf die eigene Materie klar. Besonders Peter Behrens, unter anderem künstlerischer Berater der AEG, war ein Vertreter des design thinking, das auf dem Dreiklang Prozess – Wissen – Sprache beruht. Das war ein großer Fortschritt, da man hier nicht nur in Design dachte, sondern es auch umzusetzen plante. „Form follows function" war auch hier die logische Schlussfolgerung aus dieser Methodik.

Das Miteinander wurde maßgeblich im Bauhaus formuliert. Die kollaborative, interdisziplinäre Zusammenarbeit war dabei jedoch nie der programmatische Inhalt, sondern nur das Mittel zum Zweck. Gegenüber dem Baumeister, der als Kopf eines Teams alle Entscheidungen zu treffen hatte, erreichte man es, die Zusammenarbeit nun gleichberechtigt auf Form- und Handwerksmeister zu verteilen, mit den Technikern zur Realisierungsreife zu bringen und zuvor mit den Kaufleuten zu kalkulieren. Das wirklich Neue war vielmehr das gleichberechtigte Zusammenarbeiten von Formmeistern und Handwerksmeistern in den Werkstätten des Bauhauses. Heute entsteht gerade wieder die Stunde der Architekten, die eigentlich über das Besetzen verschiedener Rollen die entgangene Herrschaft im Projekt zurückerobern könnten, wären sie nicht so zögerlich.

Team, Allianz, Netzwerk

Auf dem heutigen Weg der Digitalisierung besinnt man sich, inspiriert vom Genius Loci, auf die alten Tugenden und veranstaltet jährlich den digitalen Bauhaus Summit in Weimar, einen Diskurs über Kollaboration und Kreativarbeit. In den zahlreichen Workshops geht es nicht nur um einen Aufruf zu mehr, sondern vor allem zu einer besseren Zusammenarbeit. Es ist nämlich das Ergebnis und nicht der Prozess, anhand dessen die Zusammenarbeit beurteilt werden sollte. Eine wichtige Erkenntnis ist auch die Feststellung, dass Techniknutzung so unterschiedlich ist, wie die Menschen, die die Technik nutzen.

Prof. Dr. Gesa Ziemer beschäftigte sich beim Summit 2014 mit den unterschiedlichen Formen der Kollaboration. Ein Team besteht aus Menschen mit unterschiedlichen Kompetenzen, die in funktionierenden Strukturen arbeiten. Das Team arbeitet aber nicht kreativ oder innovativ, es muss nur effektiv ans Ziel kommen. Allianzen sind langfristig und strategisch angelegte Verbünde von Organisationen. Netzwerke sind hoch innovative, aber schwer steuerbare Verknüpfungen von Punkten. Die innovativste Form der Zusammenarbeit sieht Ziemer jedoch in der Komplizenschaft, einer dem Strafrecht entliehenen Begrifflichkeit. Diese Mittäterschaft ist ein kleines Kollektiv aus drei bis sieben Leuten, die den Entschluss eines Kollektivmitglieds unterstützen und anhand eines Planes umsetzen. Daher sind Komplizenschaften sehr wendig, können schnell handeln und streben nach guten Ergebnissen.

Die BIM-Methodik greift auf viele dieser wichtigen Wurzeln der kollaborativen Zusammenarbeit am Bauwerk zurück. Zwar wird BIM den Baumeister alten Stils nicht wieder zum Leben erwecken, doch aus der transparenten Kommunikation, der Arbeit in neuen digitalen Komplizenschaften und der Beobachtung der Schnittstellenprobleme entsteht eine neue Dimension der Qualität. Vor allem der Architekt hat mit BIM die Chance, seine Hoheit im Projekt zurückzuerlangen. Man muss das nur wollen.

Eine neue, dringend notwendige Form des Miteinanders beschreibt das Bauhaus der Erde, welches federführend unter dem Klimaforscher Prof. Hans-Joachim Schellnhuber die Vision verfolgt, dass in der Zukunft Gebäude, Städte und Landschaften zum Klimaschutz beitragen und einen positiven Einfluss auf den Planeten und seine Bewohner haben. Gebäude und Siedlungen sollen nicht mehr der Treiber der Klimakatastrophe und deren Auswirkungen auf Gesellschaft sein, sondern die schöpferische Kraft für eine systemische Regeneration.

3 Ist der Bauer digitaler als der Bauherr? *Digital Native, Digital Immigrant und was überhaupt ist „digital“?*

Wie steht es in anderen Branchen mit der Digitalisierung? Um zu verstehen, was Digitalisierung neben „Teams“ und „Zoom“ bedeutet und wie die Vernetzung von Daten Prozesse verändern und Effizienz steigern kann, möchte ich mit Ihnen einen Ausflug aufs Land machen. Haben Sie einmal Ferien auf dem Bauernhof gemacht? Da gab es den Hof mit Kühen, Schweinen und Hühnern, mit großen Feldern, Heu und frischer Milch. Der fleißige und oft hemdsärmelige Bauer lebte mit seiner Familie quasi in der Natur und bestellte seine Felder. Sollten wir in der Bau- und Immobilienbranche nun wirklich weniger digitalisiert sein als ein Landwirt?

Der romantische Blick auf die Bauernhofidylle ist nur eine verträumte Erinnerung an alte Zeiten. Heute sieht die Realität vielerorts schon ganz anders aus. Da fliegt die Hofdrohne die Liegenschaften ab, und der Bauer vertraut statt des prüfenden Blicks in den Himmel lieber auf die digitalen Wetterdaten. Digitale Helfer übernehmen das Messen, Regeln und Dokumentieren. Auch in der Landwirtschaft wird das Internet der Dinge immer wichtiger. Melk-Roboter sind aus der Milchviehhaltung schon lange nicht mehr wegzudenken. Auch die pflanzliche Produktion wird über zentrale Steuerungselemente zur Hightech-Präzisionslandwirtschaft.

Der westfälische Traktor- und Mähdrescherspezialist Claas ist einer der Pioniere der Digitalisierung in der Landwirtschaft. Hier kommunizieren bereits Maschinen miteinander (M2M), Fahrzeuge fahren autonom und Computerprogramme treffen Entscheidungen. Jeder dritte Betrieb über 100 Hektar nutzt schon heute Landwirtschaft-4.0-Anwendungen. Sensortechnik, Elektronik und Software machen nach Angabe des VDI heute rund 30 Prozent der Wertschöpfung aus. Smart Farming nutzt die Vernetzung und unterstützt die landwirtschaftlichen Prozesse durch Datenmanagement. Der Trend geht weg von Einzellösungen, hin zum System und dem „System von Systemen“. Dienstleister wie SAP oder Google verwenden BigData zur Verwertung von Klima- und Bodendaten.

Ein wichtiges Erfolgsrezept können wir schon vorab erfahren: Die Landtechnik-Produzenten haben stets darauf geachtet, dass sämtliche Software-Programme über offene Schnittstellen auf allen Plattformen laufen können. Das wurde von den Landwirten aktiv auf dem Markt durchgesetzt, da sie eine Abhängigkeit von einem Anbieter um jeden Preis vermeiden wollten. Die Software wird heute im Mähdrescher benutzt, damit dieser autonom über den Acker fahren kann, und zwar in so exakt parallelen Bahnen, wie es ein Mensch nie schaffen würde. Stickstoffsensoren erfassen über Lichtwellen die Blattfärbung und steuern die Düngerempfehlung bei. Dies geschieht in Echtzeit: Während die Sensoren am Fahrzeug die Daten erfassen, werden diese im Führerhaus in der Steuerung des Düngerstreuers direkt berücksichtigt. Bodendaten aus Kartierungen zur Bodenqualität werden genutzt, um die Dosierung abzustimmen. Dann werden die Düngermengen auf dem Feld direkt georeferenziert dokumentiert. Die GPS-Steuerung schließt außerdem eine Überlappung der Düngespuren aus. Wetterdaten werden ebenso berücksichtigt wie mechanische Einflüsse auf die Bewegung der Maschine. Sogar der Reifendruck kann der Beschaffenheit des Bodens angepasst werden, um effizient und mit dem geringsten Kraftstoffverbrauch zu fahren. Und bei der Ernte wird die M2M-Kommunikation dann dafür genutzt, just in time die benötigten Lkws zur Abholung des Erntegutes an die Erntemaschine zu beordern.

Es ist schon beeindruckend zu sehen, wie die Digitalisierung auch hier die Prozesse unterstützt. Die Interoperabilität der Daten wird hier besonders anschaulich. Natürlich ist noch nicht die ganze Republik mit dem Hightech-Roboter auf dem Acker unterwegs, aber die Vielzahl von Anwendern und Anwendungsbereichen wächst enorm.

Andere Industrien geben uns also mit einem gewissen Vorsprung die Möglichkeit, erstrebenswerte Dinge in die Bau- und Immobilienwirtschaft zu adaptieren.

Im Jahr 2022 konnte ich Sascha Kellerhaus als Partner für die DEUBIM gewinnen.

Er ist Wirtschaftsingenieur und kommt mit einem großen Erfahrungsschatz aus der Maschinenbauindustrie zu DEUBIM. In diversen Experten- und Führungspositionen bei Siemens und Schaeffler entwickelte er Strategien, neue Geschäftsmodelle, aber vor allem auch neue Produkte und (digitale) Service-Lösungen. „Volldigitales Entwickeln, Planen und Produzieren bzw. Bauen ist im Maschinenbau seit Jahrzehnten Standard. Ich bringe Expertise in der Entwicklung und Anwendung kundenorientierter, digitaler Service-Lösungen für OEMs und vor allem Betreiber mit. André Pilling und mich verbindet neben dem technologischen Interesse vor allem die Denkweise, Anwender und Nutzer in den Fokus unserer Beratung und Services zu stellen. Wir sind überzeugt, dass die Menschen mit der zur Verfügung stehenden Technologie und Software der Schlüssel zum Erfolg sind. Erfolg, der mit der Akzeptanz der BIM-Methode und Generieren von Mehrwerten sichtbar wird“, so Sascha Kellerhaus, der als Sohn eines selbstständigen Tischlers bereits früh auch Baustellenluft schnupperte.

Vom technologisch Machbaren zum begeisterten Nutzer: mit Mehrwerten zum Durchbruch

Deutsche Maschinenbauer sind Pioniere, Weltmarktführer und Patentkönige: Diese Schlagzeilen sind wohl jedem in den letzten Dekaden untergekommen: in der Zeitung, den Tagesthemen oder durch einen begeisterten Freund oder Nachbarn, der stolz bei einem (großen) Maschinenbauer arbeitet. Doch wenn man die vergangenen Jahre die Nase am Wind in der Maschinenbauindustrie hatte, waren nicht alle Details so rosig und die Schlagzeilen lasen sich zwischendrin deutlich kritischer: aus dem Verkäufermarkt „Made in Germany" ist ein globaler Käufermarkt geworden. Das Angebot an Maschinen und Anlagen ist längst nicht mehr dominiert durch deutsche oder europäische Anbieter. Gerade asiatische Anbieter haben aufgeholt, bauen moderne Maschinen, die sich vor der europäischen Konkurrenz nicht verstecken müssen – und sie haben übrigens auch erfolgreich verstanden, dass nicht jeder Kunde tatsächlich Hochtechnologie benötigt. Der daraus erwachsene Mid-Market, in dem Maschinen nicht alles beinhalten, was technologisch möglich ist, und deshalb deutlich günstiger sind, hat sich auch in Europa etabliert. Z. B. im Baumaschinensektor sieht man an Baggern, Radladern oder LKWs mittlerweile häufig Markenlogos, die einem nichts sagen.

Großes Angebot am Markt für Kunden, dazu keine Hochtechnologie und keine technischen Details, die also den Kunden das Glitzern in die Augen und damit die Unterschrift des Einkäufers unter den Auftrag bringt? Das Geschäftsmodell Maschinenbau in Deutschland und Europa hat(te) ein Problem.

Doch – heureka – vor gut 10 Jahren war der neue Heilsbringer geboren: Industrie 4.0. Durch Daten und Vernetzung lässt sich zukünftig das Geld verdienen und man ist wieder Vorreiter. Konzertierte Aktionen folgten mit dem Aufbau branchenübergreifender, datenverarbeitender Plattformen und Nutzeroberflächen, wie z. B. Axoom, Siemens' Mindsphere oder IBMs Watson. Die ersten Jahre steckten große Player und Firmen in Partnerschaften viel Geld in Leuchtturmprojekte, versuchten Ökosysteme mit diversen Playern aufzubauen, um die digitale Technologie in die Breite zu bringen. Der Erfolg am Markt: freundlich ausgedrückt mäßig. Millionen- und Milliarden-Investitionen in Technologie brachten keinen Durchbruch bei Kunden und Nutzern und damit keinen Return-on-Investment. Der erste große Wurf war nicht weit genug, man musste also umdenken. Was dann in den vergangenen Jahren Bemerkenswertes zu beobachten war: Maschinenbauer schauten über ihren manifestierten Tellerrand, was andere Branchen (erfolgreich) anders machten, die mit digitalen Produkten und Daten arbeiteten. Branchen wie die Software- oder Kommunikationsindustrie waren äußerst erfolgreich – sie hatten ihre Nutzer in den Mittelpunkt ihres Tuns gestellt. Plötzlich waren im Maschinenbau Fachbegriffe wie „Customer Centricity", „Customer

Journey" und „User Experience (UX)" oder „Business Model Canvas" und „Design Thinking"-Workshops im Alltag zu hören. Man sprach in der F&E plötzlich von „Minimum Viable Product (MVP)" und fing damit an, nicht alles über Jahre technologisch vollständig fertig zu entwickeln und dann zu schauen, ob es (noch) den Kundenwunsch trifft. Nein, man band den Kunden früh und regelmäßig im Sinne des Kundennutzens ein und lieferte ihm manchmal ein – in dem Sinne – noch nicht fertiges Produkt, was ihm bzw. dem Nutzer in seinem Haus aber bereits direkt einen Mehrwert brachte.

Und das bedeutete im Maschinenbau nichts anderes als eine Revolution. Eine Revolution, die fortan den Nutzer und Kunden und Mehrwerte einer Lösung in den Vordergrund stellte – nicht die technologische Entwicklung oder Machbarkeit der Ingenieurskunst. Und eine neue Welt, die vom Miteinander lebt – einem Miteinander in der Wertschöpfungskette von gemeinsamen Entwicklungen zwischen Kunden und Lieferanten/Servicepartnern bis hin zu ganzen Ökosystemen einer Branche.

Der Maschinenbau hat abgeleitet von Softwares und Smartphones verstanden, dass Innovationen in Lösungen aufgehen müssen, die einfach zu verstehen, intuitiv zu bedienen und zu betreiben sind.

Sie denken gerade: Das habe ich doch schon mal gelesen? Sicher, denn Sie haben bestimmt auch ein Smartphone in der Tasche und erinnern sich, dass das Apple iPhone 2007 eine ganze Branche äußerst erfolgreich mit genau diesen Aspekten disruptiv auf den Kopf gestellt hat – und damit übrigens jedem User den Mehrwert „überall online sein" möglich gemacht hat (überall erreichbar war vorher mit einfachem Tastenfeld schon möglich).

Versuchen wir einmal ansatzweise, diese „Lessons Learnt" auf und mit BIM auf unsere Bauindustrie zu übertragen. Ich stelle fest: BIM ist eine Innovation, BIM ist eine Methode, BIM ist eine Technologie. Um also BIM zum Durchbruch zu verhelfen, stelle ich die Mehrwerte von BIM in den Mittelpunkt meiner Innovationen und Lösungen für Nutzer und Nutznießer der Ergebnisse. Ach so und ja, BIM steht in engem Zusammenhang mit Softwares, aber BIM ist keine CAD-Software und diese ist auch nicht die Lösung, um BIM-Mehrwerte in Gänze zu generieren. Wie also sieht der Weg ins Paradies aus, dass BIM sein volles Potential an Mehrwerten seinen Nutzern und Nutznießern im Lebenszyklus zeigen kann?

Zunächst ist im Vergleich zum Maschinenbau zu berücksichtigen, dass die Marktstruktur in der Bauindustrie besonders ist: Anders als im Maschinenbau ist sie in allen Lebenszyklusphasen geprägt von einigen großen Konzernen, aber vor allem sind es KMUs, die planen und bauen. Wir stellen heute fest, dass die meisten großen Konzerne und einige KMUs mit Pioniergeist zu den 15–20 % der

Betriebe in der Bauindustrie zählen, die BIM-bezogen arbeiten (oder auf dem Weg dahin sind). Das heißt aber im Umkehrschluss, dass ca. 80 % der Betriebe nicht BIM-bezogen arbeiten und damit die BIM-bezogene Automatisierung und Digitalisierung noch keinen Durchbruch in der Breite erlebt hat. Denn im Ökosystem Planen und Bauen sind vom Entwerfer über den Planer und GU bis hin zu den Subunternehmern der ausführenden Gewerke alle Teile der Wertschöpfungskette, die von der BIM-Methode profitieren sollen. Heißt also: Anders als im Maschinenbau ist in der Bauindustrie der Grad der Automatisierung gering und damit die Beteiligung der Menschen im Lebenszyklus eines Gebäudes oder Bauwerkes hoch ist.

Ein Weg heißt also: Wir in der Bauindustrie müssen also erst recht diese Menschen und ihre täglichen Herausforderungen zum Kern unserer Ideenfindung, Innovationen und Lösungen machen. Sie sind die Multiplikatoren, die BIM und der Digitalisierung im Bau zum Durchbruch verhelfen können. Übrigens können wir dann auch über Erfolg von Unternehmen in der Bauindustrie sprechen: Wenn die Potentiale von BIM und digitalem Miteinander via Visualisierungen, Automatisierung oder Workflows o. Ä. wirklich durchgängig genutzt werden, können die Preissteigerungen beim Material höherer Effizienz gegenübergestellt werden. Fachkräftemangel durch einen höheren Grad an Automatisierung (der halt auch nur digital funktioniert) auszugleichen dient dem Fortbestand der Firmen und damit sicheren Arbeitsplätzen in unserer Gesellschaft. Ach so, und über das Thema Nachhaltigkeit durch BIM-bezogene Digitalisierung und Automatisierung haben wir dann noch gar nicht gesprochen.

Wir sehen also: In BIM steckt das Potential, die Baubranche zu revolutionieren – also lassen Sie uns den Blick auf uns alle richten und was wir mit BIM unseren Geschäftspartnern links und rechts für Mehrwerte bringen können – vom Maurer über den Instandhalter bis zum Projektentwickler!

Zuletzt möchte ich einen Trugschluss auflösen: Das Miteinander hört beim Verkauf oder Projektabschluss o. Ä. nicht auf! Wenn wir alle BIM und die Möglichkeiten der Digitalisierung und Automatisierung erfolgreich in der Branche etablieren wollen, also begeisterte Nutzer entwickeln wollen, müssen wir das Miteinander und damit die Nutzung der Lösungen auch nach dem „Verkauf“, dem Projektabschluss oder der Übergabe des Gebäudes an den Betreiber leben. Im Maschinenbau (und z. B. auch der Softwareindustrie) hat man dazu die Rolle des „Success Managers“ etabliert. Success Manager stehen nach dem Verkauf oder z. B. der Implementierung von Lösungen aktiv den Kunden zur Seite. Sie stellen sicher, dass die Lösungen erfolgreich genutzt werden und damit der versprochene Mehrwert realisiert wird. Auch diese Form des Miteinanders soll es den Nutzern einfach machen, sich mit einer neuen BIM-Lösung zurechtzufinden und sie damit erfolgreich einzuführen. Dabei schlägt man sogar zwei Fliegen mit einer Klappe: Durch das Kontinuierliche ist der Lösungsanbieter in der Lage, auf Basis den Kundenfeedbacks neue Lösungen zu entwickeln bzw. weiterzuentwickeln.

Doch welche Form von digitalen Anwendern gibt es eigentlich?

Sind Sie ein Digital Native?

Vor einiger Zeit verbrachte ich ein Wochenende mit meinem damals dreijährigen Patensohn in einem Ferienhaus an der Ostsee. Um 7:30 Uhr sah ich mich geweckt, weil er mit mir „Lauras Stern“ ansehen wollte. Er hielt mir das iPhone seiner Mama unter die verschlafenen Augen und rutschte mit seinen Miniaturfingern eifrig im Vorspielmodus von YouTube umher. Damit ich es besser sehen konnte, drehte er mir das Bild dann ins Querformat. Wenn ich hingegen versuche, den Punkt in der Laufzeile zu treffen, kriege ich das irgendwie nie hin. Als ich 1976 mit meinem Patenonkel im Kurzurlaub war, wurde das für die ganze Familie mit der Super8-Kamera aufgezeichnet. Mein „Lauras Stern“ war „Der kleine Prinz“, und ich war darauf angewiesen, dass mir das jemand vorliest oder dass ich im Fernsehen vielleicht „Hallo Spencer“ sehen durfte.

Nicht dass ich hier werten wollte, was erzieherisch wertvoller ist! Ich möchte nur auf die Selbstverständlichkeit des Umgangs mit Technik und digitalen Medien eingehen. Als 1973 Geborener habe ich zwar fast die ganze Evolution der digitalen Werkzeuge und Medien mitverfolgt. Ich war einer der ersten, die im Tamagotchi ihr Küken totgepflegt haben, mit einem Touchpad – außer mit der berühmten Magictafel – bin ich in der prägenden Phase meiner Kindheit aber nicht in Kontakt gekommen. Dennoch empfinde ich mich als modernen, zeitgemäßen Menschen und weiß über die aktuellen Techniken einigermaßen Bescheid. Und dennoch bin ich kein Digital Native! Dazu zu stehen, ist der erste Schritt zur Selbsterkenntnis.

Auch wenn ich mit 49 Jahren #Fotos#irgendwo#einstelle#und#andere#mit#Essensfotos#belästige, werde ich dadurch noch lange nicht zu einem Digital Native. Ich bin ein Digital Immigrant. Diese Erkenntnis ist auch in der Kommunikation von Digitalisierung und von BIM in der Unternehmensdarstellung wichtig. Immer wieder stelle ich bei Kongressen und Veranstaltungen große Unterschiede in der Authentizität der Redner fest. Wenn ältere Herren einen Vortrag über die neue digitale Planungskultur halten und erzählen, was sie im Unternehmen schon so alles mit BIM gemacht haben, während sie im Vorfeld ohne technische Hilfe nicht mal die Vollbildtaste der PowerPoint-Präsentation gefunden haben, dann wirkt das einfach albern.

Auch wenn das Unternehmen wirklich schon im Bereich von BIM tätig ist, wirkt es fatal, statt der Anwender „nur“ die Geschäftsleitung zu entsenden. Das Planungsergebnis – sei es ein tolles Krankenhausprojekt oder eine gute Schule – kann ein gestandener Planer durchaus präsentieren. Den Weg dorthin wünsche ich mir in der Phase des „Ich gucke, wie es andere machen“ jedoch vom Anwender geschildert. Der spielerische Umgang mit Technik, auch in den Viewern auf Tablets, gelingt den Digital Natives einfach besser, intuitiver und überzeugender. In den heutigen Führungsetagen und Geschäftsleitungen sitzen noch immer Generationen, die als Nachkriegskinder im Bildungsbürgertum aufgewachsen sind, das mit Werten und mit Beständigkeit kaum etwas Junges, Dynamisches oder gar Spielerisches verbinden kann.

Die Ablehnung der Digitalisierung rührt also auch daher, dass das Bildungsbürgertum auf seiner Deutungshoheit besteht. Das ist der Grund, warum vom Kopf der Unternehmen selten das richtige Signal kommt. Ohne ein Verständnis der Digitalkultur ist es nicht gut möglich, ein Unternehmen erfolgreich in die neue digitale Welt zu führen. Viele Unternehmen bauen bereits „Junior Departments“ auf, in denen das technisch Machbare bewusst forciert wird, oder kaufen Start-ups, um digitaler zu werden. Das allein ist noch kein Garant für den Erfolg. Erst die Verbindung von Know-how, beruflicher Erfahrung, bautechnischem Verständnis und digitalem Wissen schafft die Kulturwende. Das geht nur im Team! Jung mit alt, analog mit digital! So hat jeder seinen Wert im Wandel, lernt jeder von Anderen – wobei die ältere Generation sich manchen Zopf abschneiden sollte.

4 Was ist eigentlich BIM?
BIM-Grundlagen und Begriffsdefinition

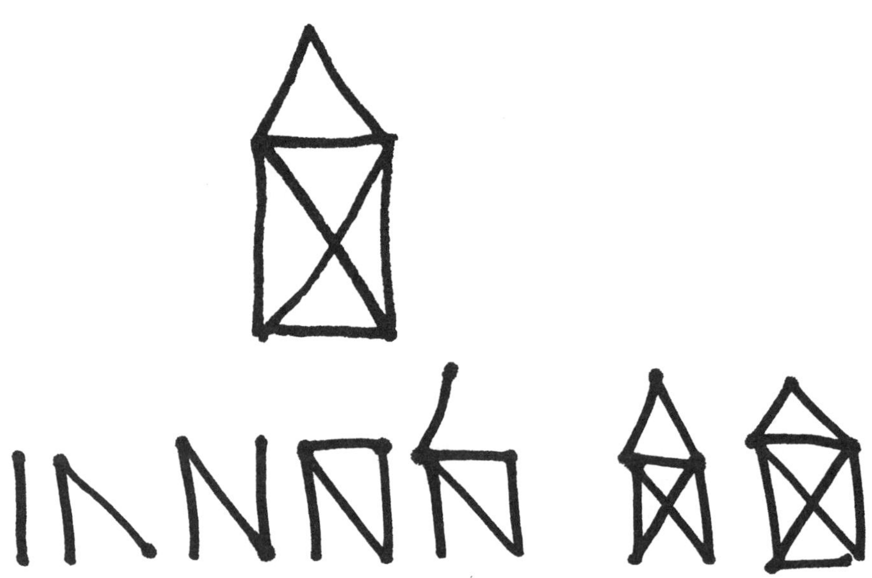

Betrachten wir zunächst einmal das einfachste Haus, das wir in Deutschland kennen. Das ist das Haus vom Nikolaus. Mit geschickter „Einstrichgrafik" haben wir es in unserer Kindheit erlernt, dieses zweidimensionale Abbild des eigentlichen Hauses – Sie wissen schon, das mit dem ausgekreuzten Fachwerk. Ein Grundriss, eine Ansicht oder ein Schnitt, das sind die Abbildungsarten, die wir seit Jahrtausenden kennen und praktizieren, um ein Bauwerk darzustellen. Eine zweidimensionale Darstellung ist die Beschreibung einer Form. Diese beschriebene Form stellt, wie wir alle wissen, einen Schnitt durch das Bauwerk als grafische Abwicklung ohne perspektivische Verzerrung dar; ein Grundriss ist zum Beispiel ein Schnitt einen Meter über dem jeweiligen Geschoss parallel zum Horizont (Achtung: Architekt und Haustechnik blicken nach unten, Statiker nach oben! Das ist oft schon die erste Falle in der Kommunikation.) Ein Schnitt ist beliebig zu legen und gilt der Orientierung in Bezug auf Höhenlagen. Eine Ansicht ist die Projektion ohne Perspektive. Da bleiben viele Ecken und Bereiche nicht sichtbar und in der Planung oft unbedacht und die visuelle Form widerspricht eigentlich dem menschlichen Verständnis und dem Verlangen nach wenig abstrahierter Darstellung. So sind Pläne für viele Menschen die Geheimsprache von Architekten und Ingenieuren.

Eine dreidimensionale Abbildung jedoch beschreibt einen Körper. Die grafischen Informationen aus Grundriss, Ansicht und Schnitt werden zusammengeführt. Diese Art der Darstellung bedarf bereits der Arbeit an einem dreidimensionalen Modell, wenn es sich nicht nur um eine Visualisierung von einem bestimmten Fluchtpunkt aus handeln soll.

Sobald die dazu notwendigen grafischen Bauteile um alphanumerische Informationen (also Attribute oder Eigenschaften) ergänzt werden, handelt es sich um Building Information Modeling. Dieses setzt die Verwendung standardisierter Bauteile voraus, die je nach Leistungsstand der Realisierungsart sehr nahekommen. Ein BIM besteht also stets aus Bauteilen und Räumen mit jeweiligen Attributen. Das bedeutet, ein Fundament wird auch als solches im Geschoss der Gründung angelegt. Es hat bestimmte Abmessungen und eine bestimmte Betonqualität und es ist erdberührend. Alle Informationen werden diesem virtuellen Bauteil mitgegeben, indem sie in ein BIM-Autorenprogramm eingegeben oder in einer Auswertungssoftware oder in der Datenumgebung CDE (dazu später mehr) ergänzt werden. Ebenso eingegeben oder modelliert werden Wände, Decken, Fenster und Türen. Ein Fenster weiß aber beispielsweise um seine Nachbarschaften. Es sitzt in einer bestimmten Wand und hat ebenfalls bestimmte Eigenschaften. Diese Daten sind für die Planung, den Bau und für den späteren Betrieb von Bedeutung. So ist der Wärmedurchgangskoeffizient wichtig für die Verglasungsart, der Anschlag und das Material sowie die exakte Geometrie für die Beschaffung und Produktion und die exakte Glasfläche für die Ermittlung der Reinigungskosten. Die haustechnischen Bauteile, aber auch das Inventar sind für die Betriebsphase mit entsprechender Attribuierung von besonders hoher Bedeutung.

Was BIM darüber hinaus ist, ist heute noch eine nicht einfach zu beantwortende Frage. Für viele bedeutet eine koordinierte 3D-Planung schon BIM. Für andere ist die Simulation von Zuständen, Ausführungsarten oder Kosten BIM. Da es sich immer noch um etwas Neues handelt, ist das eine BIM schwer einzugrenzen. Da es so viele Anwendungsbereiche gibt, für die BIM genutzt werden kann, und da die gesamte Wertschöpfungskette des Planens, Bauens und Betreibens von Bauwerken und Immobilien viele sinnvolle Einsatzmöglichkeiten bietet, sollte eine allgemeine Definition die Grundzüge beschreiben können.

BIM ist die digitale Transformation des Planens, Bauens und Betreibens von Bauwerken. Die deutsche Wikipedia übersetzt Building Information Modeling

– etwas platt – in Gebäudedatenmodellierung. Diese Interpretation umschreibt nur einen Bruchteil der auf die drei Buchstaben heruntergebrochene Methode. Doch für was stehen denn die drei Buchstaben nun genau?

„B“ steht im englischsprachigen Raum für „Building“ und kann im Deutschen mehrere Bedeutungen haben, die auch alle Facetten der Methodik berühren. Das Verb „building“ beschreibt den Prozess des Bauens. Eine Fokussierung auf das reine Bauen sehen natürlich viele Beteiligte der Wertschöpfungskette, gleichwohl partizipieren nicht nur Generalunternehmer und Bauprodukte-Hersteller. Das Planen und Betreiben sind aber ebenso wichtige Akteure in der neuen Methodik, weswegen es eigentlich DBOIM heißen müsste, design build operate information model. Auch wenn BIM in der aktuellen Diskussion oft auf die Digitalisierung im Baugewerbe angewandt wird, steht es dennoch auch für die Digitalisierung der Immobilienwirtschaft und den Dienstleistungsbereich der Planer.

Die Reduktion des „B“ auf das Bauen ist nicht zielführend, vielmehr steht dafür im Deutschen das Bauwerk bzw. Gebäude. Bei BI(M) handelt es sich eindeutig um „Bauwerksinformationen“.

Allgemeingültig kann gesagt werden, dass es sich bei einem Bauwerk um eine von Menschen errichtete Konstruktion handelt, welche eine ruhende Verbindung zum Untergrund aufweist. Zumeist wird von einer langfristigen Nutzungsdauer ausgegangen.

Dieses Bauwerk entsteht durch den Prozess des Bauens, zuerst durch die Bauplanung und dann durch die Bauausführung. Danach wird das Bauwerk in die Nutzungsphase (Betriebsphase) übergeben. Diese kann in der weiteren zeitlichen Abfolge in einen Umbau (Sanierung, Revitalisierung) oder im Rahmen der Kreislaufwirtschaft in den Rückbau oder das Recycling führen. Das „Bauwerk“ in BIM steht hier übrigens stellvertretend sowohl für den Hochbau, als auch für den Infrastrukturbau. Diese Anwendung sollte künftig für alle Bauwerkstypen, ob Gebäude oder Infrastrukturbauwerke, obligat sein.

„I" ist der Buchstabe in dem Ausdruck BIM, dessen Bedeutung am eindeutigsten ist: Es geht wirklich um die Information. Das Wort geht auf das lateinische „informare" zurück, das für formen, bilden, gestalten steht, aber auch für darstellen oder schildern. Es beschreibt eine Einheit des Wissens. Informationen können von einem Absender an einen Empfänger übertragen werden, wobei dann beide Akteure eine bewusste Handlung ausüben. Informationen können aber auch unbewusst übertragen werden,

die dann durch die Wahrnehmung der Form und Eigenschaft eines Objekts empfangen werden. Absender und Empfänger können Lebewesen sein, aber auch Systeme wie Computersoft- und Hardware oder Maschinen. Im Kontext von BIM soll eine Information eine Wissenslücke beim Empfänger schließen, und diese Wissensveränderung soll wiederum aktiv genutzt werden.

Man kann also von einem aktiven Wissenstransfer sprechen. Dazu werden verschiedene Informationskanäle genutzt, besonders die Kommunikation. Wir differenzieren die unterschiedlichen Formen der Information in Dokumente und Daten. Im Gegensatz zur Information sind Daten Darstellungen oder Angaben von Sachverhalten, die über die Kombination von Zeichen Informationen darstellen. Hierbei geht der Wortursprung auf das lateinische „datum" zurück, das für gegeben steht und früher im Briefkopf die Angaben von Zeit und Ort festhielt. Nach der geltenden Norm des internationalen Technologiestandards ISO/IEC 2382-2015 für Informationstechnik sind Daten (data: a reinterpretable representation of information in a formalized manner, suitable for communication, interpretation or processing) eine wieder interpretierbare Darstellung von Information informalisierter Art, geeignet zur Kommunikation, Interpretation oder Verarbeitung. Daten sind also die digitale Repräsentanz von Information, die wiederum lesbar und bearbeitbar ist. Die Erzeugung, Nutzung und (dauerhafte) Bereitstellung von Daten dienen in der Methode BIM also zur digitalen Information über Bauwerke.

„M“ bietet eine Vielzahl von Interpretationen und vermag eine große Bandbreite von Anwendungen abzubilden. Als erste Interpretation soll das Modell dienen. Das Wort geht auf das lateinische „modulus“ zurück, das in der Architektur den Maßstab bedeutete. Das Modell ist grundsätzlich erst einmal ein Abbild der Wirklichkeit. Das Original kann dabei ein wirkliches, echtes Ding sein, aber auch ein künstliches. Die Bestandserfassung von Bauwerken in einem Modell ist beispielsweise das Abbild eines realen Originals. Das Modell wird Abbild eines abgreifbaren, untersuchbaren Originals. Das künstliche Original ist im Falle des Bauwerks die Planung. Dabei wird ja durch das Modell ein Abbild des künftigen Originals geschaffen, eine Simulation des zu erwartenden Originals. Das Modell ist also ein Abbild einer zu erwartenden Realität.

Mit der Modellabbildung geht oftmals eine Abstrahierung einher, da das Modell nur die Dinge wiedergeben soll, die der Ersteller als wichtig empfindet. Das Maß der Abstraktion hängt also eindeutig mit dem zukünftigen Informationsbedarf zusammen. Der Autor des Modells entscheidet über den Modellkontext und die Komplexität. Beim Planen und Bauen mit BIM ist dieses prozessual zu erkennen. In frühen Leistungsphasen ist der Grad der Abstrahierung deutlich größer als in der Realisierungsphase. Die Beschreibung des Zustandes der Konsistenz des Modells geht einher mit steigender Genauigkeit und Informationsdichte, ähnlich den früheren Maßstabssprüngen in der Planung. Man spricht gemäß der DIN EN ISO 19650 vom Level of Information Need (LOIN). Früher wurde dieser auch als Level of Development (LOD) beschrieben. Daher soll im weiteren Verlauf die Maßstäblichkeit in der jeweiligen Leistungsphase über den Entwicklungsgrad der grafischen Informationen (LOG = Level of Geometry) und nichtgrafischen, alphanumerische Informationen (LOI = Level of Information) betrachtet werden.

LOIN = LOG + LOI

Betrachtet man das „M“ als Verb, kann es „modeling“ bedeuten. Verschiedene Akteure des Planens, Bauens und Betreibens modellieren, das heißt, erstellen das „Bauwerks-Informations-Modell“, sind Modell-Autoren. Da dieser Prozess aber nur einen Ausschnitt aus dem Werken weniger Rollen beschreibt, ist es nicht allgemeingültig genug, um das „M“ zu repräsentieren. Vielversprechender ist der Ansatz, im „M“ das Management zu sehen, also die Organisation von Aufgaben und Abläufen. Der treffendste Ansatz für das „M“ ist aber sicherlich die „Methode“.

Definition BIM

Eine einheitliche Beschreibung durch ein autorisiertes Richtliniengremium war dringend notwendig, um Bauherren über den Einsatz von BIM richtig zu informieren – besonders vor dem Hintergrund der „Flucht nach vorne"-Planer. Leider wird aus Unverständnis und Selbstüberschätzung vor allem mittlerer und größerer Planungsbüros allzu oft mit gefährlichem Halbwissen eine zusätzlich zu honorierende 3D-Variante gebastelt, die aber mit Interaktion zwischen den fachlich Beteiligten nichts zu tun hat und deren Informationshaushalt nicht über die traditionelle Projektbearbeitung hinausgeht. Auch sind zweifelhafte Fachbücher erschienen, die die besonderen Leistungen gemäß der HOAI im BIM rechtfertigen wollen. An der Stelle der Hinweis, BIM ist verhandelbar, es gibt kein Richtig oder Falsch! Es gibt viel BIM oder wenig, was entsprechend vereinbart werden kann und sollte. Mit einer solchen einfachen Form des Little BIM können gerade die interessanten Mehrwerte nicht realisiert werden, und wir laufen Gefahr, durch das Nichterreichen von in Aussicht gestellten Mehrwerten auf Bestellerseite die flächendeckende Akzeptanz von BIM zu verhindern. Auch ein großes Architektur- oder Planungsbüro sollte sich zunächst umfassend informieren oder beraten lassen. Es handelt sich nicht um ein neues CAD-Programm, sondern um eine neue Art zu arbeiten. Der Einkauf eines BIM-Managers und die Ausweisung von BIM-Koordinatoren ist noch lange nicht der Weg zur BIM-Expertise.

Das BMVI unter dem ehemaligen Minister Dobrindt beschrieb BIM im Stufenplan Digitales Planen und Bauen von 2015 weiter und legt damit eine einheitliche Definition für den öffentlichen Raum vor:

> „Kern der Methode BIM ist die Erstellung von digitalen dreidimensionalen Bauwerksmodellen. Diese Modelle beinhalten vordefinierte Bauteile und Räume. Dabei werden in einem kooperativen Planungsprozess mit allen beteiligten Planern sukzessive die geometrischen Informationen angereichert und verknüpft. Sie beschreiben z. B. Material, Lebensdauer, umweltrelevante und sonstige Eigenschaften wie Schalldurchlässigkeit oder Brandschutzmerkmale. Räume werden auf der Grundlage der sie begrenzenden Bauteile gesondert beschrieben. Ihnen können Eigenschaften wie z. B. Volumen oder Nutzungsmöglichkeiten zugewiesen werden. Diese Informationen dienen als Datengrundlage während der Planung, Realisierung, des Betriebs und der Erhaltung der Bauwerke. BIM erleichtert damit wesentlich die Betrachtung des gesamten Lebenszyklus. Sofern Zeit und Kosten zusätzlich zu den geometrischen Dimensionen betrachtet werden, spricht man von vier- bzw. fünfdimensionalen Modellen. Auf Grundlage der damit erzeugten Datensätze können Computerprogramme die Geometrie, aber auch andere gewünschte Aspekte des Bauwerks bzw. der Planungs- und Bauprozesse sichtbar machen."

Zusammengefasst ergibt sich damit folgende Definition:

> „Building Information Modeling bezeichnet eine **kooperative Arbeitsmethodik**, mit der auf der Grundlage **digitaler Modelle eines Bauwerkes** die für seinen **Lebenszyklus relevanten Informationen** und Daten konsistent erfasst, verwaltet und in einer **transparenten Kommunikation** zwischen den Beteiligten ausgetauscht oder für die weitere Bearbeitung übergeben werden."

Eine weitere offizielle Definition ist der DIN EN ISO 19650:2018-04 zu entnehmen:

„Building Information Modeling (BIM) beschreibt die Nutzung einer gemeinsam genutzten digitalen Repräsentanz eines Bauwerks (inkl. Gebäude und Infrastrukturbauwerke), um die Prozesse der Bauplanung, der Baukonstruktion und des Bauwerkbetriebs zu erleichtern und eine verlässliche Entscheidungsgrundlage bereitzustellen."

Andere Branchen arbeiten bereits seit vielen Jahren mit digitalen Fertigungs- und Betriebsmodellen. Insbesondere die Autoindustrie blickt schon auf eine jahrzehntelange Erfahrung zurück und bindet so auch die Zulieferer in den Prozess ein. Planung und Realisierung werden durch digitale Fahrzeugmodelle zur Abstimmung der Fachdisziplinen gestützt. Das Design arbeitet eng mit den Fahrzeugingenieuren zusammen. Das Datenmodell wurde zum Mittelpunkt des gesamten Entwicklungsteams. Bevor ein Prototyp in die Fertigung geht, wurde das Fahrzeug schon tausende Male im Computer gecrasht. Jedes Bauteil, jede Schraube und jede Steckverbindung ist mit dem Zulieferer abgestimmt und konsistent im Modell enthalten sowie in die IT-OT-Infrastruktur eingebettet.

Sie werden einwenden, dass dies ja nicht vergleichbar sei. Während dort Serienprodukte entstehen, produzieren wir in der Bau- und Immobilienwirtschaft Unikate. Ein Stück weit ist das auch richtig, doch auch bei uns gibt es sich wiederholende Prozesse, die digital unterstützt abgebildet werden können. Die hohe Produktivität in der Autoindustrie hat aber auch mit dem perfekt trainierten Team zu tun. Für jeden Teil der Produktion gibt es Teams, die hocheffizient zusammenarbeiten. Das schaffen wir bei Bauwerken nicht, da Teams oft erst über Vergaben zusammengestellt werden. Desto wichtiger ist für das Team ein gewisser Vorlauf in der Zusammenarbeit. Sich menschlich und digital zu verstehen, ist eine Grundvoraussetzung für den Projekterfolg.

Andere Branchen, die ähnlich arbeiten, sind die Anlagenbauer sowie die Schiffsbauingenieure und Reeder. Dort finden wir wichtige Ähnlichkeiten, da auch dort

Unikate gebaut werden. Und auch dort arbeiten Architekten, Innenarchitekten, technische Ausrüster und Ingenieure am digitalen Modell in der Planung und der Realisierung zusammen. Das bedeutet auch, wir müssen in der Bauindustrie nach standardisierten Lösungen suchen, was das serielle Bauen bereits tut. Dabei muss keinesfalls eine Einheitsarchitektur erwartet werden, sondern individuelle Lösungen, was ich später an unserem Start-up Imti beschreiben werde.

Geschichte des BIM

Als ich Mitte der 80er Jahre des letzten Jahrtausends den Wunsch äußerte, ich würde gerne einen Computer besitzen, bediente mein Vater – seines Zeichens Bauingenieur und Bauträger – diesen Wunsch sofort. Ich hatte mir einen C64 gewünscht, mit Joystick und vielen Spielen. Tetris sollte auch dabei sein. Mein Vater meinte es sehr gut mit mir und wollte mich bei der Berufswahl unterstützen. Aus meinem C64 wurde ein IBM AT, und eine CAD-3D-Software war auch installiert. Die St. Paul's Cathedral baute sich mühevoll als Strichgrafik auf. Ich habe das damals nicht zu schätzen gewusst, ich wollte doch lieber zocken! Die Auseinandersetzung mit digitalen Gebäuden sollte für mich noch Jahrzehnte in die Ferne rücken – trotz dieser Steilvorlage.

Im Fahrzeug-, Flugzeug- und Maschinenbau waren Pioniere zu diesem Zeitpunkt aber bereits damit beschäftigt, grafische und alphanumerische Informationen in Computermodellen zu vereinen. Der Sprung von 2D auf 3D führte zu neuen Softwareprodukten wie z. B. CATIA in der französischen Luftfahrtindustrie. Auch die Bau- und Planungsbranche sollte bald in die CAD-Methode aufbrechen, nachdem schon Mitte der 70er Jahre ein wichtiger Impuls aus den USA und Großbritannien versäumt worden war. Dort hatte man nämlich frühzeitig erkannt, dass Bauwerksmodelle nicht auf geometrischen Formen aufgebaut sein sollten, sondern auf Bauteilen. BDS (Building Description System) war ein erstes Projekt, das in der Software eine Bibliothek von Bauteilen anbot, die in virtuelle Modelle eingesetzt werden konnten.

Charles Eastman hatte eine Oberfläche angelegt, die dem Benutzer auch die perspektivische Darstellung der Eingabe bereitstellte und die konsistente Ableitung von Plänen ermöglichte. Er hatte in Berkeley Architektur studiert und sich danach einer Computergemeinschaft an der Pittsburgher Carnegie Mellon University angeschlossen. Die Grundidee des Building Information Modeling hieß zunächst Building Product Model. Bald wurde klar, dass zur Verständigung von Industrien ein Standard geschaffen werden musste, der die Modelle für alle lesbar machen sollte. Ein erstes Datenformat wurde 1984 in STEP (Standard for the Exchange of Product Model Data) angeboten, die Vorstufe zum .ifc.

Neben den USA und Großbritannien wurde auch in den Staaten des damaligen Ostblockes unter teils abenteuerlichen Bedingungen an datenbasierten Entwurfsprogrammen gearbeitet. Auf illegal eingeführten Apple-Computern und, wie es heißt, unter dem Einsatz der Juwelen der Gattin entwickelte Gábor Bojár in Budapest das Programm ArchiCAD, das die erste BIM-Software überhaupt war. Weitere Wegbereiter der semantischen Datenstrukturen kamen vor allem aus den Niederlanden, Großbritannien und Deutschland. Das Softwaresystem RUCAPS war 1986 eines der ersten 4D-Programme, die bereits Bauphasen simulieren konnten, und wurde beim Heathrow Terminal 3 erstmalig in der Bauphase eingesetzt. 1995 wurde als Reaktion auf die Vielzahl von unterschiedlichen Datenformaten durch den IAI (International Alliance für Interoperability – heute buildingSMART International) die IFC-Schnittstelle eingeführt, die inzwischen weltweit als Industriestandard gilt und maßgeblich „Made in Germany" ist. 1997 prägte Nemetschek, heute Allplan, erstmals den Begriff O.P.E.N im BIM-Kontext.

Dr. Thomas Liebich gab bereits seit 1998 einen Überblick über die Austauschformate. In Deutschland wurde dieser Trend erst in den 10er Jahren des neuen Jahrhunderts aufgegriffen und wartet immer noch auf seinen flächendeckenden Durchbruch. Das vektorbasierte zweidimensionale CAD-Zeichnen ist nach wie vor die populärste Art der Bauwerksbeschreibung, wenn auch ohne jegliche Intelligenz. Auch Irwin Jungreis und Leonid Raiz hatten parallel zu den ArchiCAD-Entwicklungen ein Programm entwickelt, das eine parametrische Change Engine enthielt und objektbasiert programmiert war. Im Jahr 2000 kaufte die Firma Autodesk das unter dem Namen „Revit" bereits auf dem Markt befindliche Programm auf, und führte es bis heute sehr erfolgreich zu einem der führenden BIM-Autorenwerkzeuge weiter. Um den Millenniumswechsel kamen weitere BIM-fähige CAD-Softwares hinzu. 2004 ermöglichte Revit6 es Teams, kollaborativ an einem Modell zusammenzuarbeiten.

5 BIM „Made in Germany“

BIM-Nutzung in Deutschland – Stand der Entwicklung – buildingSMART – planen-bauen 4.0 – Stufenplan – warum ein deutscher BIM-Ansatz bei Globalisierung der BIM-Daten?

Wie sieht es nun eigentlich mit dem Planen, Bauen und Betreiben in Deutschland aus? Die deutschen Bauunternehmen – Konzerne wie KMU – sind durch ihre Ausführungsqualität „Made in Germany“ weltweit bekannt. Der Ingenieurbau ist weltweit aus allen Großprojekten nicht wegzudenken. Auch die Anlage steht in der deutschen Immobilienwirtschaft gut im Kurs, internationale Investoren nutzen die deutsche Konjunktur für ihre Rentabilität. International gesehen scheint es also mit dem Bauen und Betreiben von Immobilien hierzulande ja irgendwie ganz gut zu funktionieren.

Nach Aussage des Geschäftsführers eines großen deutschen Mittelstandsunternehmens ist es jedoch ein schmaler Grat geworden. „Wir haben uns sehr gefreut, einen internationalen Preis als eines der besten Bauunternehmen der Welt bekommen zu haben. Aber bei der Preisverleihung hofft man als deutscher Unternehmer, im Ausland nicht wieder auf unseren Großflughafen angesprochen zu werden.“ Unstrittig ist, dass es beim Großprojekt Flughafen Berlin-Brandenburg sicherlich Governance-Fehler und nicht nur Planungsfehler waren. Aber wie sieht es generell mit dem Renommee deutscher Planungen aus?

Auch wir haben große deutsche Planer und Bauausführende, die international arbeiten und einen ausgezeichneten Ruf genießen. Viele arbeiten im Ausland bereits mit digitalen Gebäudemodellen. Doch was ist nun wirklich der Stand der Dinge in Deutschland? Es ist eine Tatsache, dass wir über Strukturen und Traditionen verfügen, um die uns ganze Nationen beneiden und die unser Image sicherlich auch international festigen. Grundsätzlich gilt in Deutschland: Alles ist geregelt! Die viel zitierte deutsche Gründlichkeit ist gewiss auch das Ergebnis intensiver Erarbeitung von Standards und Richtlinien. Wir verfügen über eines der komplexesten Gesetz- und Regelwerke der Erde. Das Baugesetzbuch, Landesbauordnungen, Verwaltungsvorschriften der Länder und Regelwerke der Verbände sowie DIN-Normen und technische Richtlinien wie die des VDI begleiten das Planen, Bauen und Betreiben von Immobilien. Ergänzend sind europäische Empfehlungen und Normen von ISO oder CEN zu beachten. Es gibt etablierte Standards.

Um das an einem Beispiel greifbar zu machen: Wir verfügen in Deutschland über eines der differenziertesten Kostenfeststellungssysteme, das zugleich eine dezidierte Bauteilbeschreibung darstellt. Die DIN 276 ist eine seit Jahrzehnten eingeführte und gepflegte Struktur im Planen, Bauen und auch im Betrieb von Gebäuden, die in ihrer Umfänglichkeit manchmal sperrig erscheint. Aber als Kostenerfassung und Gliederung ist sie ein wunderbares Klassifikationsmerkmal und seine BIM-Konformität über die Bauteilorientierung gewährleistet. In diesem Zusammenhang sind die Aktivitäten des CAFM-Ring e.V. mit der Entwicklung der CAFM-Connect Editors 3.0 zu erwähnen, die die Abbildung der für den Betrieb relevanten Daten auf der IFC-Schnittstelle ermöglichen. Damit geht der Informationsgehalt deutlich über den internationalen CoBie-Standard hinaus.

Als Klassifizierungssystem bietet sich die DIN 276 auch hier förmlich an. Eine einheitliche Klassifizierung in Deutschland ist nicht gegeben, vielmehr ist dem Umfeld eines Projektes dabei Rechnung zu tragen. In den BIM-Prozessen werden dafür noch amerikanische oder europäische Klassifizierungssysteme wie OmniClass OCCS oder Uniclass2 genutzt. Zudem gibt es deutsche Ansätze, Bauteile analog der DIN SPEC 91400 zu klassifizieren, um sie beispielsweise in der Kalkulationsphase automatisiert in BIM-Modelle einzulesen und die Bauteile mit Informationen aus Baukostendatenbanken zu verknüpfen. In der Richtlinie VDI 2552 Blatt 9 werden produktneutrale, offene Klassifizierungssysteme und deren Verwendung beschrieben. Und da kommt der deutsche Ansatz ins Spiel. Zu bedenken bei den Klassifizierungssystemen sei aber, dass zum Beispiel in Portfolios ein einheitliches System konsequent genutzt werden sollte. Wenn Sie als Bestandshalter auch viele im Ausland befindliche Projekte bearbeiten, sollten Sie Ihre Klassifikation über Ihr Portfolio durchgängig halten. Es geht um die systematische Auffindbarkeit der Bauteildaten.

Wie gesagt, wir haben in Deutschland bereits sehr viel geregelt, manches vielleicht schon übergeregelt! Die vorhandene, wertvolle „Planungs- und Bauabwicklungstradition“ sollten wir nun in den Kulturwandel mitnehmen, den uns die Digitalisierung und der Klimaschutz beschert. Dann haben wir eine Chance, dass man in ein paar Jahren zum Thema BIM auch wieder nach Deutschland schaut, wie heute schon bei der standardisierten Ausbildung nach buildingSMART, wo Deutschland als erstes Land weltweit startete. Eine hochentwickelte digitale Planungs-, Bau- und Immobilienkultur wird sich unter dem internationalen Label „Made in Germany“ zu einer exzellenten Marktstellung entwickeln. Bis dahin aber müssen wir noch vieles erledigen und die „Lauerstellung“ verlassen.

Immer wieder kann man lesen, dass wir in Deutschland beim Thema BIM hinterherhinken. Es gibt Studien, die die Rückstandsjahre einzelner Länder ausweisen. Die Engländer, Skandinavier und vor allem die Niederländer sind uns um Jahre voraus. Auch der Nahe Osten, Asien und die US-Amerikaner sind natürlich in der Anwendung weiter; die dort oft praktizierte Methode des closedBIM, die insbesondere durch die monopolistische Marktstellung der Softwareanbieter in vielen Ländern zu erklären ist, ist durch den Stufenplan des Ministeriums jedoch für Deutschland in der Kollaboration ausgeschlossen und ist somit nicht vergleichbar. Dass wir etwas spät dran sind, versetzt uns aber in die Lage, uns im Ausland umzusehen, wie die BIM-Implementierung in den verschiedenen Ländern voranschreitet. Wir können uns daran orientieren und das alles mit unserer Planungstradition verknüpfen.

Sollten wir denn wirklich international bei der Durchdringung von BIM im Planen, Bauen und Betreiben von Bauwerken etwas zurückgeblieben sein? Das mag provokativ klingen, ist allerdings nichtsdestotrotz wahr. Trotzdem dürfen wir nicht gleich in Aktionismus ausbrechen. Während Sie dieses Buches lesen, sollte der internationale Anschluss noch zu schaffen sein. Im Ausland hat sich gezeigt, dass die öffentliche Hand als großer, oft größter Bauherr eine gewisse Vorbildfunktion hat. Die Privatwirtschaft zog mit und hat die Möglichkeiten und Mehrwerte verstanden.

Es gab international sehr unterschiedliche Ansätze der Verankerung von BIM im Markt, freiwillige wie verpflichtende. Das EU-Vergaberecht sieht diese bereits seit Jahren vor und erlaubt es den Ländern, die Anwendung in den Vergaben zu verordnen. Über die unterschiedlich langen Historien in den einzelnen Ländern haben wir bereits im voranstehenden Kapitel einiges erfahren. Hier möchte ich nun zwei europäische Nachbarn etwas genauer betrachten, da sich einige Parallelen zur laufenden Einführung in Deutschland auftun und von dort auch Standards übernommen werden. Die Niederlande haben BIM über eine Norm im Bau- und Planungswesen verankert. Bereits 2011 wurde vom staatlichen Baudienst, dem Rijksgebouwendienst RGD, eine BIM-Norm zur Verfügung gestellt, die nicht als Leitfaden, sondern eher als Wörterbuch für die Beschreibung und Übermittlung von Informationen zu Bauteilen zu sehen ist. Dieser RGD-BIM-Standard ist bei öffentlichen Bauwerken anzuwenden – insbesondere bei DBFMO-Projekten (Planen, Bauen, Finanzieren, Instandhalten, Betreiben) – und wird nunmehr auch privatwirtschaftlich genutzt. In den Niederlanden wurde auch bereits ein Regelsatz zur Prüfung von Modellen auf diese Standards hin entwickelt, der es dem Auftraggeber ermöglicht, die Qualitätssicherung auch in der Datenhaltung und der Konsistenz der Modelle zu bewerten. Dieser Regelsatz steht, wie viele weitere Regeln wie die Prüfung der Musterbauordnung MBO oder Barrierefreiheitsrichtlinien, für den Solibri Model Checker zur Verfügung.

Nachdem die öffentliche Hand die BIM-Anwendung angestoßen hatte, bildete sich eine Initiative zur Einführung von BIM in den Niederlanden. Ähnlich einer

Task Force wurde der Bouw Informatie Raad BIR gegründet, dessen Ziel es war, Hemmnisse zu beseitigen, zu informieren, zur Entwicklung zu animieren und Standards fortzuschreiben. Der BIR vertritt dabei sechs Sektoren der Bauwirtschaft: Kunden, Bauunternehmer, Ingenieure, Installateure, Architekten und Hersteller bzw. Lieferanten. Jeder Sektor entsendet zwei Vertreter in den Rat, die sowohl ihre Branche als auch ihre Firma repräsentieren. Dadurch hat der Rat die Möglichkeit, Absprachen zu treffen und Standards zu formulieren und diese dann in den einzelnen Branchen praktisch zu implementieren.

Auch haben die Niederlande ein einheitliches Wörterbuch entwickelt, an dem der BIR maßgeblich beteiligt war. Was ist ein Raum, welche Arten von Raum gibt es und wie sind diese auffindbar und einheitlich zu bezeichnen – das sind Fragen, die die concept bibliothek CB-NL beantwortet. Einheitliche Industriestandards sind maßgeblich für die Verständigung der Branchen rund um das Planen, Bauen und Betreiben untereinander. Offene Standards, also openBIM, sind in der niederländischen Anforderung grundsätzlich verankert. Als kompetenter Ansprechpartner für alle openBIM-Prozesse wurde im Jahr 2015 eine Stiftung gegründet, an der auch buildingSMART Benelux beteiligt ist. BIM Loket stellt als Plattform eine Übersicht über existierende Normen und Standards offen zur Verfügung. Sehr hilfreich ist dabei das auch in deutscher Sprache verfügbare „BIM Informations-Liefer-Handbuch“ (ILH). Darin werden einfache Hinweise zum Projektaufsatz, zur Nutzung und Prüfung des IFC-Formates im Datenaustausch anschaulich gegeben. Wir nutzen diese Checkliste in der Eigenvalidierung bei den Architekten, aber auch in der stichprobenhaften Überprüfung im BIM-Management.

Offene Standards werden von der Regierung der Niederlande verlangt, da so ein guter, nachhaltiger und effizienter Informationsaustausch stattfinden kann. Dadurch wird die Zusammenarbeit der Beteiligten gefördert, und der Wettbewerb belebt einen gesunden Markt, der sich außerdem durch Softwareunabhängigkeit auszeichnet. Ein offener Standard schließt das Verwenden geschlossener Systeme keineswegs aus, es muss nur im externen Austausch mit den Schnittstellen des openBIM kommuniziert werden. Über die Norm des öffentlichen Auftraggebers durch die Installation von verschiedenen Gremien entstand so eine Situation, die es insbesondere Planern und Bauunternehmen über den Markt auferlegt, die BIM-Methodik zu nutzen.

Nun zu unseren ehemaligen europäischen Nachbarn jenseits des Ärmelkanals. England hat sich auf eine etwas verschiedene Weise an die BIM-Implementierung begeben. Ich möchte allerdings davor warnen, diesen britischen Weg unkritisch auf den deutschen zu übertragen. Vor allem der Planungssektor lässt sich nicht ohne Weiteres mit Deutschland vergleichen. In England existieren sehr große Planungs- und Ingenieurgesellschaften. Die durchschnittliche Mitarbeiterzahl eines Ingenieurbüros dort weicht gravierend vom deutschen Durchschnitt ab. Die vielen kleinen und mittleren Büros in Deutschland können da organisatorisch und wirtschaftlich schlechterdings nicht mitziehen – sicherlich auch ein Grund für die Zurückhaltung in Deutschland. Auch ist der Engländer Prüfungsinstanzen gegenüber grundsätzlich sehr aufgeschlossen, was zum Beispiel die Verpflichtung zur jährlichen Prüfung von Steckdosen eindrucksvoll belegt. Auch die Zertifizierungsfülle der Briten werden wir kulturell nicht 1:1 adaptieren.

Grundsätzlich ist festzustellen, dass der jeweilige Weg der Digitalisierung im Bau- und Immobilienbereich auch ein großes Stück Kultur des Landes widerspiegelt. Das ist echtes Kulturgut, das bei allen internationalen und europäischen Standards und Richtlinien gehütet werden muss. Jedes Land bewahrt seine eigene Abwandlung und Kultur und schafft dabei doch den Weg zu internationalen Industriestandards.

Zurück zum UK. Im Mai 2011 verabschiedete das Kabinett die Government Construction Strategy, einen Bericht, der die beabsichtigte BIM-Einführung bis 2016 beschreibt. Ziel war es, kollaboratives 3D-BIM für öffentliche Projekte in der Bearbeitung vorzuschreiben, wobei alle Projekt- und Asset-Informationen digital vorzuhalten und zu verwalten sind. Seit dem 1. April 2016 müssen im UK Projekte des öffentlichen Sektors mit einem Projektvolumen von mehr als 5 Mio. Pfund nun mit BIM Level 2 bearbeitet werden. Warum aber nimmt sich die Regierung der BIM-Einführung überhaupt an? BIM ist einer der wichtigsten Bestandteile einer Vier-Jahres-Agenda, die die Modernisierung des Bau- und Liegenschaftsbereichs durch die Senkung der Kosten in Bau und Betrieb vorsieht, außerdem die Senkung des Treibgasausstoßes um mindestens 20 Prozent. BIM wird dabei als eine Methode der Zusammenarbeit, des Datenaustausches und der Informationsbeschaffung für den Betrieb gesehen und ist während des gesamten Lebenszyklus der Immobilie anzuwenden. Zum Erlangen der Ziele und zur Standardisierung wurde die BIM Task Group eingerichtet, die den Markt mittels eines umfangreichen Systems von Verordnungen, Plattformen und Standards vorbereitet hat.

BIM Level 2 bedeutet, dass in Bezug auf Personen, Prozesse, Daten, Technologien und Rahmenbedingungen bestimmte Merkmalskriterien zu erfüllen sind. Erforderlich ist außerdem das Erstellen von Fachmodellen und die konsistente Datenhaltung mit der Planableitung aus den Modellen. Dabei wird unterstellt, dass BIM Level 0 das lose Arbeiten mit 2D- und 3D-CAD-Zeichnungen ist und auf BIM Level 1 dies geordnet geschieht und konsistent ist. In Aussicht gestellt wurde auch ein BIM Level 3, wobei dort cloudbasiert die Konsistenz aller Daten in einer großen Datenbank und einem Modell unterstellt wird.

Weitere Bestandteile der Digitalisierungsoffensive der britischen Regierung sind Institutionen wie die NBS, die die Standardisierung von Bauteilen vorantreibt und 2012 auch eine National Library auflegte, in der BIM-Objekte abgerufen werden können. Dies wirkt wiederum als Marktunterstützung der Baustoff- und Produkthersteller, die ihre Produkte national dem Planungs- und Bausektor zur Verfügung stellen können. Insgesamt ist festzuhalten, dass durch die Regierungsinitiative eine Marktstärkung der eigenen Bauindustrie geschaffen wurde, die heute schon über die Grenzen des Landes hinaus Früchte trägt. Das Gesetzeswerk, das hinter dieser Entwicklung steht, trägt die Bezeichnung PAS 1192-2 für das Planen und Bauen, PAS 1192-3 für den Betrieb von Bauwerken, PAS 1192-4 für die kollaborative Produktion von Informationen und die Anwendung von COBie und PAS 1192-5 für sicherheitsrelevante Gebäudeinformationsmodellierung, digitale Gebäudeumgebungen und Smart Asset Management. Die eingeführte DIN EN ISO 19650 basiert zu großen Teilen auf diesen Standards.

Zusammen „BIMen“ in Deutschland

Wie ist denn nun die Lage in Deutschland? Was können wir von unseren Nachbarn lernen? Schon im Jahr 2013 ließ das damalige BBSR einen Leitfaden zum Thema BIM erarbeiten, der einen guten Überblick über die Methodik gibt:

Die älteste und aktivste Vereinigung für die Interessen der BIM-Anwender in Deutschland ist buildingSMART Deutschland e.V. Dessen Geschäftsführer Wölfle berichtet im folgenden Gastbeitrag vom Leitbild und den Aktivitäten der Vereinigung, die in das Netzwerk des buildingSMART International eingegliedert ist.

Ebenfalls im Jahr 2013 kam die Reformkommission Großprojekte zusammen. Die Regierung, damals vertreten durch das Bundesministerium für Verkehr, Raum- und Stadtentwicklung, hatte erkannt, dass Großprojekte unter Kosten- und Zeitaspekten zunehmend aus dem Ruder liefen. Um künftig Fehler bei Projektbearbeitungen wie Stuttgart 21, dem Hauptstadtflughafen BER oder der Elbphilharmonie zu vermeiden, galt es, konkrete Handlungsempfehlungen zu entwickeln, um Kostenwahrheit, Kostentransparenz, Effizienz und Termintreue bei Großprojekten zu verbessern und dadurch auch das Vertrauen der Bürgerinnen und Bürger in die öffentliche Hand als Bauherr zurückzugewinnen. Mitte 2015 legte die Reformkommission ihren Abschlussbericht mit Handlungsempfehlungen für Politik, Verwaltung und Wirtschaft vor. Man erwartete daher von allen Projektbeteiligten an der Planung und Realisierung von Großprojekten einen grundlegenden Kulturwandel.

Auch wenn die Reformkommission sich in erster Linie mit öffentlichen Großprojekten beschäftigte, bezog sich diese Aussage natürlich auch auf private Großprojekte. Der daraus erarbeitete „Aktionsplan Großprojekte“ fordert in zehn Handlungsempfehlungen unter anderem kooperative Bearbeitungsmethoden, klare Strukturen und Prozesse, Risikominimierung durch virtuelle Simulationen wie auch die Anwendung von Building Information Modeling. Der Aktionsplan wurde bereits am 9. Dezember 2015 vom Bundeskabinett verabschiedet. Zeitgleich stellte der damalige Minister Dobrindt den Stufenplan zur BIM-Implementierung in Deutschland vor. Dieser sah die stufenweise Implementierung von BIM bis zum Jahr 2020 vor, ab welchem das BMVI bei öffentlichen Bauaufgaben die Methodik BIM im Rahmen des Leistungsniveau 1 einfordern würde. Die zweite Phase des Stufenplanes wurde erarbeitet und weitere Pilotprojekte des Bundes haben wertvolle Praxisbeiträge liefern können. Auch forderte das Bundesbauministerium seine 16 Landesbauverwaltungen in einem Erlass im Februar 2017 auf, bei neuen zivilen Bauprojekten über 5 Mio. € Bauvolumen zu prüfen, ob eine digitale Unterstützung (BIM) sachdienlich sein könnte. Der politische Auftrag besteht auf Bundes- und Landesebene. Im Koalitionsvertrag der ehemaligen wie auch der aktuellen Bundesregierung und in vielen Landesregierungen ist die Methodik fest verankert. Ergebnisse aus den Pilotprojekten und weitere Initiativen sind auf der Internetseite des BMVI abrufbar. Insbesondere ist im Rahmen des Stufenplanes die Arbeitsgemeinschaft „BIM4Infra2020“ zu benennen, die informative Leitfäden, Muster und Handreichungen bereithält. Wie es überhaupt dazu kam und wie „planen-bauen 4.0“ ins Leben gerufen wurde, erfahren Sie in den folgenden Gastbeiträgen.

Mit „BIM Deutschland“ wurde ein nationales Kompetenzzentrum geschaffen, welches mit gezielten Informations-, Beratungs- und Vernetzungsangeboten das digitale Bauen in der Praxis voranbringt und sich im Bereich Standards und Normen engagiert, sodass Planung, Bau und Unterhalt der Verkehrsinfrastruktur in Deutschland effizienter, kostengünstiger und transparenter umgesetzt werden können.

Auch der Bundesbau hat mit dem „Masterplan BIM für Bundesbauten“ und internen Ausbildungsangeboten die ganzheitliche Implementierung eingeleitet und wird mit rund 30 Wirkbetriebsprojekten die Methode anwenden, mit dem Ziel "funktionsgerecht, effizient, qualitativ hochwertig, termin- und kostensicher“ zu planen und zu bauen.

Ziel von buildingSMART Deutschland

buildingSMART Deutschland wurde 1995 als deutschsprachiges Chapter von buildingSMART International (bSI) gegründet, damals noch unter dem Namen IAI – Internationale Allianz für Operabilität e. V. Die Initiative ging seinerzeit von Planungsbüros, Bauunternehmen und Softwarehäusern aus, die die damals noch neuen modellbasierten, intelligenten Methoden des Informationsaustauschs in der Bauwirtschaft bekannter machen und weiterentwickeln wollten. Heute ist diese Methode unter dem Namen Building Information Modeling (BIM) in aller Munde und in der Bauwirtschaft auch hierzulande in immer größerem Umfang im Einsatz.

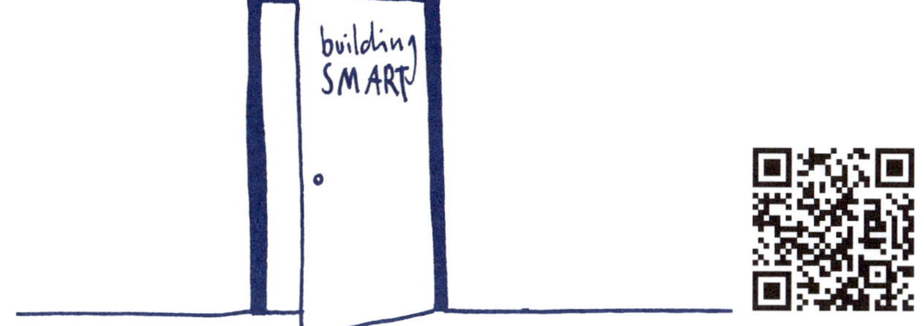

Eine der Gründungsmotive von buildingSMART war die Erkenntnis, dass es für BIM und insgesamt für die Digitalisierung zwingend offene, d. h. herstellerneutrale Standards, Schnittstellen und Dienste braucht. Diese Standards und Lösungen für openBIM entwickelt seither buildingSMART, und zwar auf nationaler und internationaler Ebene. Zu den bekanntesten gehören der Austauschstandard Industry Foundation Classes (IFC), das BIM Collaboration Format (BCF) zur Kommunikation von klärungsbedürftigen Details innerhalb eines BIM-Modells, die Model View Definition (MVD) als Teilmenge des IFC-Datenmodells, um bestimmte fachspezifische Austauschanforderungen zu erfüllen, das buildingSMART Data Dictionary (bSDD), das Klassifikationen und deren Eigenschaften, Werte, Einheiten etc. und die entsprechenden Übersetzungen enthält, oder das Use Case Management (UCM) für die Erfassung, die Spezifizierung und den weltweiten Vergleich von BIM-Anwendungsfällen.

buildingSMART Deutschland ist als eingetragener Verein nach deutschem Vereinsrecht organisiert und ist eine Non-Profit-Organisation. Die Geschäftsstelle ist in Dresden, der Sitz des Vereins ist Berlin, wo er auch ein Hauptstadtbüro unterhält. Der Verein steht allen Unternehmen, Forschungs- und Bildungseinrichtungen, Kammern und Verbänden, Einrichtungen der öffentlichen Hand sowie Privatpersonen offen, die mit dem Bauwesen verbunden sind. Mitte 2022 zählte buildingSMART Deutschland siebenhundert Mitglieder.

Um seinem Anspruch als Kompetenznetzwerk für Building Information Modeling und die Digitalisierung der Bauwirtschaft gerecht zu werden, hat der Verband über die Jahre verschiedene Aktivitäten und Formate entwickelt und etabliert, bei denen gleichermaßen der fachliche Austausch und das persönliche Netzwerken im Mittelpunkt stehen. So ist der buildingSMART-Anwendertag, der immer im Frühsommer stattfindet, bereits seit über 20 Jahren eines der relevantesten Treffen für BIM in der Praxis und die Rahmenbedingungen für die Digitalisierung. Das buildingSMART-Forum im Herbst blickt mit Gästen aus Politik, Wirtschaft und Wissenschaft über den Tellerrand des operativen Alltagsgeschäfts und zeichnet die großen Linien und kommende Trends der Digitalisierung der Bauwirtschaft vor. Die monatlichen buildingSMART-Tutorials bieten online praktische Hinweise zum Arbeiten mit Open-BIM-Standards. Auch die aktuell 14 buildingSMART-Regionalgruppen bieten Best-Practice-Treffen, Workshops und Get-Together, bei denen der fachliche Austausch im Vordergrund steht.

BIM-Vorstandardisierung

Die inhaltliche Arbeit von buildingSMART Deutschland basiert auf dem ehrenamtlichen Engagement seiner Mitglieder bzw. deren Mitarbeiterinnen und Mitarbeiter. Diese ehrenamtliche Arbeit unterstützen und koordinieren die hauptamtlichen Mitarbeiter der Geschäftsstelle. Finanziert wird die Arbeit der Geschäftsstelle und der Verband insgesamt durch Mitgliedsbeiträge.

Die Ziele der Vorstandardisierungsarbeit sind neben dem allgemeinen Erfahrungsaustausch insbesondere das Ausarbeiten von Prozessbeschreibungen für einzelne BIM-Anwendungsfälle, die Erarbeitung von Informationsaustauschanforderungen in Form von Information Delivery Manuals (IDM) oder Model View Definition (MVD), die Entwicklung von Klassifizierungssystemen und Merkmallisten sowie die Überprüfung und ggf. Erweiterung des IFC-Schemas. Letzteres wird über Vertreter von buildingSMART Deutschland in den Gremien von buildingSMART International angeregt und umgesetzt.

Die Ergebnisse und aktuelle Diskussionsstände unserer Arbeitsgruppen werden im eigenen bSD Verlag veröffentlicht und zusätzlich bei eigenen Veranstaltungen und durch Vortragstätigkeit in die Breite getragen. Wenn möglich, werden die Ergebnisse der Vorstandardisierung auch der Richtlinienarbeit beim VDI oder der nationalen und internationalen Standardisierung und Normung bei bSI, DIN, CEN oder ISO zugeführt.

Derzeit sind knapp dreißig Fach- und Projektgruppen für die BIM-Vorstandardisierung bei buildingSMART Deutschland aktiv, die sich auf die folgenden acht Themenfelder verteilen:

- Infrastruktur
- Hochbau
- Bauausführung
- Betrieb
- Produktdaten
- Informationsaustausch
- Qualifizierung
- Rahmenbedingungen

Die Initiative für ein neues Standardisierungsvorhaben geht von interessierten Mitgliedern aus. Solche Initiativen werden durch die Geschäftsstelle begleitet und dem Vorstand zur Entscheidung vorgelegt.

Wenn es ausreichend viele Interessenten gibt, organisiert die Geschäftsstelle einen offenen Roundtable, an dem alle interessierten Expertinnen und Experten aus dem deutschsprachigen Raum teilnehmen können, auch Nichtmitglieder. Jede neue Roundtable-Initiative definiert ihre Ziele in Form einer Vorhabensbeschreibung selbst. Mit der Genehmigung des Vorhabens ernennt der Vorstand die entsprechende Fach- oder Projektgruppe. Voraussetzung für die Mitarbeit in dieser Gruppe ist die Mitgliedschaft bei buildingSMART Deutschland.

Neben der openBIM-Vorstandardisierung und der Veröffentlichung und Verbreitung der Ergebnisse gehören auch fachlicher Austausch und Netzwerken der Mitglieder, die Interessensvertretung auf den politischen Ebenen sowie die Unterstützung regionaler Aktivitäten der buildingSMART-Regionalgruppen zu den Zielen des Verbandes. Als starke Stütze für die BIM-Entwicklung in Deutschland haben sich die buildingSMART-Weiterbildungsstandards erwiesen. Diese wurden international über buildingSMART International abgestimmt, für den heimischen Markt von buildingSMART Deutschland adaptiert und von Weiterbildungsanbietern für die BIM-Weiterbildung übernommen.

buildingSMART Deutschland kann nicht allein die Digitalisierung des Bauwesens vorantreiben. Um die Bauwirtschaft in Deutschland von den Vorteilen des Arbeitens mit digitalen Bauwerksmodellen und offenen Standards zu überzeugen, braucht es Partner. Der Verband strebt daher das Zusammenwirken mit anderen Verbänden, Kammern und Einrichtungen der Öffentlichen Hand an, um eine gemeinsame Strategie für die Digitalisierung der deutschen Bau- und Immobilienwirtschaft und die Einführung von Building Information Modeling umzusetzen. Einige dieser Organisationen sind als Mitglieder von buildingSMART Deutschland bereits direkt in die entsprechenden Arbeitsgruppen eingebunden, mit anderen gibt es Kooperationsvereinbarungen.

So wirkt buildingSMART Deutschland als offenes Kompetenznetzwerk nach innen und nach außen, um das digitale Planen, Bauen und Betreiben in Deutschland mit offenen und herstellerneutralen Standards und Lösungen voranzutreiben. Ziel ist, durch neue digitale Lösungen zu einem besseren, effizienteren und nachhaltigeren Planen und Bauen zu kommen und so Bauwerke zu erschaffen, die nutzergerecht und zukunftsfest sind.

planen-bauen 4.0

Wir sind längst in einer digitalisierten Welt angekommen. Die Digitalisierung betrifft nicht mehr nur klassische IT-Unternehmen, sondern Unternehmen quer durch sämtliche Branchen und Sektoren. Neue oder veränderte Geschäftsmodelle entstehen: Autos werden per App geteilt, Sprachen werden online gelernt und Musik wird gestreamt. Aber auch die gesamte Bau- und Immobilienbranche wandelt sich.

Die Digitalisierung hat im vergangenen Jahrzehnt weite Bereiche der Wirtschaft erfasst und für einen immensen Zugewinn an Produktivität in den unterschiedlichsten Industriesektoren gesorgt. Diese Entwicklung ist in der Baubranche eher langsam, da die Prozesse hier andere sind als in der Industrie. Zwar werden auch im Bauwesen für die Planung, Errichtung und den Betrieb von Bauwerken digitale Werkzeuge eingesetzt, der Grad der Weiternutzung einmal erzeugter digitaler Informationen bleibt jedoch weit hinter den anderen Branchen zurück. Viel zu häufig gehen wertvolle Informationen infolge der aktuell noch vorherrschenden Informationsübermittlung durch gedruckte Baupläne oder nur eingeschränkt weiterverwendbare Digitalformate verloren. Derartige Informationsbrüche treten über den gesamten Lebenszyklus eines Bauwerks hinweg auf: angefangen bei den verschiedenen Phasen der Planung über die Ausführung und die lange Phase der Bewirtschaftung bis hin zum Um- bzw. Rückbau des Bauwerks.

Um BIM in Deutschland zum Durchbruch zu verhelfen, hat die Wertschöpfungskette BAU die planen-bauen 4.0 GmbH gegründet. Die Gründung der Gesellschaft ist ein echter Meilenstein. Dass es gelungen ist, die Interessen eines so großen Wertschöpfungsbereiches der deutschen Wirtschaft auf ein gemeinsames Ziel „Zukunft zu gestalten“ zu verpflichten, ist historisch. Dies sehen nicht nur die engagierten Trägerverbände, -kammern und -unternehmen so. Mit dem Staat, insbesondere dem Bundesministerium für Digitalisierung und Verkehr, dem Bundesbauministerium und dem Wirtschaftsministerium hat die planen-bauen 4.0 GmbH starke Partner an ihrer Seite.

„Wir fungieren als erster Ansprechpartner der Ministerien, wenn es um das Thema Digitalisierung der gesamten Wertschöpfungskette Bau geht. So können diese gezielt ihre Fragen stellen. Wir sind der Katalysator der einzelnen Ministerien und unterstützen diese bei der Abstimmung untereinander", sagt Inga Stein-Barthelmes, Geschäftsführung der planen-bauen 4.0 GmbH.

„Die planen-bauen 4.0 identifiziert die wichtigen Fachthemen der Baubranche in Bezug auf die Digitalisierung. Wir beraten die unterschiedlichen externen Institute, Ministerien, Behörden etc. in Bezug auf das Thema Digitalisierung der Baubranche. Durch unsere Gesellschafterstruktur haben wir einen Gesamtüberblick über die Probleme und Fragen der unterschiedlichen Akteure (Planer, Bauunternehmen, Betreiber, Softwarehersteller etc.)", sagt Dr. Jan Tulke, Geschäftsführung der planen-bauen 4.0 GmbH.

Folgende Trends werden die Bauwirtschaft in Zukunft beeinflussen: Die Bauwirtschaft steht vor vielfältigen Veränderungen. So steigt beispielsweise der Bedarf an Wohnraum sowie gewerblicher Nutzflächen insbesondere in den Städten. Nicht nur aufgrund steigender Flächenversiegelung, sondern auch wegen immer höherer Baukosten sind neue Formen des Planens, Bauens und Wohnens gefragt. Auch im Tiefbau besteht großer Handlungsbedarf. Immer mehr bestehende Verkehrsinfrastrukturen müssen erneuert sowie Ver- und Entsorgungsleitungen vergrößert und umgerüstet werden. Einhergehend mit Anforderungen einer dynamischen Anpassung mit hoher Qualität und einer lebenszyklusorientierten Transformation dieser Infrastruktur. Übergreifend muss die Bauwirtschaft als Teil des Stadtsystems gesehen und somit ein holistischer, interdisziplinärer Ansatz für die Digitalisierung in der Baubranche entwickelt werden.

Während in vielen Branchen durch die Digitalisierung in den vergangenen Jahren eine kontinuierliche Steigerung der Produktivität zu beobachten ist, steht die Bauwirtschaft erst am Beginn dieser Entwicklung. Auch in dieser Branche ergeben sich bisher nicht ausreichend genutzte Chancen für eine Effizienzsteigerung mittels durchgängiger Digitalisierung der Prozesse: sowohl unternehmensintern als auch an den Schnittstellen nach außen. Vier wesentliche Trends bestimmten dabei die Zukunft des Bauens:

Orientierung aller Bau- und Instandhaltungsprozesse eines Bauwerks in seinem Lebenszyklus wird wichtiger.

Bau- und Instandhaltungsprozesse werden komplexer: Viele verschiedene Sektoren werden viel früher in die Planungs- und Konstruktionsprozesse einbezogen, wie beispielsweise erneuerbare Energien als tragende Säule der Energiewende. Betreibermodelle, eingesetzt über den gesamten Lebenszyklus eines Bauwerks, gewinnen zunehmend an Bedeutung. So fließen künftig durch den Einsatz von Sensoren auch Informationsprozesse in die Planung ein. Die Anforderungen an das Planen und Bauen steigen dabei und benötigen erweiterte Planungsverfahren.

Durchgängige digitale Prozessketten befähigen zum industriellen Bauen.

Die vierte industrielle Revolution hält Einzug: In der intelligenten Fabrik werden IT und Produktion mithilfe cyberphysischer Systeme vernetzt. So können Maschinenbau und Bauindustrie Prozesssymbiosen eingehen, in denen Schnittstellen optimiert und die gemeinsame Prozesseffizienz verbessert werden. In Verbindung mit einer durchgängigen digitalen Prozesskette führt die Industrie 4.0 auch im Bauwesen zu einer elementaren Veränderung der Fertigung.

Fachkräftemangel führt zur Automation.

Der Fachkräftemangel motiviert zur Automation: Noch profitiert die Baubranche von handwerklich gut ausgebildeten Fachleuten. Allerdings gehen viele dieser Fachkräfte in einigen Jahren in den altersbedingten Ruhestand, während in der Ausbildung immer weniger junge Menschen das Bauhandwerk als Beruf wählen. Automation kann nicht nur dem drohenden Fachkräftemangel begegnen, sondern für die Fertigung der Bauaufgaben ganz neue Standards setzen.

Neue Standards und Geschäftsmodelle verändern aktuelle Prozesse.

Die zunehmende Parametrisierung der Planungsprozesse erlaubt eine frühzeitige Berücksichtigung von Materialeigenschaften und Fertigungsverfahren in der Planung. Dafür sind vernetzte Informationsplattformen zu Material- und Herstellungsparametern nötig, die im Zuge der Digitalisierung marktfähig werden. Mit Building Information Modeling (BIM) werden neue Standards der Datenentwicklung festgelegt, welche einen starken Einfluss auf den Vertrieb haben werden.

Der Einfluss der Digitalisierung auf die Baubranche scheint hoch volatil und schwierig prognostizierbar. Im Vergleich zu anderen Branchen sind disruptive Wertschöpfungsprozesse zu erwarten.

Die planen-bauen 4.0 GmbH mit ihren Gesellschaftern hat sich in diesem zukunftsweisenden Bereich stark positioniert, agiert branchenübergreifend und entwickelt digitale Zukunftsszenarien. Hier zeigen wir belastbare Handlungspfade und begleiten die gesamte Wertschöpfungskette Bau bei diesem Transformationsprozess. Gemeinsam mit unseren Partnern aus der gesamten Wertschöpfungskette Bau haben wir schon viele Forschungsprojekte umgesetzt. Hier ein paar Beispiele:

BIMSWARM: *Bei jedem Bauprojekt müssen regelmäßig verschiedene Firmen und Partner mit sehr unterschiedlichen Digitalisierungsquoten für einen begrenzten Zeitraum zusammenarbeiten. Daher sind bei der Bauplanung und Bauausführung Medienbrüche, manuelle Nacharbeiten, inkonsistente Planungsdaten und veraltete Planungsstände oftmals kaum zu vermeiden. Für die Digitalisierung im Bauwesen ist deshalb eine modulare Plug-and-Play-Fähigkeit von Softwareanwendungen, Services und inhaltlichen Daten auf Basis offener Standards erforderlich. Die BIMSWARM-Plattform setzt genau hier an und wird durch zertifizierte Fachanwendungen, Dienste und Datenbanken eine flexible Zusammenarbeit der am Baugeschehen Beteiligten gewährleisten. Davon profitieren insbesondere kleine und mittlere Unternehmen der Branche, da die sonst aufwändige Recherche zu Produkten und die Zusammenstellung kompatibler IT-Lösung erleichtert wird.*

Das im BIMKIT adressierte Gebiet der Bestandsaufnahme bildet einen wichtigen Bereich, der besonders datenintensiv und somit prädestiniert für den Einsatz von Cloud-Technologien ist. Das Projekt leistet dementsprechend auch einen Beitrag zum Aufbau einer leistungs- und wettbewerbsfähigen, sicheren und vertrauenswürdigen Dateninfrastruktur auf Basis der GAIA-X-Referenzarchitektur für die Bauindustrie. Insbesondere sollen in dem Teilprojekt von BIMKIT Anforderungsanalysen, welche die Anforderungen der Daten, Use Cases sowie generierten Bestandsmodelle definieren, und die mit KI-Methoden erzeugten Bestandmodelle hinsichtlich ihrer Vollständigkeit und Integrität überprüft werden. Im Projektverbund BIMKIT übernimmt planen-bauen 4.0 die Anforderungsdefinition, Evaluierung, Integration, Standardisierung, den Transfer von Projektergebnissen und adressiert die KMU-geprägte Bauwirtschaft in Verbindung mit Building Information Modeling (BIM).

Mit den im BIMcontracts-Projekt angestrebten Lösungen sollen Zahlungsprozesse mithilfe einer durchgängigen IT-Infrastruktur und integrierten mobilen Anwendungen unterstützt werden. Konkret ist vorgesehen, dass sich die Akteure eines Bauprojektes (wie z. B. Ingenieure, Baufirmen, Handwerker, Gutachter, Rechtsanwälte) registrieren und eine Kennung zur Bearbeitung und Quittierung all ihrer Aufgaben benutzen. Die Leistungserbringung wird direkt auf der Baustelle über mobile Geräte bestätigt und es wird sofort eine Benachrichtigung für die Bauabnahme generiert. Daraufhin können die Leistungen von dem entsprechenden Prüfer bewertet und der Auftrag als erledigt oder mit Mängeln gekennzeichnet werden. Die Tätigkeiten aller registrierten Akteure werden somit Teil der Blockchain-Transaktionskette, um die Gültigkeit und Nachvollziehbarkeit sicherzustellen. So ist der Projektfortschritt kontinuierlich und transparent für alle Beteiligten ersichtlich und es können fällige Rechnungen im Prozess bei Freigabe automatisch zur Zahlung angewiesen werden. Die Ergebnisse aus dem Verbundvorhaben sollen ab 2022 als Basisversion in Form einer öffentlichen „Bundes-BIMcontracts“-Lösung dem Markt frei zugänglich gemacht werden.

BIM-basierter Bauantrag: Um Bauprojekte bei Genehmigungsverfahren (wie z. B. den Bauantrag) zu erleichtern, müssen digitale BIM-Modelle und bundeseinheitliche offene Datenstandards bei bauordnungsrechtlichen Verwaltungsverfahren verwendet werden. Um dies zu erreichen, sollen zukünftig bei solchen Genehmigungsverfahren Informationen digital und verlustfrei zwischen den am Bauprojekt beteiligten Akteuren (wie z. B. dem Planer, der Genehmigungsstelle und dem Antragssteller) modellbasiert ausgetauscht werden können. Damit verbunden ist auch die Möglichkeit der Teilautomatisierung bauordnungsrechtlicher Prüfungen sowie eine verbesserte Kommunikation und Nachvollziehbarkeit von Entscheidungen. Im Rahmen des von der Forschungsinitiative ZukunftBAU des Bundesinstituts für Bau-, Stadt- und Raumforschung (BBSR) geförderten Forschungsprojekts „BIM-Basierter Bauantrag“ geht die planen-bauen 4.0 GmbH als Projektleiter dieses ehrgeizige Ziel gemeinsam mit dem Lehrstuhl für Informatik im Bauwesen der Ruhr-Universität-Bochum und den Koordinierungsstellen GDI des Hamburger Landesbetriebs Geoinformation und Vermessung als Projektpartner an. Fachliche Unterstützung erhalten sie dabei von sechs Verbänden bzw. Kammern.

Die planen-bauen 4.0 GmbH beteiligt sich an diversen Innovationsprojekten des Bundes, der Europäischen Union sowie anderer Marktteilnehmer, die die Digitalisierung des Bauwesens vorantreiben wollen. Als erfahrener und kompetenter Partner sorgen wir für den Einsatz der modernsten Technologien und Arbeitsmethoden, um die gesetzten Projektziele zu erreichen. Wir forschen, entwickeln, beraten – und mit unserem umfangreichen Netzwerk helfen wir auch bei der Umsetzung und Veröffentlichung der erarbeiteten Projektergebnisse in die gesamte Wertschöpfungskette Planen-Bauen-Betreiben. Somit unterstützen wir die Einführung von digitalen Bauprozessen, die Betrachtung des gesamten Lebenszyklus von Bauwerken sowie die Transformationen von neuen Geschäftsmodellen für Immobilienprojekte.

Clusterland Deutschland

International haben sich in den vergangenen Jahren zunehmend regionale Cluster zusammengefunden, die das Interesse an BIM in einen Austausch unter den Interessierten lenken und lokale Netzwerke fördern. Auftraggeber und Auftragnehmer, Wissenschaft und Forschung, Lehre und Verwaltung stehen im Austausch und schaffen Möglichkeiten zur Kooperation. Das erste Cluster in Deutschland wurde nach einer BIM-Veranstaltung der Universität Stuttgart, der Ed. Züblin AG und des VDI in Stuttgart ins Leben gerufen. 2015 wurde ein weiteres großes Cluster in NRW gegründet, das von der Ruhr-Universität Bochum und der Uni Essen-Duisburg organisiert wurde. Den aktuellen Stand zu bestehenden Clustern können Sie auch über buildingSMART abrufen und werden teilweise in Regionalgruppen des buildingSMART überführt.

- bS Regionalgruppe Nordbayern
- bS Regionalgruppe Südbayern
- bS Regionalgruppe Berlin-Brandenburg
- bS Regionalgruppe Sachsen
- bS Regionalgruppe Nord
- bS Regionalgruppe Nordwest
- bS Regionalgruppe Rhein-Main-Neckar
- bS Regionalgruppe Rheinland
- bS Regionalgruppe Rhein-Ruhr
- bS Regionalgruppe Oberrhein
- bS Regionalgruppe Stuttgart
- bS Regionalgruppe Ostwestfalen-Lippe, Münster, Osnabrück
- bS Regionalgruppe Hannover, Braunschweig, Göttingen, Wolfsburg
- bS Regionalgruppe Thüringen
- bS Regionalgruppe Saarland
- BIM-Cluster Baden-Württemberg
- BIM-Hub Hamburg e. V.
- BIM-Cluster NRW
- BIM-Hub Hamburg e. V.
- BIM-Cluster Bayern
- BIM-Cluster Rheinland-Pfalz
- BIM-Cluster Niedersachsen
- BIM-Cluster Schleswig-Holstein
- BIM-Cluster Berlin-Brandenburg
- BIM-Cluster Sachsen-Anhalt
- Weitere sind im Entstehen

Dabei nehmen insbesondere die Regionalgruppen eine entscheidende Rolle in der Verbreitung von BIM ein. Der Erfahrungs- und Wissensaustausch, die Möglichkeit des Netzwerkens und die Nutzung der Arbeitsstrukturen des deutschen und internationalen buildingSMART sind die Ziele der regionalen Arbeit.

Die Kultur des Clusterns hat in England und den Niederlanden bereits eine längere Tradition, wo sich eine richtige Landschaft von Initiativen gebildet hat. Dort gibt es nicht nur Regionalcluster, sondern auch Cluster rund um die Akteure und Nutzer wie BIM Cluster Architects, BIM Cluster MEP Ingenieurs, BIM Cluster Retail, BIM Cluster Hospital. Der Interessens- und Erfahrungsaustausch ließ eine neue Form des B2B entstehen und schuf dabei ganz von selbst regionale Wirtschaftsimpulse. Wichtig ist jedoch, dass zwischen den Clustern ein Konsens besteht. Gerade wenn es um praxistaugliche Standards geht, ist der Impuls aus der Anwendung aus den Clustern zu einer zentralen Stelle extrem wichtig, der dann auf einem gemeinsamen Nenner zusammengeführt werden muss. buildingSMART unterstützt die regionalen Initiativen in Deutschland in Kooperation mit planen-bauen 4.0. Mit der Regionalgruppe Bayern des buildingSMART wurde das erste offiziell unterstützte Cluster integriert. Weitere sind bereits gefolgt. So ist es einfacher, Anfragen gezielt regional zu platzieren und sowohl den Austausch als auch den wirtschaftlichen Erfolg zu erhöhen und die Akzeptanz der Methodik voranzutreiben.

6 Was nützt es mir?
Was ist der Mehrwert von BIM für Bauherren, für Planer, für Bauausführende, für Betreiber und für das Projektmanagement?

Aus welchem Grund, werden Sie sich vielleicht fragen, sollte ich mich nun eigentlich für die Digitalisierung von Prozessen oder für die BIM-Methodik für meinen Bereich oder meine Branche interessieren? Dafür sind die genauen Betrachtungen des Mehrwertes, der Vorteile oder Benefits nicht unerheblich. Grundsätzlich ist der Mehrwert immer auch dem Aufwand gegenüberzustellen: Sie wissen es schon, SmartBIM heißt: so viel wie nötig und so wenig wie möglich. Bitte betrachten Sie den Mehrwert auch als Ziel, das sich aber natürlich nicht von Anfang an erreichen lässt.

Vorausgesetzt, es macht nachweislich Sinn, BIM anzuwenden – wer partizipiert dabei? Meine Antwort lautet ganz schlicht: alle und alles! Mehrwert entsteht für Projekte, Produkte, Prozesse, Gesellschaften und für Individuen auf Projekt- und Organisationsebene. Es partizipieren einfach alle! Da man seine Betrachtung des Mehrwertes am besten aus eigenen Erfahrungen durchführen kann, Sie aber nicht alle schon eigene Erfahrungen sammeln konnten, möchte ich Ihnen aus meiner Erfahrung berichten und einen Ausblick geben. Dabei werde ich auch auf internationale Umfragen und Interviews zurückgreifen.

Mehrwert verbinden wir mit etwas Positivem (die Mehrwertsteuer vernachlässigen wir da mal). Im McGraw Hill Construction Report von 2013 nennen bereits die meisten Befragten (41 Prozent) die Reduzierung von Fehlern und Versäumnissen als den größten Mehrwert. Platz 2 besetzt die Kollaboration der fachlich beteiligten Planer und Bauherren mit 35 Prozent. 32 Prozent der Befragten sahen einen weiteren Mehrwert der Methodik in der Verbesserung des Firmenimages. Weiter ergab die Umfrage unter den Anwendern noch folgende Mehrwerte: Reduzierung von Nacharbeit, geringere Baukosten, eine bessere Kostenkontrolle, Verkürzung der Projektlaufzeiten und „Marketing new Business".

Zwar ist diese Umfrage schon älter und nicht aus unserem Lande, doch grundsätzlich deckt sich ihr Befund mit den Schilderungen meiner Interviewpartner in Kapitel 8 und meiner eigenen Sichtweise. Ich möchte versuchen, Ihnen persönlich, da Sie dieses Buch in Händen halten, Ihren Mehrwert etwas näherzubringen. Ich versuche, Sie über Ihre Passion, Ihren Beruf, Ihre Branche oder Ihre Rolle anzusprechen. Ich bin sicher, dass sich mit den steigenden technischen Möglichkeiten auch die Liste des Mehrwertes in den nächsten Jahren mühelos verlängern wird.

Lassen Sie mich die Wertschöpfungskette Bau in vier große Tätigkeitscluster aufteilen: Planen, Bauen, Betreiben und der Lebenszyklus.

Planer profitieren in ihren Projekten von den Vorteilen der integralen Planung und des kollaborativen Arbeitens. Die stets aktualisierte Planableitung aus dem BIM, Kollisionsprüfungen und modellbasierte Kosten- und Mengenermittlung reduzieren Ihre Bearbeitungszeit signifikant. Gleichzeitig steigern sie die Qualität ihrer Arbeitsprozesse und schaffen wieder mehr Raum für den Entwurf und die Kreativität!

Vorteile *für den Architekten*

Ein Modell sagt mehr als hundert Worte und tausend Linien! Auf der Basis eines 3D-Modells verbessert sich die Kommunikation zwischen Bauherrn, Architekten und den anderen fachlich Beteiligten extrem, auch durch die erweiterten Visualisierungsmöglichkeiten. Das BIM-Modell dient als Grundlage jeglicher Planung, aus ihm werden alle Grundrisse, Schnitte, Ansichten und Material- und Raumlisten abgeleitet und Änderungen automatisch übernommen. Die Konsistenz und Qualität der Planung steigt und reduziert drastisch die Notwendigkeit von Nacharbeit. Die frühzeitige Fehlererkennung durch Kollisionsprüfungen mit anderen Gewerken oder durch die Qualitätssicherung des eigenen Modells verringert das Risiko von Planungsfehlern.

Die kollaborative Zusammenarbeit mit den Fachplanern ist sehr effizient und macht Spaß! Man versteht das Handeln der anderen im Projekt besser, wodurch sich das Projektklima positiv verändert. Die Koordinierung der Fachdisziplinen am Modell steigert das eigene Organisationsimage ebenso wie die Verteilung von Arbeitspaketen und ihres Reports. In frühen Stadien des Entwurfsprozesses erleichtert das Heranziehen des Modells Variantenvergleiche und auch die Eingliederung in den realen Kontext von Stadtgefüge oder bauherrenseitigen Infrastrukturen.

Am Modell lassen sich verschiedene Analysen durchführen (Tageslicht-, Energieverbrauchs-, Schatten- oder Gebäudeausrichtungsanalysen) und mit Optimierungsalgorithmen nachhaltigere Entwurfsvarianten erzeugen. So können bereits in frühen Entwurfsphasen Fassadenstudien auf Energie- oder Lebenszykluskosten optimiert werden.

Ist das Modell einmal erstellt, liefert es Informationen, die sehr effizient ausgewertet werden können, beispielsweise für Flächen-, Mengen-, Tür- oder Materiallisten oder Raumbücher. Mit entsprechenden Softwares lassen sich Mengen zur

Kostenschätzung und -berechnung unkompliziert ermitteln und erleichtern das automatische Generieren von unmissverständlichen Leistungsverzeichnissen aus dem Modell.

Ein weiterer großer Mehrwert ist die modellbasierte Schlitz- und Durchbruchplanung, welche durch die Übermittlung der Abzugskörper für die Haustechnik eine echte Erleichterung darstellt.

Für den Early Adopter ist die Verwendung von BIM zu einem frühen Zeitpunkt sicherlich eine Chance, den eigenen Marktwert zu stärken und sich zu positionieren. In der traditionellen Projektbearbeitung werden 75 Prozent der Tätigkeiten mit organisatorischem Projektmanagement belegt – BIM verbessert das Projektmanagement und schafft wieder größeren Raum für Kreativität.

Vorteile *für den Tragwerkplaner*

Mit BIM lassen sich verlässliche Tragwerke schneller entwerfen und berechnen. Dabei kann das Architekturmodell als Basis dafür dienen, den Workflow zu optimieren. Langfristig kann ein auf die tragenden Bauteile gestripptes Architekturmodell als Strukturmodell herangezogen werden. Alternativ muss ein eigenes Modell angelegt werden. Schon dies führt zu sinnhaltigeren Vorlagen aus der Architekturplanung, was die eigene Arbeit entlastet. Die Ableitung eines Analysemodells zur Bemessung relevanter Bauteile kann direkt aus dem Strukturmodell erfolgen. Die konsistente Planableitung aus diesem Modell für Schnitte und Anschlussdetails, das Generieren von Schal- und Bewehrungsplänen aus dem Modell und die automatische Anpassung der Bewehrungsmenge bei Geometrieänderungen erleichtern die Bearbeitung und verkürzen die Projektzeiten erheblich. Stahlmengenlisten, Stücklisten und dergleichen können aus dem Modell generiert werden, ebenso die automatische Anpassung während der Änderungen. Eine konsistente 3D-Bewehrungsdokumentation der Planungsänderungen erleichtert künftige Umbauten.

Eine frühzeitige statische Betrachtung des Gesamtmodells lässt ungünstige Situationen und Positionen schon früh erkennen. Und aus diesem Gesamtmodell heraus kann eine vorgezogene Betrachtung des Lastabtrags erfolgen und bereits in der Entwurfsphase, gemeinsam mit dem Bodengutachter, eine verlässliche Gründungsempfehlung abgeleitet werden. Auch eine exaktere frühzeitige Massenberechnung aus dem Strukturmodell ist möglich. Die Planungsqualität steigt und der Materialeinsatz lässt sich dank der verstärkten Zusammenarbeit im Bereich der Koordination und durch bessere Abstimmungen, z. B. durch Online-Projektbesprechungen, nachhaltiger betreiben. Den Mehrwert der Anwendung im Alltag schildert Richard Wilbert anschaulich in Kapitel 8.

Vorteile
für Haustechnikplaner

In der technischen Gebäudeausrüstung entsteht ein großer Mehrwert durch die dreidimensionale Darstellung, weil sie Planungsfehler vermindert. Ein weiterer Mehrwert liegt in der Verknüpfung des Modells mit Kennwerten und Attributen sowie in der Möglichkeit, das Modell für Berechnungen wie der Kühl- oder Heizlast heranzuziehen. Die Planungsgrundlage des Architekten, hier in Gestalt der Raumdaten aus dem Modell, kann für erste Analysen verwendet werden und bietet so die Möglichkeit, die Bedingungen zu erfassen. Dadurch kann im weiteren Planungsverlauf, auch in der TA-Planung, eine effizientere Schlitz- und Durchbruchsplanung konsistent erstellt werden. Die im Modell enthaltenen Informationen lassen sich für die direkte Berechnung und Auslegung von Bauteilen verwenden. Auch Stück- und Mengenlisten lassen sich automatisch aus dem Modell generieren und für die Kostenschätzung und -berechnung sowie zur LV-Erstellung nutzen.

Bei Planungsänderung bleibt der Datensatz konsistent und kann vereinfachend wieder genutzt werden. Das bedeutet auch, dass Variantenuntersuchungen zur Optimierung des haustechnischen Konzeptes deutlich vereinfacht werden und schon in frühen Leistungsphasen möglich sind. Die Koordination der eigenen Fachmodelle führt zu einer besseren Kommunikation zwischen den Bereichen Heizung, Lüftung, Sanitär, Elektro und Gebäudeautomation. So werden in jeder Phase bereits Plausibilisierungsmöglichkeiten geschaffen. Die Koordinierung mit Architektur und Statik wird durch die Kollisionsprüfung und die Kommunikation von Modell zu Modell optimiert, beispielsweise durch bcf (BIM Collaboration Format).

BIM und TGA bilden eine der wichtigsten Schnittstellen zum Betrieb des Bauwerks. Die verbesserte Dokumentationsmöglichkeit und der Export von betriebsrelevanten Daten (z. B. im CoBie-Export oder CAFM-Connect 3.0) sind ein großer Mehrwert, der sich auch monetär auswirkt. Außerdem führt die Berücksichtigung der FM-relevanten Daten beim Einstieg in das Projekt zu einer extrem nachhaltigen Konzeption der technischen Gebäudeausrüstung. Der Grundstein für „predictive maintenance“ der Gebäude wird über die Komponente der TGA-Planung gelegt, welche auch im Gebäudebetrieb als geometrische Repräsentanz von dynamischen Daten verstanden werden kann.

Vorteile
für Ingenieure des Brandschutzes, der Bauphysik und der Vermessung

Im Brandschutz entsteht ein großer Mehrwert aus den teilautomatisierten Prüfmöglichkeiten am Modell. Dieses kann auch zur Plausibilisierung von Abschnittsbildungen und als Grundlage für Entrauchungssimulationen dienen. Durch die Attribuierungen von Bauteilen in Bezug auf die Brandschutzklassen ergibt sich auch eine bessere Dokumentationsmöglichkeit, die direkt vom Brandschutzingenieur an das Modell geschrieben werden können, ohne eine eigenes Modell führen zu müssen. Die Bauphysik hat für jegliche Simulation und Betrachtung der Gebäudehülle in Bezug auf Schall- und Wärmeschutz direkten Zugriff auf den Bauteilkatalog und Räume des Architekturmodells sowie die Bauteile der technischen Gebäudeausrüstung. Der Vermessung werden durch die BIM-Methodik neue Geschäftsbereiche erschlossen, insbesondere durch die Verknüpfung der BIM-Daten mit GIS-Daten zur Infrastrukturabbildung. Insbesondere für die Bestandserfassung von Bauwerken ergeben sich neue Handlungsfelder. Drohnenbefliegung und Befahrung mit Scans erzeugen Datenpunktwolken, welche die Grundlage für Bestandsmodelle und Bauzustandsmodelle im Abgleich mit 4D-Simulationen zur Baufortschrittskontrolle bilden können. 360-Grad-Fotos ergänzen die Punktwolken, um eine vereinfachte Bearbeitung für Umbauten und Revitalisierungen zu ermöglichen. Auch kann in einigen CAD-Autorensoftware die Punktwolke zur Referenzierung hinterlegt werden. Feinabsteckung mit Hilfe von BIM ist insbesondere bei Infrastrukturbauvorhaben eine große Arbeitserleichterung.

Vorteile
für Generalunternehmer und Bauunternehmer

Beim Bauen minimieren sich Zeit- und Kostenrisiken in Bezug auf Kalkulation und Bauausführung enorm. Über die Optimierung des Budgetcontrollings und des Bauprojektmanagements steigern Sie Ihre Produktivität durch eine exakte Mengen- und Kostenermittlung. Die Baulogistik, die Erhöhung des Vorfertigungsgrades und ein modellgeneriertes Abnahme-, Gewährleistungs- und Mängelmanagement begünstigen das Projektergebnis!

Wenn künftig vermehrt ein BIM-Modell in der Planungsphase bereitgestellt wird, kann dieses auch für die Erstellung des Angebots herangezogen werden. Solange die Modellkonsistenz der Planungsmodelle nur den Blicken der Planer genügen muss, wird der Bau- bzw. Generalunternehmer sein Kalkulationsmodell selbst erstellen. Bei seinem Modell liegt der Blick vor allem auf der Konstruktion und es dient als Grundlage für 4D- und 5D-Simulationen. Im Bereich der Bauablaufplanung werden die einzelnen Bauteile oder Bauteilgruppen des Modells über die entsprechende Software mit dem Terminplan verknüpft und über den Bauverlauf animiert. Damit ist auch die Grundlage für Lean-Construction am Kanban-Modell geschaffen. Die Daten der Bestellungen, Freigaben oder Fertigstellungsgrad werden sukzessive zurückgeführt in die Modelle. Die Berücksichtigung von Kosten führt zusätzlich zu einer besseren Kostenkontrolle und Vorhersage der Geldflüsse während der Bauphase.

Durch Vergleiche zwischen Modell und Ist-Zustand auf der Baustelle werden zu einem bestimmten Zeitpunkt Fortschrittskontrollen durchgeführt. So kann die Bauleitung den einzelnen Elementen des Modells den Ausführungsstatus hinzufügen. BIM2field ermöglicht die Verwendung von Modellen auf Baustellen-Tablets, die den aktuellen Informationsstand wiedergeben. 3D-Darstellungen und Informationen zum Verlegen der Bewehrung helfen im Bereich komplizierterer Anschlüsse enorm, da 2D oft nicht ausreichend verständlich ist. Auch ist der photogrammetrische Abgleich von 4D-Modell und dem Istzustand z. B. in einer AR-Anwendung (ähnlich unseres zum Buch erschienenen BIMTwins) eine belastbare und dokumentierbare Größe im Projektmanagement und bei der Baufortschrittskontrolle sowie im Controlling, durch Zugriff auf das CDE.

Optimiert werden Bauabläufe auch durch die Simulation von Bauzustandshilfen wie Hilfskonstruktionen, Kran- und Maschinenstellungen sowie logistische Betrachtungen der Anlieferung von Systemkomponenten. Auch ist die Einbeziehung der jeweiligen eigenen Maschine just in time gemäß der Simulation hocheffizient möglich. Eine modellgestützte Simulation kann bei schwierigen Zugänglichkeiten wie Infrastrukturen im Wasserbau oder auch Innenstadtbaustellen die Lagermöglichkeiten optimieren und just-in-time-Bestellungen das Ergebnis deutlich verbessern. Schon heute werden GPS-gesteuerte Bagger im Abgleich mit dem Geländemodell für Baufeldherrichtungen genutzt und ermöglichen es, nur die wirklich notwendigen Erdbewegungen zu vollziehen.

Zunehmend wird die Dokumentation während der Realisierungsphase ein wichtiger Baustein zur Betriebsoptimierung. Die Erstellung eines „As-built"-Modells wandert zunehmend in die Lastenhefte der Bauausführenden. So werden wertvolle Daten, z. B. für wiederkehrende Prüfungen oder in der Wartung und Instandhaltung, den Modellen zugeführt. Das bedeutet eine doppelte Abnahme des Bauteils oder Systems sowie dessen digitalen Abbildes.

Generalunternehmer minimieren Zeit- und Kostenrisiken in Bezug auf Kalkulation und Bauausführung. Steigern Sie Ihre Produktivität durch eine exakte Mengen- und Kostenermittlung durch die Optimierung des Budgetcontrollings und des Bauprojektmanagements sowie der Baulogistik, der Erhöhung des Vorfertigungsgrads und ein modellgeneriertes Abnahme-, Gewährleistungs- und Mängelmanagement! Dabei wird BIM das Bauwerk nicht zwangsläufig günstiger, sondern effizienter und qualitativ hochwertiger machen, was auch die Vermeidung von Fehlerkostenanteilen mit einschließt.

Vorteile
für das Handwerk

Sie können den Prozess hin zu dem so wichtigen „As-built"-Modell (für den Gebäudebetrieb von hoher Relevanz) durch Ihre Beteiligung maßgeblich unterstützen. Wie Sie heute Werk- und Montageplanungen in zwei-, oft auch dreidimensionalen Darstellungen unterstützen, so stellen Sie ein Modell zur Verfügung, das in das Koordinationsmodell der späteren Leistungsphasen referenziert wird. Im Falle der in Deutschland oft praktizierten Einzelvergabe wird das Koordinierungsmodells der Planung für den Baubetrieb weitergeführt. Noch vor der Montage können Sie so Schnittstellen zu anderen Bauteilen und Gewerken überprüfen und das Modell um Ihre Detailinformationen ergänzen.

„Dabei ist zur unmissverständlichen Verständigung mit dem Auftraggeber auch die Visualisierung von Bedeutung. Das gilt besonders beim Bauen im Bestand. Die konsistente Planhaltung und die Einbindung der ausführenden Gewerke in die aktuelle Datenhaltung schützt auch vor Wiederholungen und fehlerhaften Ausführungen", sagt Jens Bille als Projektkoordinator vom Verbundvorhaben BIM@work. Weitere Projektpartner waren die TU Dresden (Lehrstuhl für die Psychologie des Lehrens und Lernens), die Zimmerei Sieveke aus Lohne, die Handwerkskammer Hannover sowie f:data aus Dresden.

Auch für die Angebotskalkulation eröffnet die Verfügung über Modelle und deren eigenen Erzeugung eine neue Dimension. Mengen-, Massen- und Stücklisten können auf Basis des Modells generiert werden und Sie können Ihr eigenes Angebot auch in Bezug auf Zeit- und Kostenaufwände plausibilisieren. Die Bestellung gemäß der Simulation erlaubt eine optimale Liquiditätsplanung. Maschinenansteuerung gemäß dem Modell ist beispielsweise im Zimmereibetrieb schon heute möglich. Auch die Beladung der Lkw mit vorgefertigten Holzständerwerken kann modellgestützt geplant werden.

Auch im Handwerk muss das Miteinander neu erlernt werden, so Bille. Es kann nicht die Aufgabe sein, beim Eintreffen auf der Baustelle die Fehler des Vorgängergewerkes zu suchen, statt miteinander zu arbeiten. Da kann es von Vorteil sein, wenn man das Leitbild Bau des Bundes verinnerlicht hat. Auch gewerkeübergreifend wieder miteinander zu sprechen, müssen wir lernen. Es geht um die Verbesserung, ja um die Professionalisierung der Arbeitsprozesse, und dabei ist die BIM-Methodik hilfreich. Man muss eben manchmal alte Wege verlassen und sich in das BIM-Korsett zwingen, was einige Disziplin verlangt. Ohne Veränderungen werden aber kein Mehrwert erzielt werden. Um speziell das Handwerk auf Veränderungen in der Arbeitsweise vorzubereiten, hat das eWorkBau-Konsortium eine eigene modulare und multimediale BIM-Schulung entwickelt.

Wartungs- und Instandhaltungsanfragen können vom Property- und Facility-Management dank der dem Betrieb zur Verfügung stehenden Daten modellgestützt getätigt werden. Da die Bauteile einschließlich der Typ- und Serien-Nummern hinterlegt sind, kann die Anfrage zur Instandhaltung exakt gestellt und von Ihnen mit geringerem Aufwand bewertet, koordiniert und abgewickelt werden.

Vorteile
für Bauprodukte-Hersteller

Die Hersteller von Bauprodukten kommen durch die Bereitstellung der BIM-Daten sehr nah an die Planer und Anwender im Baukonstruktionsbereich heran. Anwender und Produktanbieter ergänzen sich im Geben (BIM-Daten) und Nehmen (Ausschreibung des Produktes durch den Planer). Der Hersteller, der die komfortabelste Lösung anbietet, wird von den Planern über einfache Add-ons in der CAD-Software oder direkt über die BIM-Objekt-Bibliotheken gefunden und berücksichtigt. Nach Aussage des BIM-Spezialisten eines internationalen Baustoff-Herstellers für Wandaufbauten wird dabei ein BIM-Objekt inklusive der Datensätze kostenfrei heruntergeladen und in der BIM-fähigen Software des Anwenders verarbeitet. Möglich ist auch die intelligente Verknüpfung integrierter Detaillierungen z. B. von Wandaufbauten mit den Ursprungsdaten. Durch Einfügung von Bauteilen werden semantische (von Verarbeitung bis Zertifizierung) und grafische (CAD-Hilfen für Produktmaße) Informationen übermittelt. „Ein Chat mit dem Planer an dessen nativem Modell“, so der BIM-Spezialist, „war unser nächster Schritt in Richtung BIM.“ Auf diese Weise kann die lokale Baustoff- und Produkteindustrie hocheffizient mit den Planern und Bauunternehmern zusammenarbeiten und effiziente Immobilienlösungen finden, ähnlich der Zulieferbranche in der Automobilindustrie. Gleichzeitig werden in den Planungen realistische Produkteinsätze konzipiert. Die für den Betrieb relevanten Produktdaten werden mittels der standardisierten Bereitstellung durch die Hersteller zu einer verlässlichen Informationsquelle bereits aus der Erstellungsphase.

Dazu brauchen wir neue Möglichkeiten der Bereitstellung von standardisierten Produktdaten, wie im folgenden Interview beschrieben:

„Auf was muss ein Hersteller bei der BIM-Daten-Bereitstellung achten?

BIM verbindet die Wertschöpfungskette Bau vom Planen über das Bauen bis hin zum Betreiben eines Objektes. Für uns als Hersteller von bauchemischen Produkten bedeutet dies, dass wir enger mit den beteiligten Gruppen zusammenrücken. Wir werden vom Produkt- zum Daten- und System-Lieferanten. Der Zeitpunkt der Zusammenarbeit wird sich nach vorne in den Planungsprozess verschieben. Aber auch der Prozess des Betreibens wird in Zukunft mehr in den Fokus rücken. Instandhaltungsfragen werden zu Managemententscheidungen, die auch eine Beratung durch den Produkthersteller erfordern.

Wichtig im BIM-Prozess ist die Analyse der Bedürfnisse der jeweiligen Stakeholder. Die Informationsdichte für ein Bauteil ist im Planungsprozess nicht so hoch wie in der Ausführung oder auch in der Phase des Betreibens eines Bauwerkes. Auf diese unterschiedliche Informationsdichte muss bei der Bereitstellung der Daten Rücksicht genommen werden. Zu beachten ist dabei, dass die unterschiedlichen Beteiligten am Bauprozess unterschiedliche Informationen in ihrer jeweiligen Planungsphase im BIM-Modell anreichern. Deshalb ist es wichtig, als Hersteller die BIM-Daten auf einer geeigneten Bereitstellungsplattform zur Verfügung zu stellen. Dies unter Berücksichtigung der einfachen Nutzung, Möglichkeiten der Integration in unterschiedliche Planungs-, Kostenkalkulations- und Facility-Management-Software und der jeweiligen Datengröße.

Als Hersteller sehen wir es als unsere Aufgabe, zusammen mit Verbänden, Behörden und den Beteiligten am Bauprojekt eine BIM-Daten-Bereitstellungslösung zu schaffen, die dann auch die Mehrwertnutzung von BIM in allen Bauphasen zulässt.

In diesem Zusammenhang kommt auch der einheitlichen Attribuierung der Bauprodukte große Bedeutung zu. Für die einzelnen Produktgruppen sollten dafür jeweils branchenweit standardisierte Attributsätze erarbeitet und definiert werden. Damit dienen sie einerseits den Produktherstellern als solide Basis für die Bereitstellung der Produktinformationen für das BIM-Modell und können um herstellerindividuelle Leistungsmerkmale ergänzt werden. Andererseits erlauben solche Basis-Attributsätze den Prozessbeteiligten, wie Planern oder Betreibern, ihre Attributlisten bzw. herstellerneutralen BIM-Objekte entsprechend anzupassen und dadurch die Informationen aller teilnehmenden Hersteller verlustfrei und unkompliziert einbinden zu können, was den Austausch von Produktanforderungen und -eigenschaften sowie die Zusammenarbeit insgesamt deutlich erleichtert. Beispielhafte Attribuierungsprojekte wurden dazu bereits seitens der Herstellerverbände in den Bereichen Türen, Großküchenplanung und Bauchemie erfolgreich umgesetzt.

Digitalisierung kann Prozesse vereinfachen. Dabei muss aber die kleinste Informationseinheit einfach vergrößert werden können, im richtigen Format für unterschiedliche Programme in der weiteren Verarbeitung verfügbar sein und systematisch in einer Datenbank liegen, um auch schnell wieder an einzelne Informationseinheiten gelangen zu können. Nur so wird der digitalisierte Bauprozess zum Erfolgsmodell." Ina Hundhausen Sika Deutschland.

Vorteile
für Betreiber (FM, AM, PM)

Der Betrieb profitiert von der unmittelbaren Verfügbarkeit aller Liegenschafts- und Gebäudeinformationen, denn dadurch wird Ihnen ein effizienter Betrieb Ihrer Immobilien ermöglicht. Technische und kaufmännische Informationen werden durch das BIM für jeden leicht verständlich und liegen alle in einem System! Nutzen Sie das Modell der digitalen Bauakte im Management Ihres Portfolios und in der Immobilientransaktion!

Die Planungsmethode BIM verschafft Ihnen im Facility-Management die Möglichkeit, dem Planer frühzeitig Ihre Anforderung „with the end in mind" mit ins Projekt zu geben. Die Bereitstellung des BIM für ein CAFM-System oder ERP-System ist dabei in der Planung nicht der Endpunkt, sondern der Übergangspunkt in den Betrieb des Gebäudes. Das Bauteilemodell stellt die elementbasierte intelligente Verknüpfung mit weiteren Datenbanken für Betreiberverpflichtungen, Normen und Richtlinien sowie Wartungshistorien her.

Die im Modell eingepflegten Daten stehen konsistent und jederzeit im Betrieb für Umzugsmanagement, Schlüsselverwaltung, Wartungsplanung, Echtzeitüberwachung oder Gebäudeautomation zur Verfügung. Fehlerkostenanteile werden durch Plausibilisierung der Aufgabe durch eine konkrete, modellbasierte

Wartungs- oder Instandhaltungsanfrage bei der ausführenden Firma reduziert. Wiederholte Einsätze infolge fehlender Zugänglichkeit oder erneuter Bauteilaufnahme dank Produktunkenntnis können so vorzeitig ausgeschlossen werden.

Ob bei der Vermarktung von Mietflächen oder in der Immobilientransaktion – das AIM Asset Information Modell (im D-A-CH-Raum auch LIM Liegenschaftsinformationsmodell) hilft, die Dokumentation der Immobilie bauteilorganisiert transparent abzubilden. Das ermöglicht einfache DDs und TDDs und lässt Raum für eigene Planungen in Bezug auf Vermietungsvarianten und Rentabilitätsbetrachtungen. Die Qualität der Gebäudedaten erfährt eine neue Dimension der Dokumentation und erhöht den Wert der Immobilie in der Transaktion erheblich.

Vorteile *für den Bestandshalter*

Die Gebäudeaufnahme im AIM macht es möglich, die oben beschriebenen Mehrwerte für ganze Portfolios abzubilden. Benchmarking in der Performance der einzelnen Objekte sowie eine ganzheitliche Betrachtung des Assets in Bezug auf kaufmännische und technische Aspekte erhöhen die Qualität von Risikobetrachtung und Planung. Je nach Aufwand und dem erklärten Ziel der Erfassung kann so ein Gebäudedatenmodell die Bewirtschaftung deutlich effizienter ermöglichen. Von der Datenerfassung im CAFM-Connect 3.0 Format, das lediglich die IFC-Identitäten und die Bauteile und Positionen der DIN 276 verknüpft (kein 3D-Modell notwendig), bis hin zur Punktwolkenaufnahme und Nachpflege der betriebsrelevanten Produktdaten ist die Bandbreite in der BIM-Nutzung für Bestände zu sehen.

Das Managen von Bauprojekten mit BIM ermöglich durch den kollaborativen Einsatz von BIM die Vermeidung kosten- und zeitintensiver Planungsfehler bei Revitalisierungen. Das Modell dient als Entscheidungshilfe und zeigt Optimierungsmöglichkeiten auf. Die zukunftweisende Prozess- und Organisationstransparenz erbringen bisher ungekannte Mehrwerte und führen nebenbei zu einem Imagegewinn für Ihr Projekt. Für einen smarten Übergang zum Betrieb des Gebäudes steht die digitale Bauakte bereit! Auch ist der Nachweis der ESG-Konformität über den bauteilorientierten Nachweis im Kataster ist ein Vorteil in der Bewertung und Transaktion.

Vorteile
für den Bauherrn und Bauherrenvertreter

Die Visualisierung steigert die Qualität der Kommunikation und führt zu unmissverständlichen Abstimmungen. Auch ist das BIM eine gute Ausgangssituation für Visualisierungen und Animationen etwa im Vertrieb oder im öffentlichen Raum. Der Bauherr erhält zu einem frühen Zeitpunkt bessere Entscheidungsmöglichkeiten, wenn sich das Bauwerk schon im Vorfeld in allen seinen Facetten digital abbilden lässt. BIM ermöglicht eine multiple Zielplanung, wobei sich verschiedene Varianten samt ihren Auswirkungen untersuchen lassen. Transparenz und Zuverlässigkeit werden erhöht. Erst digital, dann real zu bauen, bedeutet eine Minderung des Risikos von Fehlplanungen und schafft ein besseres Verständnis für das, was später entsteht. Mit dem Modell verknüpfte Termin- und Kostendaten mindern das Risiko von Bauzeitenverlängerung und Kostenexplosion. BIM macht ein qualitativ hochwertiges Controlling möglich, durch Meilensteine im Management, durch Soll/Ist-Vergleiche auf Basis der Bauablaufsimulation einschließlich der Geldabflüsse und geschuldeten Leistungsstände. Zusätzlich werden ökonomische und ökologische Entscheidungen durch die Simulationsmöglichkeiten am Modell erleichtert.

Vorteile
für die Kommune als Genehmigungsbehörde

Der Stadtstaat Singapur wurde im Jahr 2004 durch das deutsche Unternehmen AEC3 in der Nutzung von BIM in der kommunalen Bauverwaltung beraten. Seit 2014 können dort Bauanträge als Modell an die Behörde hochgeladen werden. Dr. Thomas Liebich berichtet, dass es zuerst ein kulturelles Thema zu sein schien: Man wusste nicht, wo man am Modell den Stempel einsetzen sollte und wie Grüneinträge funktionieren – was natürlich nur Spaß ist. Schnelle Investitionsentscheidungen bedürfen einer schnellen Bauverwaltung, die für Projektierungen Baurecht schafft. Daher hatte man sich entschlossen, Prüfprozesse zu „halbautomatisieren“. Dabei werden die Prüfregeln des Model Checkers auf die notwendigen Genehmigungsprozesse angewandt. Fluchtwegradien, Barrierefreiheitsregeln und die Einhaltung lokaler Planungsrichtlinien werden dabei am Modell geprüft. Das vereinfacht die Genehmigungsverfahren stark und unterstützt den Wirtschaftsstandort und die Beschleunigung von Investitionen.

Auch in Deutschland laufen bereits erste Pilotprojekte, um über das Zurverfügungstellen digitaler B-Pläne den städtebaulichen Einstieg zu ermöglichen. Die geometrischen und semantischen Vorgaben aus dem Baurecht werden dabei berücksichtigt und können am Planungsentwurf automatisiert abgeprüft werden. Dabei darf auch in Deutschland der BIM-basierte Bauantrag nicht vergessen werden.

Im Rahmen des von der Forschungsinitiative ZukunftBAU des Bundesinstituts für Bau-, Stadt- und Raumforschung (BBSR) geförderten Forschungsprojekts „BIM-basierter Bauantrag" hatte man das ehrgeizige Ziel gemeinsam mit dem Lehrstuhl für Informatik im Bauwesen der Ruhr-Universität Bochum und den Koordinierungsstellen GDI des Hamburger Landesbetriebs Geoinformation und Vermessung als Projektpartner verfolgt. Fachliche Unterstützung erhielten sie dabei von sechs Verbänden bzw. Kammern.

Das Projekt lief von 2018 bis 2020. Im Rahmen des Projekts sollten eine Prozessbeschreibung des BIM-basierten Bauantrags erstellt, die Modellanforderungen für die Verwendung von BIM spezifiziert sowie eine Mehrwertanalyse des Verfahrens durchgeführt werden. Diese Ergebnisse wurden in Form eines Berichtes zusammengefasst. Zudem sollte die Einreichung und formale Prüfung des digitalen Bauantrags prototypisch in einem IT-Tool implementiert werden. Die Projektergebnisse sollten die Grundlage für die Schaffung eines bundesweit einheitlichen BIM-basierten Bauantragsverfahrens sein. Die vom IT-Planungsrats Ende 2017 für IT-Verfahren verbindlich eingeführten Austauschstandards XPlanung und XBau, die eine Einbindung von BIM-Modellen im IFC-Format ermöglichen, waren hierbei zu berücksichtigen. Am 29. Januar 2018 wurde ich in das Ministerium für Heimat, Kommunales, Bau und Gleichstellung des Landes Nordrhein-Westfahlen mit weiteren Vertretern der Bauwirtschaft eingeladen, wo uns das Forschungsprojekt sowie das Dekadenprojekt „digitaler Bauantrag" vorgestellt wurden. Im Auftrag der aktuellen Landesregierung und im Koalitionsvertrag verankert wird die BIM-Methodik im Land nun implementiert. Der erste BIM-basierte Bauantrag wurde mittlerweile für ein Verwaltungsgebäude gestellt und wird im Download vorgestellt.

Es wird aber noch einige Zeit dauern, bis die Verwaltung entsprechende Kompetenzen erlangt und die technischen Möglichkeiten gegeben sind. Bei einer kommunalen Vortragsveranstaltung, auf der ich als Speaker eingeladen war, wollte ich auf Grund des nachfolgenden Sprechers zum digitalen Bauantrag nicht den zuvor beschriebenen Weg aus Singapur berichten und habe meinen Vortrag entsprechend gekürzt. Leider hätte ich dieses nicht machen müssen, den meine Erwartung an den Beitrag war wohl etwas zu hoch gesetzt. Stolz wurde verkündet, dass man nun eine Pdf-Datei einreichen kann. Es ist noch ein langer Weg!

Die allgemeinen Vorteile von BIM im Überblick:

- Zukunftssicherheit
- Steigerung der Planungsqualität
- Vermeiden kosten- und zeitintensiver Planungsfehler
- Visualisierung am Modell
- Integrale Planung
- Steigerung Kostensicherheit und Produktivität
- Erhöhung Terminsicherheit
- Verzahnung von Planung, Bau und Betrieb
- Unmittelbar verfügbare Informationen
- Hohe Daten- und Informationsqualität
- Modell als digitale Bauakte
- Reduktion der Projektbearbeitungszeit Planung und Bauablauf
- Steigerung des Gewinns
- Mehr Spaß

7 Merkmale einer BIM-Planung

Der Mensch im Mittelpunkt – Prozesse – Richtlinien – Technologien – Formen des BIM – little bis big social BIM

„Bitte ein BIM" steht derzeit in der Bundesrepublik leider immer noch allzu oft in den Ausschreibungen zu neuen Projekten. Was macht nun eine BIM-Planung aus, was kann ich als Besteller erwarten und was muss ich als Auftragnehmer erbringen? Aus Unkenntnis oder Selbstüberschätzung werden zum Teil abenteuerliche Beschreibungen der erwarteten BIM-Anwendung formuliert. Dabei sind die Ergebnisse oft ernüchternd, da weder Besteller noch Auftragnehmer in hohem Grade professionalisiert sind. Ein namhafter Projektentwickler beispielsweise hatte das berühmte BIM-Management als Baustein der Projektsteuerungsleistungen abgefragt. Ein Stück BIM-Management für die Laufzeit des Projektes. Das Ergebnis entsprach einem Vergleich von Äpfeln und Birnen. Das günstigste Angebot belief sich auf 190.000 €, der Zweitplatzierte auf 400.000 € und der teuerste Anbieter bewertete die Position mit 700.000 €.

Solange verlässliche Standards und Erfahrungen nicht existieren, sollten schon zur Angebotsabfrage Experten eingebunden werden. Aber bitte fragen Sie als Besteller nicht Ihre Projektanten. Zu groß ist die Versuchung, sich eigene Leistungsbilder und Anforderungen zur Erhöhung der Angebotssumme auszudenken. Die Anforderungen des Auftraggebers (BIM-spezifisch, nicht gemäß der DIN zur Bedarfsermittlung) müssen eindeutig in den Auftraggeber-Informations-Anforderungen (AIA) formuliert werden und die angemessene BIM-Anwendung muss mit Know-how und Verstand beschrieben werden, nachdem eine Kosten-Nutzen-Betrachtung geführt wurde. Dieses Vorgehen ist in der Richtlinie VDI 2552 Blatt 10 sowie in der ISO 19650 als Standard definiert. Doch welche Formen des BIM gibt es überhaupt und wie komme ich zu dem BIM, das für mich und meine Auftraggeber das richtige ist? Was passt zu mir als Planer oder Bauausführender und mische ich mich als Besteller überhaupt in die Erbringung der Leistung ein?

openBIM als Industriestandard

Mit dem Stufenplan des BMVI und dem Masterplan des Bundesbaus sowie mit vielen Landesinitiativen hat die öffentliche Hand ganz klar softwareneutrale Formate eingefordert. Es entspricht damit dem weltweiten Industriestandard, wie er über Jahrzehnte entwickelt wurde. openBIM beschreibt eine Methode, die auf der Bedienung einer Schnittstelle beruht, gleichgültig, mit welcher CAD-Autorensoftware ein Gebäudedatenmodell erstellt wurde. Das einheitliche Datenformat ist das IFC-Format. Dabei bleiben sowohl die Intelligenz der Daten als auch die Informationen der Bauteile und ihre Verbindung untereinander erhalten. Ein offener Standard entspricht der deutschen Planerlandschaft, den Bauausführenden und der Forderung der Bundesarchitekten- und Ingenieurkammer, da diese schon heute mit den verschiedensten CAD-Werkzeugen arbeitet. Weltweit ist der Einsatz der openBIM-Methode unterschiedlich stark verbreitet. Offene Standards hatten es in föderalistisch organisierten Ländern leichter, sich zu etablieren. Im Ausland finden wir Verfahren, die an die Erfüllung bestimmter Kriterien und Richtlinien gebunden sind. So ist, wie bereits erwähnt, in den Niederlanden die Erfüllung der RGD BIM mit einem Regelsatz für den Model Checker prüfbar.

Möchte man die BIM-Methode zunächst kategorisieren, müssen zwei Ausprägungen des BIM beschrieben werden: zum einen der Grad der Interaktion, zum anderen der Grad des offenen Softwareeinsatzes. Bei der Interaktion ist die einfachste Form das little BIM (Ja, ich finde auch, dass sich das sehr niedlich anhört und ein bisschen nach „der kleine BIM möchte aus dem Bällebad abgeholt werden ...“). Little BIM beschreibt aber einfach, dass ein 3D-Modell mit Bauteilinformationen angelegt, aber nicht mit anderen an der Planung Beteiligten ausgetauscht wurde. Am anderen Ende der Skala steht das Big BIM, welches einen höheren Kollaborationsgrad bezeichnet. Die fachlich Beteiligten haben sich anhand von Teilmodellen koordiniert. Das setzt auch eine modellbasierte Kommunikation, die Abbildung von Reifegraden des Modells und entsprechende Protokolle voraus. Die Anzahl der eingesetzten Softwareprodukte der fachlich Beteiligten beschreibt die Einstufung in closedBIM und openBIM, wobei „Closed“ den Einsatz eines einzigen nativen Formats beschreibt. openBIM hingegen bedeutet, dass eine einheitliche Schnittstelle IFC den Einsatz verschiedener Softwares im Projekt ermöglicht.

Da dies insbesondere bei der Implementierung eine wichtige Strategie sein sollte, möchte ich Ihnen die beiden BIM-Ansätze an einem Beispiel vor Augen führen: Einer internationalen Studentengruppe wird eine Aufgabe zur Lösung vorgelegt. Dafür werden zwei Gruppen gebildet. Die erste Gruppe (A) wird anhand ihrer Sprachkenntnisse zusammengestellt. Hier arbeiten nun beispielsweise alle deutschsprachigen Studenten gemeinsam an der Lösung der Aufgabe. Die andere Gruppe (B) wird anhand ihrer Kompetenzen zusammengestellt. Sicherlich wird die Gruppe A schneller zu einem Ergebnis kommen, da die Kommunikation sofort funktioniert und die Sprache keine Barriere darstellt. Gruppe B hingegen muss erst einen gemeinsamen Nenner finden und wahrscheinlich die Weltsprache Englisch wählen, bevor sie sich ihrer Aufgabe widmen kann. Zu erwarten ist jedoch, dass die Gruppe B dank der Auswahl über die Kompetenz die qualitativ bessere Lösung bieten wird. Verstehen Sie in diesem Gleichnis bitte die Gruppe A als Sinnbild für closedBIM und die Gruppe B für openBIM. Erfahrungsgemäß ist dies auch international zu sehen. In der Phase der Findung ist closedBIM eine populäre Art der Anwendung, da es schneller und einfacher ist. Nach dieser Orientierungsphase der einzelnen Unternehmen bzw. des Marktes wird das System geöffnet, um offene Märkte zu generieren und die Qualität der Planung weiter zu steigern. Diese Tendenz war zum Beispiel in den Niederlanden zu spüren.

Wenn sich schon die Definition von BIM – wie wir in Kapitel 4 gesehen haben – ein wenig schwierig gestaltet und sich selbst die offizielle Definition noch recht holprig liest, dann ist die Beschreibung der Merkmale einer BIM-Planung eben noch weiter zu fassen. Man macht dann die Kriterien einer BIM-Anwendung im Projekt an bestimmten Faktoren fest; nennen wir sie die 5 BIM-Faktoren. Diese Struktur, in der Erstauflage 2016 zum ersten Mal bundesweit publiziert, hat sich als sehr praxisnah erwiesen und ist auch in eine Vielzahl von Richtlinien wie in der 2552 Blatt 8 oder Blatt 10 eingeflossen. Stellen wir uns zunächst die Frage, was sich überhaupt ändert und in welchen Bereichen:

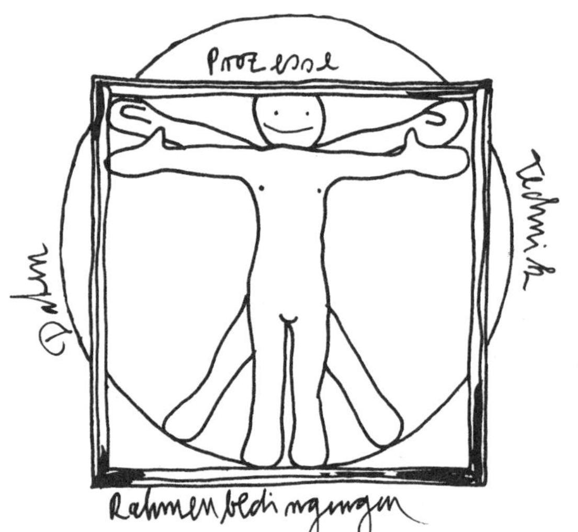

Auch wenn es seltsam klingen mag: Der wichtigste Faktor ist und bleibt der Mensch. Bei all den Diagrammen und den Anstrengungen um die Faktoren, die Sie vielleicht schon einmal gesehen haben, sollte der Mensch immer im Mittelpunkt stehen. Im Rahmen des Stufenplans des BMVI zur Einführung von BIM in Deutschland und in Zusammenarbeit mit planen-bauen 4.0 wurde eine Beschreibung eingeführt, die ich in den folgenden Unterpunkten erläutern möchte. Vorangegangen hatte ich anhand des Stufenplans der Briten bereits gezeigt, dass die Beschreibung der BIM-Anwendung auch eine verlässliche Größe bei der Ausschreibung ist. BIM Level 2 bedeutet in England, dass die BIM-Faktoren zu belegen sind. Dabei werden sowohl Individuen als auch Prozesse betrachtet.

Das Vorhandensein von BIM-Rollen und -Prozessen wird in England übrigens bereits zertifiziert. Die Personenzertifizierung beschreibt das erlernte Know-how von BIM, und das Business-Zertifikat weiß um das Vorhandensein von Strukturen zur Prozessoptimierung unter Bezugnahme auf Personen. In Deutschland ist die schrittweise verpflichtende Anwendung entlang der Leistungsniveaus vorgesehen (analog früher BIM Level im UK heute UK BIM Framework); die folgende Beschreibung von BIM-Leistungsbildern kann als Mindestanforderung berücksichtigt werden:

1) **Mensch**
   - BIM-relevante Leistungsbilder sind zu besetzen!
   - Verpflichtung der Projektbeteiligten zur Einhaltung des „Leitbild Bau“
2) **Prozesse**
   - Koordinationsmodell wird erstellt auf Basis von Fachmodellen
   - Definition von projektspezifischen BIM-Zielen und Anwendungsfällen
   - Anwendung der Standards ISO 19650/CDE zum Daten- und Informationsmanagement innerhalb eines BIM-Referenzprozesses
3) **Rahmenbedingungen**
   - BIM-Kompetenz als Eignungskriterium aufnehmen
4) **Technologie**
   - Diskriminierungsfreie Vergabe. Bestimmte Softwareformate dürfen nicht vorgegeben werden.
   - Sicherstellung der Erfüllung der Anforderungen aus AIA in Bezug auf Hard- und Software
5) **Daten**
   - 3D-Fachmodell-basiertes Arbeiten mit Planableitung
   - Hersteller-neutrale Datenübergabeformate (z. B. IFC ISO 16739, OKSTRA)
   - Definierte Auftraggeber-Informations-Anforderungen „AIA“ (Inhalte, Merkmale, LOD, Klassifikationssystem, Anlehnung an ISO 19650, Betriebsanforderungen)
   - Übergebene Daten müssen gegen AIA digital prüfbar sein
   - Definierte Datenübergabepunkte in Anlehnung an Projekt-Gates

Diese 5 BIM-Faktoren strukturieren hervorragend die notwendigen Themen rund um die Methodik und sind beispielsweise die Grundlage für eine Implementierungsstrategie oder auch die Struktur von BIM-Dokumenten, wie die AIA. Hilfreich ist auch die Betrachtung, was sich entlang der 5 BIM-Faktoren überhaupt ändert:

Faktor Mensch

Die Kultur der Zusammenarbeit, insbesondere das kollaborative Arbeiten und der engere Turnus der Koordination ist Mehrwert und Herausforderung zugleich. Die neuen BIM-Rollen mit ihren Leistungsbildern verlangen nach zusätzlichen Kompetenzen und entsprechenden Schulungen. Wie gehe ich als Informationskoordinator mit einer Kollision um, die mehrfach im Modell vorkommt? Wegklicken? Als Änderung einfordern beim fachlich Beteiligten oder Rücksprache halten mit dem Projektleiter? Neue oder zusätzliche Verantwortlichkeiten müssen bestehenden oder neuen Rollen zugewiesen werden.

Faktor Prozesse

Die Prozess-Standards ändern sich und binden die Planung der Informationslieferung mit ein (IDM). Die Lieferplanung, Überwachung und Qualitätssicherung sowie die Archivierung sind die Aufgaben des Informationsmanagements in BIM-Projekten. In der „Leistungsphase 0“ definiert der Auftraggeber projektspezifische BIM-Ziele und kann dazu notwendige Anwendungsfälle einfordern, mischt sich also in die Methodenfreiheit der Erreichung des Werkserfolgs ein. Das Anforderungsmanagement schließt die Datenlieferung im werkvertraglichen Liefersoll ein. Fachlich, inhaltlich ermöglicht BIM dem Baumherrn auch über Anforderungsmodelle einen stetigen modellbasierten Abgleich, z. B. über Regelsätze in der Kollisionsprüfung. Die Kommunikation erfolgt modellbasiert über Visualisierung (Renderings für Vertrieb, Koordinationsmodell oder 4D-Modell als Grundlage für Lean-Construction). Auch ist die datenbasierte Kommunikation am Modell möglich, was auch das Änderungsmanagement gravierend vereinfacht. Gerade BCF mit dem modellbasierten Auftrag zur Veränderung mit festgelegten Verantwortlichkeiten und dem daran anschließenden Reporting schafft hier neue Dimensionen für die Planungskoordination. Das fachmodellbasierte Arbeiten ermöglicht den iterativen Abgleich der Beiträge der fachlich Beteiligten, ohne die Haftung für den eigenen Planungsbeitrag zu verschieben. Das Risikomanagement sollte im Rahmen der BIM-Ziele der Auslöser von Anwendungsfällen für das Projekt sein, die BIM-Methode an sich ist in die Risikobetrachtung zum Projekt aufzunehmen. Monatelange Datentests und nicht qualifizierte Personen gefährden den Projekterfolg!

Faktor Rahmenbedingungen

Im Rahmen der Vergaben verlangt die Methodik insbesondere den öffentlichen Auftraggebern ein Wissen um die Möglichkeiten der Vergabeformen ab. Insbesondere begründet die Methodik auch den Einsatz der Generalplanerform. Ein BIM-Projekt mit einzeln beauftragten Fachplanern in Einzelgewerken ist insbesondere aufgrund der technischen Schnittstellen und Qualifikationen der Beteiligten die größte Herausforderung. Das Dokument der AIA ist ein Vergabedokument und damit das Datenmodell Bestandteil der werkvertraglichen Schuldung. Werk- und Bauverträge können um besondere Vertragsbedingungen zum BIM (BIM-BVB) erweitert werden. Die Vergütung ist und bleibt eine Verhandlungssache. Die HOAI beschreibt die Methode nicht explizit. Handreichungen der Bundesarchitektenkammer und der Architektenkammer Nordrhein-Westfalen geben Hilfestellung. Grundsätzlich sehe ich keine Mehraufwände in der 3-dimensionalen Bauwerksdatenmodellierung, solange die Informationsgehalte nicht über die in der HOAI geforderten Maßstäbe hinaus gehen. Eine vorzeitige Erhöhung des Informationshaushaltes oder zusätzliche Attribuierungen, wie auch ein „As-built"-Modell, stellen eine Leistungsverschiebung und/oder eine besondere Leistung dar! Die BIM-relevanten Normen und Richtlinien sind bereits Stand der Technik. ISO, CEN, DIN und VDI haben entsprechend zu berücksichtigende Werke eingeführt. Die Nutzungs-/Urheberrechte am Modell sind zu vereinbaren. In öffentlichen Bauvorhaben werden herstellerneutrale IFC-Fachmodelle eingefordert. Die Lieferung von nativen Datenmodellen ist vertraglich zu vereinbaren und gegebenenfalls zu vergüten.

Faktor Technologie

Die Hard- und Software im BIM-Kontext steht für zahlreiche Anwendungsfälle zur Verfügung. Täglich erscheinen weitere Softwares bei den Start-ups in der Prop-Tech-Szene. Bei der Hardware stehen mobile Devices für AR- und VR-Anwendungen zur Verfügung und die Erfassung von Bauwerken erfolgt über Scans und photogrammetrische Aufnahmen. Insbesondere für das kollaborative Arbeiten und das modellbasierte Änderungsmanagement sind Austauschplattformen im Projekt zu nutzen. Bestenfalls sind sie Bestandteil eines Common Data Environment (CDE), welches webbasiert als „single source of truth" die zentrale Mitte eines Projektes bildet und nach Abschluss des Projektes in das Portfolio des Bestandshalters zu überführen ist (openCDE).

Faktor Daten

Die Standards und Formate der Daten in der BIM-Methode berücksichtigen insbesondere bei öffentlichen Bauaufgaben im openBIM das IFC-Format. Die Datenqualität, insbesondere bei den herstellerneutralen Datenformaten, geht über die

Möglichkeiten des DXF/DWG-Formates aus der CAD weit hinaus. Die Informationstiefe wird im LOIN zu den Datadrops in Bezug auf die Geometrieausprägung und die Attribuierung festgelegt. Diese Steuerung des Informationshaushalts ermöglicht eine höhere Qualität der Daten.

Der BIM-Referenzprozess und die ISO, DIN und weitere Normen

Ergänzend zu den BIM-Faktoren gehört zur Anwendung der BIM-Methode auch die Anlehnung an einen Referenzprozess. Warum brauchen wir überhaupt diesen Referenzprozess, könnte man fragen? Stört das nicht die Kreativität und ist zu generell? Nein, dahinter steckt sogar eine sehr schlaue Idee. Man muss doch nicht bei jedem Projekt und für jede neue Aufgabe das Rad neu erfinden und die Prozessbetrachtung neu aufbauen! Die nachträgliche Prozessbetrachtung ist gleichzeitig der Einstieg in die neue Prozessbetrachtung, sagen Dr. Thomas Liebich und das Fraunhofer-Institut, die gemeinsam einige der vom BMVI ausgeschriebenen BIM-Referenzprojekte sowie die BIMiD-Projekte betreuten. Durch die rückwärtige Prozessauswertung und die daraus abgeleiteten Voraussetzungen und Spezifikationen müssen bei zukünftigen Projektbetrachtungen nur noch die Abweichungen vom Referenzprozess beschrieben werden. Hier ist besonders auf die Vermeidung von Medienbrücken und die Integration branchenfremder Elemente zu achten. Die Erfahrungen aus vorangegangenen Projekten sind in einer Referenz Bauprozess Map (RBPM) im BPMN-Standard zu sichern.

Dieser Referenzprozess ist weit mehr als das, was wir aus der HOAI oder AHO als Leistungsbeschreibung für die Planung und das Bauen kennen. Die englische PAS legte bereits eine abstrakte Umschreibung des Referenzprozesses vor. Diese beruhte auf dem RIBA Plan of Work und berücksichtigte bereits die in Deutschland oft vermisste Leistungsphase 0 für die Projektvorbereitung auf Bauherrenseite und die Leistungsphase 10 für den Betrieb des Bauwerks. Der deutsche Stufenplan adaptierte diesen Prozess auf die bekannten Leistungsphasen der HOAI. Der Referenzprozess des Stufenplanes beginnt zunächst mit der Phase der Vorbereitung eines Projektes, welches ich in Kapitel 10 dezidiert beschreibe.

Die DIN EN ISO 19650 gibt Empfehlungen für ein Rahmenwerk zum Management von Informationen, einschließlich Austausch, Aufzeichnung, Versionskennzeichnung und Organisation für alle Akteure und unter Berücksichtigung aller Arbeitsumgebungen. Es legt die Konzepte und Grundsätze für ein erfolgreiches Informationsmanagement bei einem Reifegrad fest, der als „BIM nach ISO 19650" bezeichnet wird. Die in diesem Teil der Normenreihe enthaltenen Konzepte und Grundsätze richten sich an alle am Asset-Lebenszyklus Beteiligten. Dies umfasst, ist jedoch nicht beschränkt auf den Asset-Eigentümer/Betreiber, den Bauherren, das Entwurfs- und Planerteam, die Baulieferkette, einen Geräte- oder Bauproduktehersteller, einen Systemspezialisten, eine Regulierungsbehörde und einen Endnutzer. Teil 2 beschreibt die Anforderungen insbesondere für die Betriebsphase von Bauwerken.

Im März 2017 wurde zunächst der erste Entwurf der ISO 19650 den Expertenkreisen zur Einsicht vorgelegt. Diese internationale Norm beschreibt, wie ein Auftraggeber seine Anforderungen in Bezug auf die Informationsübergaben und das entsprechende Management effizient und effektiv beschreiben kann. Dadurch sollen die ineffizienten Tätigkeiten im Informationsmanagement minimiert werden und es einem Auftraggeber möglich sein, Qualitätsstandards in der Informationserstellung, -bearbeitung, -verwertung und -verwaltung verbindlich einzufordern. Damit beschreibt die ISO 19650 übergeordnet ganzheitlich die notwendigen Prozesse, Daten und Rahmenbedingungen. Auch deutsche Interessen konnten dabei durch Spiegelgremien und Zusammenarbeiten von ISO, CEN, DIN und VDI eingebracht werden. Eine gute Übersicht der relevanten Richtlinien und Gremien finden Sie in der VDI-Agenda Building Information Modeling 2017. DIN EN ISO wurde 2018 rechtskräftig und bildet damit ein wichtiges Merkmal im Bereich der BIM-Prozesse und der Beschreibung der Datenlieferung bei der Ausschreibung.

Eine weitere DIN EN ISO ist die 16739, welche ein konzeptionelles Datenschema und ein Dateiformat für den Austausch von Daten für die Bauwerksdatenmodellierung festlegt. Sie beschreibt einen offenen internationalen Standard für BIM-Daten, die unter Softwareanwendungen von den verschiedenen an einem Bau- oder Anlagenmanagementprojekt beteiligten Parteien genutzt, ausgetauscht oder geteilt werden können. Damit ist das .ifc-Schema beschrieben.

Die DIN EN ISO 29481 beschreibt die Anlage eines Bauwerks-Informations-Modelles-/Informations-Lieferungs-Handbuch. Teil 1 soll die Interoperabilität von Softwareprogrammen, die in den einzelnen Phasen des Lebenszyklus von Bauwerken eingesetzt werden, einschließlich Beratung, Entwurf, Dokumentation, Bau, Betrieb und Instandhaltung sowie Abbruch, erleichtern. Teil 2 legt eine Methodik und ein Format zur Beschreibung von Maßnahmen zur Koordinierung zwischen den an Bauprojekten Beteiligten während aller Lebenszyklusphasen fest.

Außerdem gibt es weitere DIN SPEC-Normen (haben nicht den Charakter einer allgemeinen DIN-Norm, da aus einem Interessenkreis initiiert) wie die DIN SPEC 91400, welche ein Klassifikations- und Beschreibungssystem für das Building Information Modeling zur Verfügung stellt, mit dem Gebäudedatenmodelle inhaltlich kompatibel zum Ausschreibungssystem STLB-Bau und kompatibel zur Syntax und Semantik des internationalen Standards ISO 16739 (Industry Foundation Classes, IFC) mit Daten gefüllt werden können.

Die DIN SPEC 91391 soll die gemeinsame Datenumgebung für BIM-Projekte beschreiben (CDE) und im Teil 2 den offenen Datenaustausch zwischen zwei Plattformen unterschiedlicher Hersteller festlegen.

VDI-Fachausschuss BIM und Richtlinienreihe VDI 2552

Die Richtlinienreihe VDI 2552 stellt den nationalen Standpunkt der Normierung dar. Aufgabe des VDI-Fachausschusses BIM (vormals VDI-Koordinierungskreise BIM) ist die Identifikation von Richtlinienthemen sowie die Ausarbeitung von Stellungnahmen und Empfehlungen an die Politik und die relevanten Entscheider. Auch die Positionierung in der internationalen Regelsetzung wird vom VDI-Fachausschuss BIM begleitet.

Die aktuellen Blätter der Richtlinienreihe VDI 2552 sind:

- **VDI 2552 Blatt 1** „Building Information Modeling – Grundlagen", sie ist die Grundlagenrichtlinien für die Anwendung von Building Information Modeling im Bauwesen. Es sollen Ziele der Anwendung von BIM, Prozesse, Datenmanagement und die Aufgaben der Beteiligten als Grundlage für Vertragsgestaltungen beschrieben werden. Die Richtlinie bildet den übergeordneten Rahmen für die weiteren in der Richtlinienreihe VDI 2552.
- **VDI 2552 Blatt 2** „Building Information Modeling – Begriffe", diese Richtlinie beschreibt die relevanten Abkürzungen, ähnlich einem Glossar. Die einheitliche Verwendung von Begriffen hat bereits bei den ersten Vorüberlegungen zur Einführung der BIM-Methode einen hohen Stellenwert. Die Richtlinie beschreibt nur diejenigen Begriffe, die nicht bereits international eingeführt sind. Es wurde bewusst die längst mögliche Einspruchsfrist beim Erscheinen im Gründruck eingeräumt, da alle anderen Richtlinienblätter noch berücksichtigt werden müssen.
- **VDI 2552 Blatt 3** „Building Information Modeling – Modellbasierte Mengenermittlung zur Kostenplanung, Terminplanung, Vergabe und Abrechnung", die Richtlinie beschreibt die Verknüpfung mit Ressourcen und Zeitplänen, stellt angewandte Verfahren zur Verfügung, mit denen sich Qualitäts-, Kosten- und Terminrisiken von Bauprojekten erheblich reduzieren lassen. In der Richtlinie werden ebenso Methoden beschrieben, die es ermöglichen, diesen Vorteil im Verhältnis zwischen AG und AN sowie weiterer Baubeteiligter auf Basis gemeinsam genutzter Mengenmodelle zu nutzen.
- **VDI 2552 Blatt 4** „Building Information Modeling – Anforderungen an den Datenaustausch", es werden die Prozesse des Datenaustauschs und die notwendigen Modellinhalte, die Ausarbeitungsgrade, also die Granularität

(LOIN), Modellarten- und Inhalte, Inhalte einer Modellierungsrichtlinie, Modellprüfungen und Datenaustauschformate definiert. Auch ist eine Tabelle mit BIM-Anwendungsfällen enthalten und die Notwendigkeit von fachmodellbasiertem Arbeiten festgelegt.

- **VDI 2552 Blatt 5** „Building Information Modeling – Datenmanagement", die Richtlinie definiert Vorgehensweisen zur Organisation, Strukturierung, Zusammenführung, Verteilung, Verwaltung und Archivierung von digitalen Daten im Rahmen von BIM, das auch als Managementansatz zur integralen modellbasierten Projektabwicklung angesehen wird. Hierzu werden die technischen und organisatorischen Anforderungen zur Umsetzung einer gemeinsamen Datenumgebung aufgezeigt.
- **VDI 2552 Blatt 6** „Building Information Modeling – FM", die Richtlinie soll die für das FM, das PM und AM erforderlichen Strukturen beschreiben. Insbesondere sollen die Medienbrüche in der Übergabe aus der Erstellung zum Betrieb vermieden werden. Betriebsrelevante Daten und entsprechende MVDs werden das Ergebnis eines verbandsübergreifenden Arbeitskreises sein, bei dem buildingSMART, VDI und GEFMA zusammenarbeiten. Die zukünftige Dokumentation erfolgt in diesem Richtlinienblatt.
- **VDI 2552 Blatt 7** „Building Information Modeling – Prozesse", im Bereich Prozesse werden Informationsaustauschanforderungen beschrieben, die wesentlichen Aspekte des Projektmanagement- und Wertschöpfungsprozesses berührt und die Softwareanforderung beschrieben. Das Kapitel Rollen definiert und beschreibt die notwendigen Rollen des Informationsmanagements, während im Kapitel Prozess-, Interaktions- und Transaktionsdiagramme konkrete Hilfestellungen in Form von Diagrammen gegeben werden. Der Anhang A gibt eine komplette Rollenbeschreibung wieder und im Anhang B werden Beispiele wie Prozesse der Qualitätssicherung gegeben.
- **VDI/bS MT 2552 Blatt 8.1** „Building Information Modeling – Qualifikationen – Basiskenntnisse", diese Richtlinie beschreibt die notwendigen Basiskenntnisse, die im Rahmen einer Qualifizierung durch Fort- und Weiterbilder vermittelt werden sollen, und dient der Qualitätssicherung dieser Angebote. Diese Richtlinie ist die Grundlage der bS/VDI-Zertifizierung „Individual Qualification".
- **VDI/bS MT 2552 Blatt 8.2** „Building Information Modeling – Qualifikationen – Vertiefende Kenntnisse" ist die Fortführung der Inhalte aus Blatt 8.1 und basiert auf der Rollenbeschreibung von Blatt 7, in dem Leistungsbilder im Informationsmanagement beschrieben sind. Blatt 8.2 beschreibt darauf aufbauend die notwendigen Kenntnisse, um die Leistungsbilder zu bedienen.

- **VDI/bS MT 2552 Blatt 8.3** „Building Information Modeling – Qualifikationen – Fertigkeiten“ i Die Richtlinie VDI/bS-MT 2552 Blatt 8.1 definiert die Basiskenntnisse, Blatt 8.2 die vertiefenden Kenntnisse, also den Wissensanteil einer Kompetenz. Die Richtlinie VDI/bS-MT 2552 Blatt 8.3 beschreibt ergänzend die zugehörigen Fertigkeiten einer Kompetenz.
- **VDI 2552 Blatt 9** „Building Information Modeling – Klassifikationen“, beschreibt die Methodik der Klassifikation von Bauteilen. Die Strukturierung der Gebäudedatenmodelle auf Basis einer projektweit einheitlichen Bauteilklassifikation ermöglicht es, die enthaltenen Informationen automatisiert auszulesen und gleichartig zu verwenden. Der Anhang A „Bauteiltypen im Hochbau“ enthält eine konkrete Klassifikation von Bauteiltypen für Baukonstruktionen, Technische Anlagen, Außenanlagen und Ausstattungen.
- **VDI 2552 Blatt 10** „Building Information Modeling – Auftraggeber-Informations-Anforderungen (AIA) und BIM-Abwicklungspläne (BAP)“, bei der Beauftragung und Angebotsabfrage für BIM-Projekte haben sich AIA und BAP etabliert, zum heutigen Stand jedoch noch in sehr unterschiedlichen und unabgestimmten Varianten. Dies führt zu großer Verunsicherung und birgt erhebliche Risiken, dass hier entweder maßlos über das Ziel hinausgeschossen wird oder aber die Vereinbarungen zu allgemein und unverbindlich ausfallen, sodass Rechtsstreitigkeiten vorhersehbar sind. Diese Richtlinie soll der Praxis Hinweise und Ratschläge an die Hand geben, um zu praktikablen Lösungen zu finden, die an die projektspezifischen Bedingungen angepasst sind, dem Auftraggeber Sicherheit gewähren und den Auftragnehmer nicht überfordern und damit den Kreis der potenziellen Bieter unnötig einschränken.
- **Richtlinienreihe VDI/bS 2552 Blatt 11** „Building Information Modeling – Informationsaus-tauschanforderungen“, in der Praxis des Informationsaustausches von BIM-Daten hat sich gezeigt, dass Schwierigkeiten häufig dann auftreten, wenn der Informationsbedarf (sog. Exchange Requirements) nicht hinreichend beschrieben wird. Heutige Spezifikationen sind zu allgemein gehalten und zu wenig auf den spezifischen Austauschzweck fokussiert. Beispiele sind: spezifische Anforderungen für nachfolgende Auswertung, spezifischer Input für nachfolgende Gewerke, spezifischer Input für Simulationen usw. Diese Richtlinie soll auf Grundlage existierender BIM-Datenaustauschstandards praktikable Methoden zur Definition von ERs adaptieren oder entwickeln, die auch softwaretechnisch umsetzbar sind und eine Basis für technische Zertifikate liefern. Aufbauend auf die Richtlinie VDI 2552 Blatt 11.1, welche die grundsätzlichen Vorgaben zur Beschreibung der Informationsaustauschanforderungen beschreibt, entstehen zurzeit spezi-

fischen Blätter zu unterschiedlichen Anwendungsfällen. Eine Übersicht der Blätter ist immer aktuelle zu finden unter www.vdi.de/2552

- **VDI/DIN Expertenempfehlung 2552 Blatt 12.1** „Struktur zur Beschreibung von BIM-Anwendungsfällen“ Dieses erste gemeinsame Dokument von VDI und DIN gibt eine Struktur vor, wie die unterschiedlichsten Anwendungsfälle beschrieben werden sollten, damit sie eindeutig, vergleichbar und allgemein verständlich sind. Die Arbeiten sind abgeschlossen, die Expertenempfehlung wurde im Oktober 2022 veröffentlicht.

Die Richtlinien sind teilweise bereits im Weißdruck oder im Gründruck (Einspruchsfrist) erschienen. Einen aktuellen Stand über das Erscheinen der Richtlinien erhalten Sie hier www.vdi.de/2552.

Weitere Relevanz im BIM-Kontext hat die Richtlinienreihe VDI 3805 in Bezug auf den Produktdatenaustausch in der technischen Gebäudeausrüstung sowie die Richtlinienreihe VDI 3814 zur Gebäudeautomation. Außerdem sind die Richtlinien der GEFMA zu BIM zu benennen, welche insbesondere für die Betriebsphase von Relevanz sind.

Ich selber durfte in den Richtliniengremien an den VDI-Blättern 2552-6, 2552-8 und 2552-10 mitarbeiten und schätze die praxisnahe Normierung in diesen Bereichen, wobei die Gremien paritätisch mit Vertretern der Wirtschaft, Wissenschaft und der Lehre besetzt sind.

8 „Ja“, ich will!
BIM-Implementierung im Unternehmen oder im Projekt – Einführung im Architekturbüro, im TGA-Planungsbüro, im TWP-Planungsunternehmen sowie beim Generalunternehmer

Wie komme ich denn nun als Planer, Bauherr, Generalunternehmer oder Bestandshalter mit BIM zusammen? Ist das überhaupt etwas für mich? Wo ist meine zukünftige Position und was muss ich jetzt eigentlich tun? Und wer ist mein Ansprechpartner? Nur eines machen Sie bitte nicht: Fangen Sie nicht mit der Auswahl des Werkzeugs an! Ihr Softwarehersteller ist nun wirklich nicht Ihr erster Ansprechpartner! Wenn Sie Ihren Garten umgestalten wollen, kaufen Sie ja auch nicht als Erstes eine Axt. Könnte ja sein, dass Sie den einen oder anderen Baum oder Busch doch stehen lassen wollen. Gewöhnlich machen Sie sich ein Konzept oder lassen von einem Landschaftsplaner oder Berater eines erstellen. Sie ergänzen neue Bäume und Sträucher, nehmen andere heraus und vertikutieren vielleicht den Rasen. Da gibt es also verschiedene Anwendungen, die nach verschiedenen Werkzeugen verlangen. Neben der Axt brauchen Sie möglicherweise sogar ein ganzes Gärtnerteam mit Minibagger, Spaten, Kettensäge und Vertikutierer. Die Umgestaltung des Gartens darf also keinesfalls mit dem Kauf eines Werkzeugs beginnen.

Genauso verhält es sich auch mit dem Einstieg in die BIM-Methodik. Die Software, also auch die CAD-Autoren-, 4D- oder 5D-Software, ist ein Werkzeug, auch wenn die Einsatzmöglichkeiten einer BIM-fähigen CAD-Software zugegebenermaßen vielfältiger sind als die einer Axt. Softwares sind BIM-Werkzeuge. Die Auswahl der Software gehört auf eine firmeninterne BIM-Implementierungsagenda, nicht an den Anfang der Implementierung. Wer sind derzeit eigentlich die treibenden Akteure bei der BIM-Implementierung? Welche Ziele verfolgen sie?

Die Exklusiv-Vertreter

Eine wichtige Interessengruppe bilden derzeit die etablierten Software-Anbieter, die Planer und Anwender bereitwillig in das Thema BIM einführen. Mit aufwändigen Präsentationen, Schulungen und Veranstaltungen versuchen sie, die Nutzer langfristig für ihre Produkte zu gewinnen. Im Mittelpunkt steht dort die Software als allumfassendes Tool zur Beherrschung von BIM. Beim Verkauf neuer Softwarelösungen winken bedeutende Umsätze. Der wahre Vorteil von

BIM, das Plattform-übergreifende Arbeiten, bleibt bei dieser Herangehensweise unerwünscht und unerforscht. Austausch und Interaktion? Ja, gerne, aber nur mit unseren Programmen, ist bei einigen Herstellern deutlich zu spüren.

Eine weitere Gruppe stellen die Generalunternehmer dar, die ebenfalls für BIM werben. Es wurden teilweise bereits Tochterfirmen organisiert, die die Methode als „unabhängige" Dienstleistung anbieten. Es liegen vielfältige Erfahrungen aus internationalen Projekten vor, die die Kalkulation der Ausschreibung und des Ablaufs eines Projekts positiv belegen können. Gerne wird allerdings auch versucht, durch nachträgliches „VerBIMen" das Image von Großprojekten wieder in ein gutes Licht zu rücken. Doch das kann die Methode selbstverständlich nicht leisten und es schadet sogar ihrer Akzeptanz. BIM ist auch hier – und das ist entscheidend – ein exklusives Medium. In ausländischen Projekten folgt man dem Prinzip „design and build" und fasst die Planungs- und die Ausführungsleistungen bei einem Auftragnehmer zusammen. Einen Austausch mit Dritten gibt es nicht. Im Ausland mag das funktionieren, möglicherweise auch bei deutschen Großprojekten, bei denen durch die Vergabe an einen Generalunternehmer der Abstimmungsaufwand reduziert wird. Doch auf die mittelständisch geprägte deutsche Bau- und Planungswirtschaft ist diese Herangehensweise nicht einfach übertragbar, da bei uns die Einzelvergabe mit ihren vielen Schnittstellen eine zu wichtige Rolle spielt.

Für eine stärkere Anwendung von BIM ist es daher entscheidend, den betroffenen Fachleuten die Angst vor der Umstellung zu nehmen. Allen beteiligten Unternehmen – und letztlich auch jeder einzelnen involvierten Person – muss bei der Umstellung auf die neue Planungsmethode eine verlässliche Begleitung und Beratung ermöglicht werden. Für das Verständnis der Beziehung zwischen Technologie, sozialen Strukturen und den Werten der Gesellschaft brauchen wir dringend Entwicklungsmodelle. Die Wahrnehmung und Beurteilung des Prozesses, was BIM eigentlich ausmacht, wird wesentlich von den sozialen Bedürfnissen und kulturellen Wertvorstellungen bestimmt. Daher muss das System „inklusiv" werden und sich dem Nutzer öffnen. Dies zu verstehen, ist wichtig. Ebenso wichtig ist es, sich einzugestehen, wo man selbst gerade steht, also eine interne Leistungseinstufung. Dabei leistet derzeit buildingSMART Deutschland hierzulande eine große Hilfe mit Veranstaltungen, Arbeitskreisen und der Nähe zu planen-bauen 4.0.

Von wo aus starte ich? Arbeite ich in 2D und habe nun zwei Kulturwandel in einem zu bewältigen? Oder habe ich schon Vorkenntnisse? In England beispielsweise bedeutet BIM Level 0 keine bösartige Einstufung für antiquierte Planer, sondern es ist schlicht die Grundlage, um zu Level 1 und 2 zu gelangen. Versuchen Sie, sich möglichst realistisch einzuordnen. Eine realistische Selbsteinschätzung schützt Sie – und gegebenenfalls auch Ihre Mitarbeiter – vor zu großen Hürden oder gar dem Verfehlen von Zielen. Angst vor zu großen neuen Dingen kann auch zum Scheitern führen!

Liebe Architekten, kommt heraus aus eurer Deckung mit der Aussage: „Wir machen schon BIM und das haben wir auch schon immer gemacht.“ Das kann nicht funktionieren! Nur die Einstellung eines BIM-Managers und die Erhöhung des IT-CAD-Budgets wird nicht eine neue Planungsmethodik im Hause abbilden können. Dazu ist der Blickwinkel einer einzigen Planungsrolle zu eingeschränkt. Doch eins nach dem anderen. Ich möchte Ihnen gerne detailliert meine eigene Annäherung an das Thema schildern, da ich mit meinem Architekturbüro ein gutes Beispiel für den Mittelstand bin. Ich bin nicht das sagenumwobene große Architekturbüro, das einfach mal eine BIM-Abteilung aufbaut (ist auch nicht so einfach ...). Dass BIM nämlich nicht nur etwas für ganz große Unternehmen ist, habe ich mittlerweile erlebt, und ich möchte Ihnen einfach jetzt schon Mut machen, sich nicht zurückzuziehen. Heute kann ich auf jeden Fall sagen: BIM-Ansätze sind auch etwas für kleinere Büros, denn den Umfang des Einsatzes der Methode plant ja niemand anderes als Sie selbst.

Außerdem möchte ich Ihnen in diesem Kapitel ein inländisches und ein irisches Architekturbüro vorstellen, die diese Implementierung schon vor einigen Jahren vollzogen haben. Ich habe versucht, Fragen, auf die man in Deutschland noch wenige Antworten erhalten konnte, dort beantwortet zu bekommen. Weiterhin möchte ich Ihnen von einem Tragwerksplaner berichten, der sich schon recht früh aufgemacht hat, BIM zu implementieren. Außerdem berichtet ein Generalunternehmer über seine Herangehensweise an die BIM-Implementierung. Ich möchte fachspezifisch zeigen, was die wirklichen Gefahren, aber auch die tollen Chancen mit BIM sind und habe bewusst ein Bild zusammengestellt, was sich mit der Beratungserfahrung in der Implementierung bei Unternehmen deckt und dadurch repräsentativ ist. Wie im Referenzprozess beginnen wir mit dem Aufschlag der Architektur. Im Anschluss daran berichte ich aus den Erfahrungen bei der Implementierung bei Bau- und Generalunternehmern.

... und es hat BIM gemacht!

Wie hat es denn in unserem Architekturbüro angefangen? Ich war zunächst keiner der „alten Hasen“ der BIM-Szene. Ich hatte weder 25 Jahre wissenschaftliche Arbeit noch viele Positionen im Produktmanagement von Softwarehäusern nachzuweisen. Aber ich habe über 25 Jahre lang Bauwerke geplant und gebaut sowie für unsere Bauherren und Betreiber mit Statikern, Haustechnikern, Bauphysikern, Brandschutzgutachtern, Verkehrsplanern, Stadtplanern, Landschafts- und Innenarchitekten, Laborplanern, General- und Bauunternehmern und Projektsteuerern erfolgreich zusammengearbeitet. Daher schaue ich nicht mit der

Technikerbrille darauf, was alles mit BIM technisch funktioniert, sondern habe den sinnvollen Einsatz der Methodik im gesamten Lebenszyklus im Blick. Da wir häufig für ein sehr professionelles Fonds-Emissionshaus arbeiten und einige PPP-Projekte begleiten durften, war unser Blick immer auch auf den Betrieb der Immobilien gerichtet.

Der Erstkontakt mit BIM verlief nicht anders als vielleicht auch bei Ihnen durch einschlägige Zeitschriften und dann auch die Tagespresse. Sie haben Ihren hoffentlich positiven Erstkontakt vielleicht in diesem Buch! Erstkontakte sind häufig subjektiv geprägt. Wie im zwischenmenschlichen Bereich kann man sich entweder gleich gut riechen oder es stinkt einem von Anfang an. Die einen verstehen und wollen BIM, die anderen sagen: „Hört auf mit dem Quatsch!“ Daher sollten wir erst einmal alle Vorurteile über Bord werfen und uns der Thematik objektiv nähern. Die Softwarehersteller der CAD-Systeme und der darauf aufbauenden Kosten-, Zeit- und Ausschreibungssoftwares versprechen natürlich das Blaue vom Himmel herunter und propagieren die einfache Anwendung ihrer Lösung. Das ist mit Vorsicht und kritischem Verstand zu bewerten!

Ich muss gestehen, dass ich mich auch mit meiner Berufserfahrung bereits durch die Ortswahl berührt und betroffen fühlte, als ich auf Einladung eines Softwarehauses die ehrwürdigen Räume der Raketenstation Neuss betrat (Architekten: Tadao Ando und Hugo Hering). Einen so hochkarätigen Background mag sonst ein internationaler Juwelier für eine Verkaufsveranstaltung nutzen, und neulich wurde dort das Facelifting einer deutschen Luxuslimousine den Journalisten vorgeführt. So exklusiv soll BIM also sein? Nach dem einstündigen Vortrag des Produktmanagers und den Schilderungen vermeintlicher Kollegen fühlte ich mich ein wenig, als sei ich gerade von einer zwanzigjährigen Reise zum Mond auf eine völlig veränderte Welt zurückgekommen. Waren die mühseligen Kostenberechnungen, Flächenermittlungen, Bauzeitplanungen und

auch die Art des Planens wirklich über Jahrzehnte an mir vorbeigegangen? Resultat: Ich fühlte mich schlecht, dumm und oldfashioned.

Doch irgendwie machte mich diese schöne neue Welt dieses BIM misstrauisch. Zumal die Objektauswahlen, die vorgeführt wurden, eher schlicht waren und ein geschlossenes System closedBIM (alle fachlich Beteiligten arbeiten in einem CAD-System) für mich nicht „demokratisch" genug war. Ich war wild entschlossen, mehr zu sehen, um vergleichen und kritisch hinterfragen zu können. Ein „markenneutraler" Berührungspunkt mögen die Publikationen und Vorträge einiger Generalunternehmer sein, die BIM für sich entdeckt haben. Sie nehmen gern den Einstieg über ein Kalkulationsmodell. Auf der Basis einer analogen Planung wird flugs ein Modell erzeugt, um besser kalkulieren zu können. Das ist zwar ein wirtschaftlich sinnvoller und nötiger Ansatz, doch bei den Planern hinterlässt er immer einen bitteren Nachgeschmack. Für viele Entwurfsarchitekten und Fachingenieure, die vorwiegend in den frühen Leistungsphasen arbeiten, ist der Generalunternehmer gerne derjenige, der nicht die LP 5 weiterbeauftragen möchte, sondern durch billigere Planer den Gestaltungs- und Qualitätsanspruch zugunsten seiner Rendite hinten anstellt. Dass das nicht immer so ist, möchte ich an dieser Stelle aufgrund guter Erfahrungen zum Ausdruck bringen. Wie immer geht es um ein partnerschaftliches Verhalten.

Wenn man ein solches Modell sinnvoll einsetzt und nicht nur zur Kalkulation nutzt, vielleicht sogar für weitere Phasen und Beteiligte zur Verfügung stellt, dann ist dieser Weg sogar sehr sinnvoll. Was aber nicht sein darf, ist, dass BIM von den Marktteilnehmern nun als gewaltiges Kontrollinstrument zur Bewertung der Planung eingesetzt wird. Das führt nur wieder zu Schwellenängsten und Hemmnissen. Mit BIM bewaffnete Generalunternehmer oder Projektsteuerer sind für viele Planer nicht gerade die Idealvorstellung einer partnerschaftlichen Projektabwicklung. Oft ist im Erstkontakt über BIM-Kongresse und -Veranstaltungen auch von den vermeintlich „alten BIM-Hasen" immer nur ein schillerndes Endergebnis zu sehen. Der Weg dorthin aber bleibt geheim und wird exklusiv gehütet. Das ist nur eine sehr kurzsichtige Denke zum Zweck der Verteidigung der eigenen Marktposition. BIM ist nicht und darf nicht exklusiv sein! BIM ist etwas Inklusives und sollte auch so kommuniziert werden. Nur wenn wir uns öffnen – auch im Projekt –, können wir durch den Einsatz von BIM gemeinsam Mehrwerte generieren.

Zurück zur eigenen Planungsgesellschaft. Wie gesagt, wir sind stolz, deutscher Durchschnitt zu sein! Denn so sind wir repräsentativ für den deutschen Mittelstand in der Planerlandschaft. Mit unseren damaligen acht bis zehn Mitarbeitern waren wir ein wenig größer als der Durchschnitt, aber noch lange kein großes Büro. Ich möchte Ihnen Mut machen und daher authentisch von unserer Planungsgesellschaft berichten, weil ich Sie dann durch die Höhen und Tiefen der BIM-Implementierung führen kann.

Wie also fing denn neben Raketenstation und Zeitungsartikeln alles an? Der Spezialbereich in unserem Architekturbüro ist und war zum einen die Handelsimmobilie und zum anderen der Bau von öffentlichen Sportstätten und Schwimmbädern. Beides für BIM prädestinierte Objekttypen, die ein hohes Maß an interdisziplinärer Koordinierung verlangen. Die Handelsimmobilien (Einkaufs- und Fachmarktcenter) verlangen nach höchster Flexibilität, da sich die Anforderungen der Filialmieter in immer kürzeren Intervallen verändern. Einkaufszentren sind zunehmend eine Art von Regalen mit wechselndem Besatz, die funktionieren, aber auch Zeitgeist und Aufenthaltsqualität bieten müssen. Ein wichtiger Bestandteil unserer Planungsleistungen ist neben den Neubauten auch die Revitalisierung von Bestandsimmobilien. Dabei müssen wir immer wieder feststellen, dass verlässlichere Planungsunterlagen und Dokumente des Bestandes wünschbar wären.

Die Digitalisierung lässt bei der Gebäudedokumentation oft zu wünschen übrig. Bitte, liebe Bauherren und Bestandshalter: Eine pdf-Datei ist keine digitale Planungsunterlage! Sie ist das Bild einer Zeichnung. Und die Zeichnung ist bekanntlich die Geheimsprache der Architekten und Ingenieure. Wie in der Steinzeit werden Linien in Bezug zueinander gesetzt, um unter anderem Grundrisse, Ansichten und Schnitte zu projizieren. Warum ist dann eine im Computer zu öffnende Datei kein digitaler Plan, werden Sie sich vielleicht fragen? Weil sie dumm ist! Linien sind deutungsbedürftig, ohne ergänzende Informationen sind sie nicht zuzuordnen. Außer mir weiß ohne ergänzende Beschreibungen keiner, dass zwischen den beiden Linien die Wand ist. Ein BIM erkennt im Gegensatz dazu sogar Nachbarschaften und Beziehungen von Bauteilen. Ein Fenster ist in einer Wand. Ein Boden ist unter einer Wand. Die Informationen zur Immobilie sind vor allem bei Bestandsgebäuden nicht kategorisiert und datenbankgestützt, folglich nicht intelligent auswertbar. Daran ändert auch einen digitale Dokumentenablage nichts, die Pläne lediglich einscannt, aber nicht wirklich methodisch verwertbar macht. Deshalb waren wir immer an einer Optimierung der eigenen Planungsprozesse interessiert, um eine höhere Planungsqualität zur Verfügung stellen zu können. Erstrebenswert war für uns auch, dass bei einer Revitalisierung auf digitale Planungsunterlagen (BIM) zugegriffen werden kann.

Bei unserem anderen Bearbeitungsschwerpunkt, den öffentlichen Schwimmbädern, geht es insbesondere um kollisionsfreie Planungen. Unter dem eigentlichen Schwimmbad teilen sich Lüftungsanlage, Badewassertechnik und das Becken den teuer zu erstellenden Raum. Auch hier liegt Optimierungspotenzial in der Planung. Zwischen den Schwallwasserbehältern und der Decke ist oft nicht einmal mehr die Einbauhöhe für einen Bodeneinbausiphon. Ich habe auch schon ganze „Volleyballhallen" in Untergeschossen gesehen, weil der Platzbedarf der Haustechnik nicht nur während der Planung „gesichert" wurde, sondern auch während der Realisierung. Und nun kommt noch unser Gestaltungsanspruch ins Spiel: Durch eine sinnvolle Verlagerung von Budgets – wie hier einen kleineren Technikkeller – hätte auch die aufwändige zweischalige Sichtbetonfassade in die GU-Ausschreibung überführt werden können, ohne den Rotstift ansetzen zu müssen. Das ist ein weiterer Optimierungsansatz, um das Werk der anderen besser zu verstehen, es hinterfragen zu können und so den Prozess effizient zu gestalten. Der effizientere Planungsansatz bei den anderen fachlich Beteiligten kann mir als gestaltendem Architekten ganz andere Budgetierungen ermöglichen, die dann dem Bauherrn vorgeschlagen werden.

Die grenzüberschreitende Kooperation bei mehreren niederländischen Schwimmbadprojekten und Wettbewerben brachte uns mit Strategie-Architekten aus Oosterbeek, der van der Berg Group aus Kampen und dem Generalunternehmer pellikaan aus Tilburg zusammen. Nach einer Fahrt von knapp 100 Kilometern fanden wir ein völlig anderes Arbeiten am Projekt vor. Building Information Modeling, Partnering und das alles im Bauteam mit Scrum im Projektmanagement – das waren wertvolle Erfahrungen, die wir mit nach Hause nahmen. In der niederländischen Kultur steckte schon immer ein bisschen mehr „Abenteuer" als bei uns, aber es beeindruckte uns schon sehr, wie effizient und logisch dort gearbeitet wurde. In einem Land, das seit Jahrhunderten geschlossen gegen den Meeresspiegel kämpft, ist der Bauteam-Gedanke tief in der Arbeitskultur der Menschen verankert. In unserer Kultur ist das anders. In einem Staat, der einst aus hunderten von Fürstentümern bestand, ist föderaler Zusammenhalt nicht automatisch in der Kultur verankert, was unser Handeln vielleicht ein bisschen erklärt. Das dort Vorgefundene faszinierte mich ungeheuer. Ich beobachtete mit steigendem Interesse die gemeinsamen Projekte und beschloss auch daher, Teile davon zu adaptieren.

Zurück in Deutschland, wurde in der Geschäftsleitung recht schnell gemeinschaftlich die Grundsatzentscheidung zur BIM-Implementierung gefasst. Ich betone das deshalb besonders, weil es sich um eine gewichtige Managemententscheidung handelte. Als Geschäftsleitung müssen Sie bei der Bedarfsermittlung und bei den Investitionen in Beratungen, Schulungen, Hard- und Software bei Erfolg wie Misserfolg hinter den Entscheidungen stehen können. Auch für das Festhalten an der Entscheidung braucht es eine gewisse Ausdauer, gerade wenn die Produktivität bei den ersten Projekten drastisch sinkt. Und hier entsteht ein weiteres Problem: Oft sind die Geschäftsleitungen – wie oben schon erwähnt – nicht gerade „digital natives". Die Notwendigkeit des Kulturwandels erschließt sich mit zunehmendem Alter zuweilen einfach weniger leicht.

Zurück in unser Büro. Mit wem sollten wir künftig in unserem neuen BIM-Dasein arbeiten? Sollten wir die Fachingenieure für unsere Generalplanung nun im Ausland suchen? Oder bei den Softwareherstellern recherchieren und sie entsprechend ihren Werkzeugen aussuchen? Oder für immer und ewig Little BIM nur für uns alleine als Insellösung praktizieren? Oder einfach nur abwarten? Auf keinen Fall!

Wir entschieden uns, einen Experten für die Implementierung einzuschalten. Aber bitte nicht so: „Wir holen einfach einen BIM-Manager ins Haus, und der kann dann alle Projekte und alle Leute umgewöhnen", las ich vor kurzem in einem Interview. Aber finden Sie mal einen BIM-Manager! Vor ein paar Jahren war das noch ein unbekanntes Wesen. Für viele ist er das heute noch. Wie sollte einer, der aus Managementstrukturen kommt, uns Planern etwas beibringen? Oder schlimmer noch: „Er hat einen Software-Hintergrund, dann hat er keinerlei Ahnung vom Alltag im Planungsbüro!" Wie sollten wir unseren Bedarf formulieren und erkennen, ob der neue Kollege überhaupt so ein BIM-Manager ist? Das erschien uns alles wenig sinnvoll. Wir brauchten einfach die besten Experten; um das schultern zu können, bildeten wir eine Allianz und gestalteten das Vorgehen interdisziplinär. Durch unseren Erstkontakt und die anschließende Recherche fanden wir zum schon vorher beschriebenen BIM-Leitfaden für Deutschland. Unter dessen Autoren finden sich Kerstin Hausknecht und Thomas Liebich, die wir kurzfristig kontaktierten. Schon nach dem ersten Telefonat war uns klar, dass die erste Idee mit dem Einstellen eines BIM-Managers auch nach Meinung der Experten von AEC3 zum Scheitern verurteilt gewesen wäre. Dr. Liebich erklärte mir, dass es ja nicht nur diese Rolle gibt, sondern noch viele weitere, und dass man ein so komplexes Thema nicht über einen eingekauften Mitarbeiter einführen kann.

Da kam mir die Idee gerade recht, dass man in Kooperation einfach stärker ist und dass wir mit unseren Fachingenieuren in größerem Stil gemeinsam an die Implementierung herangehen sollten. Im Nachhinein stellte sich das als die Geburtsstunde der späteren DEUBIM-Akademie und der heutigen EDUBIM-Produkte heraus. Wir alle mussten gemeinsam den Weg gehen, und das Erlernte musste auch die Fachingenieure einbinden; denn allein kann man kollaborative Arbeit nicht trainieren. All die Diskussionen über Software, Datenaustausch, technische Kompatibilität usw. waren uns im Moment nicht mehr so wichtig wie die Einbindung unserer bisherigen Planungspartner in den Prozess. Einen Statiker möchte ich nach wie vor an seiner Arbeit messen können, an seinem Verständnis für die Beckenwand eines Schwimmbeckens oder für ein Stützenraster für Handelsimmobilien, bestimmt aber nicht an der verwendeten Software.

Wir beschlossen, dass wir ein interdisziplinäres Training brauchten, um uns gemeinsam der BIM-Thematik zu nähern. Die Idee einer gemeinsamen interdisziplinären Ausbildung begeisterte auch Experten wie Thomas Liebich von AEC3. Sie sollten mit uns den Weg für die Einführung der neuen Planungsmethode in unserem Hause und bei unseren Planungspartnern bereiten. Damit wir während der Implementierungsphase auch im Austausch mit Architektenkollegen stehen, baten wir unsere beiden niederländischen Architekturbüros – eines in der closedBIM-Anwendung, eines in der openBIM-Anwendung –, mit uns als Praxispartner zu trainieren und als Mentoren bereitzustehen. Zuerst mussten ein Grundverständnis der Methode und das gemeinsame Arbeiten an Modellen geübt und gelernt werden. Gemeinsam mit mehreren Unternehmen konnten wir uns die Zusammenarbeit mit weiteren namhaften Experten auch wirtschaftlich teilen.

Aus dieser Initiative ist mittlerweile ein eigenes Unternehmen hervorgegangen, das ich Ihnen am Ende des Buches näher vorstelle. Schnell merkten wir, dass unsere Ergebnisse auch für andere Planer, Bauherren und Betreiber interessant sein könnten. Die Tatsache, dass wir uns gemeinsam schlau machten, brachte aber noch lange nicht den Durchbruch im Unternehmen. Auf Geschäftsführerebene erarbeiteten wir eine Agenda, die uns einen Zeitrahmen von zwei Jahren auferlegte, und bauten eine Investitionsrechnung auf. Laufende Projekte wollten wir nicht „umswitchen" – zu groß war die Gefahr, im Terminplan nach hinten geworfen zu werden. Um das Team mitzunehmen, benötigten wir einen „Verbündeten" im Team. Die ersten Gespräche mit den Mitarbeitern hatten doch schon erste Missverständnisse aufgedeckt und auch verborgene Ängste an die Oberfläche gespült.

Schon seit einiger Zeit hatten wir im Büro einen Befürworter und Anwender des 3D-Planes. Einige Projekte konnten wir sogar schon durch die LP3 hindurch dreidimensional planen. Gemeinsam mit dem künftigen Anwender, der auch in die Schulung eingebunden war, bauten wir unser „BIM-L@b" auf, einen Arbeitsplatz, mitten im open space-Büro, bei dem das Über-die-Schulter-Gucken ausdrücklich erwünscht war. In einer BIM-Auftaktveranstaltung stellten wir dem Team die Methodik in Grundzügen vor. Wir starteten mit großen Ambitionen in die neue Ära. Was dann kam, hatte ich mir allerdings ganz anders vorgestellt.

Stolz schaute ich jeden Morgen auf unseren neuen Arbeitsplatz. Ich musste jedoch feststellen, dass die Wahrnehmung dieses Arbeitsplatzes das Büro aufspaltete. Die eine Hälfte war neugierig, interessiert und aufgeschlossen. Die andere Hälfte zeigte offene Ablehnung. Eine Mitarbeiterin, eine hervorragende Ausführungsplanerin im Team, wollte sich nicht recht erwärmen und verteidigte sogar ihre 2D-Planung und die Raumbücher und Türlisten in Excel. So viele Jahre

Partnering?

hatten wir diese Leistungsphase über Bibliothekselemente, Listen und Vorlagen für uns perfektioniert. Wir merkten sehr schnell, dass sie regelrecht Angst bekam und BIM als Bedrohung auffasste. Ich hätte mir sehr gewünscht, sie länger mitzunehmen, um die Mehrwerte auch in der Ausführungsplanung abbilden zu können, doch so weit kam es nicht, weil sie das Unternehmen auf eigenen Wunsch verließ.

Na prima! Dank BIM hatte ich nun meine beste Kraft in der Ausführungsplanung verloren. Auch die Bau- und Projektleitungen wollten sich nicht so richtig auf etwas Neues einlassen. Heute weiß ich, dass man diese Existenzängste der Mitarbeiter noch viel ernster nehmen muss. Ist mein Job morgen noch da? Wird mein Wissen noch gebraucht? Wir mussten stärker zusammenhalten und den Teamgedanken fester verankern. Mit einem professionellen Change-Manager entwickelten wir Mottos für eine eigene Firmenverfassung. Das hört sich nach Waldorfschule an, ist aber extrem wichtig und entpuppte sich im Nachhinein als der richtige Schritt. Wie in echten Projekten ist die Willensbekundung, gemeinschaftlich arbeiten zu wollen, unerlässlich. Das „Leitbild Bau“, das auch durch den Stufenplan propagiert wird, ist dabei eine schöne Hilfestellung, welches wir im Rahmen unseres Pilotprojektes FMZ Leinefelde als Grundlage für unser „BIM-Manifest“ nahmen.

Zunehmend stellten wir fest, dass die Mitarbeiter technikaffin sein sollten. Diejenigen, die auch früher schon lieber das Bautagebuch im Ringbuch geführt hatten, fanden schwer in die neuen Prozesse. Auch das Arbeiten mit dem Teamserver, die Nutzung einer Kollaborationsplattform in der Cloud, machte Umstrukturierungen im Team nötig. Wir achteten dabei immer darauf, dass wir kein neues Büro wurden; es wäre aber gelogen, würden wir die personelle Veränderung im Zusammenhang mit der Implementierung nicht erkennen. Neue Mitarbeiter mit Experimentiergeist und gleichzeitig extrem sicherem Umgang mit einer CAD-Software waren uns ebenso wichtig wie die prozessuale Aufarbeitung von Workflows im eigenen Planungsbüro, was bis dahin nicht wirklich erfolgt war. Die Ausbildung unserer Mitarbeiter ist zunehmend wichtiger geworden. Nur so können wir den disziplinierten Prozessen der Methode folgen. Dazu werden unsere Mitarbeiter natürlich auch auf der CAD-Software geschult.

Das ist aber nur ein Baustein. Ergänzend werden die Mitarbeiter in der uns zugehörigen Akademie an BIM-Grundlagen und in interdisziplinären Trainings ausgebildet und sind heute nach dem buildingSMART-/VDI-Standard zertifiziert. Nur das Zusammenspiel von Softwaretrainings, Prozessworkshops und Basics ermöglicht eine professionelle Form des Einsatzes. Auch haben wir Instanzen gem. dem Anhang der VDI 2552 Richtlinie Blatt 7 geschaffen, die unsere Kommunikation mit den Fachingenieuren bedienen. Unsere Koordinatoren sind auch für die Qualitätssicherung der Modelle verantwortlich. Professionelle Bauherren mit konkreten Auftraggeber-Informations-Anforderungen sind bisher allerdings immer noch selten.

Grundsätzlich empfehlen wir im Rahmen unserer Implementierungsberatung (wir haben 2014 unsere eigene BIM-Beratung in der DEUBIM gegründet), immer den Weg über ein Assessment zu gehen: wie sieht es beim BIM-Reifegrad aus? Egal ob Sie nun BIM in einer Planungsgesellschaft, in einer Bauunternehmung oder als Betreiber von Gebäuden einführen wollen. Es gilt im ersten Schritt, die Reifegrade im Unternehmen in Bezug auf die 5 BIM-Faktoren Mensch, Prozesse, Daten, Technologie und Rahmenbedingungen zu erfassen, um eine maßstäbliche Roadmap aufzubauen. Welche Ziele verfolge ich, was sind die Mehrwerte, die ich erreichen möchte? Es gilt, BIM-Ziele auf Organisations- und Projektebene zu identifizieren und entsprechende Maßnahmen auf Basis des Assessmentabgleiches zu formulieren. Das bedeutet zum Beispiel im Bereich Mensch, dass zunächst die notwendigen BIM-Rollen definiert werden und dann individuell die Qualifizierung der Rolle und die notwendigen Kompetenzen zu beschreiben sind. Daraus ergeben sich dann wiederum Bedarfe in Bezug auf Kompetenzvermittlung bei Mitarbeitern oder aber auch die Notwendigkeit von Recruitment. Eine solche BIM-Roadmap ermöglicht es auch Unternehmen, Teilschritte und Priorisierungen zu finden, um nicht das Unternehmen zeitlich und finanziell zu überfordern. In der Schilderung hier im Kapitel 8 werden wir diesen Weg anschaulich bei einem Generalunternehmer nachverfolgen können. Nehmen Sie sich die Zeit und versuchen Sie, einen ganzheitlichen BIM-Überblick für Ihr Unternehmen zu schaffen. Nutzen Sie dazu auch die Expertise von Experten, die Ihnen bei einem derart großen Wandel helfen und um die technischen Möglichkeiten und Anwendungen, aber auch um das notwendige menschliche Miteinander wissen. Ich vergleiche die Implementierung gerne mit einer Reise.

Sehen Sie die folgenden 10 Fragen und Antworten als Reiseführer für unsere gemeinsame Entdeckung einer Methode zu digitalen Projektabwicklung und als Hilfestellung zur Erstellung einer Implementierungslandkarte.

Ein entscheidender Faktor bei der Einführung von BIM ist natürlich der Mensch und damit auch die Akzeptanz beim Anwender. Daher gilt es, aktiv Changemanagement zu betreiben und auf folgende Entwicklungsstufen gefasst zu sein: Zunächst kann das Pendel in die falsche Richtung ausschlagen, „das kann doch nicht wahr sein, dass ich mich jetzt auch noch mit BIM auseinandersetzen soll!" Aus einer anfänglichen schockartigen Ablehnung kann auch schnell ein „das geht nicht, weil ..." werden. Erinnern Sie sich an die Schlagzeilen zur eingestürzten Tunneldecke des BIM-Pilotprojektes in Rastatt. Sofort war klar, BIM ist schuld! Dass es sich um den nicht mit BIM geplanten Tunnelteil handelte, passste nicht ins Bild. Die nächste Stufe der Adaption ist oft eine rationale Einsicht, es geht ja irgendwie doch! Die größte Hürde ist geschafft und wir nähern uns der emotionalen Akzeptanz: „Es stimmt ja doch, dass ich mit BIM Prozesse optimieren kann“ und nun folgt das Auf und Ab des Erlernens. Nach dem Gipfel der übersteigerten Erwartungen fallen wir in ein Tal der Ernüchterung, um den nächsten Gipfel zu erklimmen. Es folgt die Erkenntnis, dass BIM ja wirklich Mehrwerte bringt und irgendwann ist es dann selbstverständlich. Sie merken, diese Reise sollte begleitet sein und man sollte sie nicht alleine machen. Versuchen Sie, eine(n) BIM-Verantwortliche(n) zu benennen und stellen Sie ihm/ihr Partner zur Seite, die als BIM Task Force das Thema vorantreiben. Die folgenden Fragen sollen Ihnen helfen, die Themen rund um die Implementierung von BIM zu strukturieren.

- **Warum sollte ich eigentlich BIM einführen?**
  Stellen Sie sich diese Frage ernsthaft, denn es gilt, nicht technologiegetrieben und taktisch zu agieren. Es sollte sich ein echter Vorteil für Ihre Organisation oder für Ihre Projekte einstellen. Der Druck, schnell etwas zur Digitalisierung beizutragen, und die Erhöhung des IT-Budgets führen oft zu wenig flexiblen Lösungen und geschlossenen Systemen. Wer langfristig Bestand haben will, braucht Zeit, seine Strategien zu formulieren, um auch so flexibel auf Veränderungen am Markt zu reagieren. Eine nur taktische Lösung reicht da einfach nicht aus. Die Prozesse im Unternehmen, in der eigenen Branche, müssen mit den zur Verfügung stehenden digitalen Technologien unterstützt werden. Um langfristig erfolgreich zu sein, müssen die Ziele und Anwendungsmöglichkeiten allerdings von einer Vision untermauert sein. Folglich werden Ihnen die technischen Möglichkeiten und deren Anwendung allein nicht reichen, um den Weg der digitalen Transformation wie mit Building Information Modeling zu gehen.

- **Was sind meine BIM-Ziele und Anforderungen?**
  Welchem Hasen wollen Sie eigentlich hinterherlaufen? Formulieren Sie sich auf Basis der zuvor beschriebenen Mehrwerte konkrete Ziele für das Planen, Bauen und Betreiben sowie übergeordnete, wie Zukunftssicherheit oder Wettbewerbsfähigkeit. Ein Ziel sollte dabei abstrakt formuliert werden und mit „Optimierung von ..., Verbesserung von ... oder Risikominimierung von ... beginnen. Überlegen Sie anschließend, welche BIM-Prozesse, also BIM-Anwendungen, zum Erlangen dieser Ziele notwendig sind. Über den prozessualen Einstieg erhalten Sie eine realistische maßgeschneiderte Auswahl an BIM für Ihr Unternehmen oder Ihr Projekt und definieren den Soll-Zustand zum Thema BIM.

- **Von wo starte ich?**
Schätzen Sie sich realistisch ein! Ein Status-quo-Assessment sollte Ihr aktuelles Leistungsniveau, also den Ist-Zustand ermitteln. Dabei kann es auch hilfreich sein, einen externen Berater einen Blick auf Ihr Unternehmen werfen zu lassen. In vorgelagerten Onlineabfragen und Tiefeninterviews berichten Mitarbeiter Externen oft unbefangener aus dem Alltag und geben so eine realistischere Einschätzung zum Status quo. Umso ehrlicher man mit sich ist, desto erfolgreicher startet man in die Maßnahmenermittlung.
- **Welche Maßnahmen sind notwendig für den Faktor Mensch?**
Zunächst einmal ist es eine Kulturfrage. Die Zusammenarbeit in der Kollaboration unterscheidet sich erheblich von der sequentiellen Zusammenarbeit heute. Überprüfen Sie, ob Sie die BIM-relevanten Rollen besetzt haben und ob dieses Rollen nach der Inhalterichtlinie VDI 2552-8 qualifiziert sind. Versuchen Sie, fundamentales BIM-Basiswissen in der Organisation flächendeckend zu vermitteln. Gründen Sie eine Einsatztruppe „BIM“, um die Akzeptanz in der Organisation zu schaffen. Ein einheitliches Verständnis von BIM bindet im Team!
- **Welche Prozesse ändern sich?**
80 % von BIM sind Prozesse! Die BIM-Anwendungen liegen zunächst in den Bereichen Kommunikation, Koordination sowie Kollaboration. Setzen Sie sich mit der Lieferung von Informationen auseinander und weisen Sie Rollen und Verantwortungen zu! Beachten Sie die Wertschöpfung von Information und der dazu notwendigen Qualitätssicherung!
- **Brauche ich Technologien?**
Um bestimmte BIM-Anwendungen durchzuführen, brauche ich Werkzeuge. Software, Hardware und auch Cloud-Lösungen sind im Rahmen der Einführung je nach Anwendungsbereich zu implementieren. Zunächst sind da die BIM-Autorensoftwares, mit denen ich Modelle erstelle, dann gibt es noch Prüf- und Auswertungsprogramme, Simulationsprogramme und Kollaborationstechnologien als Datenaustauschplattformen für Modelle.
- **Welche Daten sind relevant?**
Was sind die wichtigsten Datenaustauschformate, in welcher Qualität und Detailtiefe muss ich Daten zur Verfügung stellen oder kann sie empfangen und verwerten?
- **Was benötige ich an Rahmenbedingungen und nach welchen muss ich mich richten?**
Die werkvertragliche Vereinbarung von BIM ist ein Aspekt neben den relevanten Normen und Richtlinien.

- **Wie funktioniert die Reiseplanung?**
  Stellen Sie sich eine Handlungsempfehlung in Form einer Implementierungsroadmap auf. Die Differenz zwischen dem Vorgefundenen im Statusquo-Assessment und dem Soll-Zustand beschreibt Maßnahmen. Versuchen Sie, diese Maßnahmen realistisch zu priorisieren. Gleichen Sie dieses mit Ihrer Ressourcenplanung ab und lassen sich und anderen den Raum, Neues zu erlernen.
- **Bin ich noch auf dem richtigen Weg?**
  Untersuchen Sie regelmäßig, ob Sie Ihre Etappenziele erreicht haben und passen Sie Ihren Plan entsprechend an.

Fehler machen dürfen und „Beim nächsten Mal besser scheitern“, sind notwendige Freiräume bei der Einführung von BIM. Mit etwas Neugierde, gesunder Skepsis, Disziplin und Spaß werden Sie es schaffen und schon bald wirkliche Optimierungspotenziale spüren.

Unsere eigenen Erfahrungen möchte ich nicht missen, und ich kann mir kaum noch vorstellen, wie wir die Komplexität der Projektbearbeitung noch vor wenigen Jahren dokumentbasiert hinbekommen haben. Ich möchte Sie nun noch mit weiteren Unternehmern bekannt machen, die BIM implementiert haben und uns von ihren Erfahrungen berichten. Eines haben sie alle gemeinsam: Das große Problem bei der Implementierung ist ausgeblieben. Alle sind überzeugt, den richtigen Weg gegangen zu sein. Die Auswahl der Unternehmen ist bewusst auf erfahrene BIM-Planungsanwender im Ausland, neue Planungsanwender im Inland und einen erfahrenen Generalunternehmer gefallen, um eine große Bandbreite an Vergleichbarkeit für Sie zu sichern.

INTERVIEW Paul Lennon, Associate bei Coady Partnership Architects, Irland

Unser Unternehmen beschäftigt derzeit um die 50 Mitarbeiter und wir haben drei Geschäftsführer sowie einen Gesellschafter. Unser Managementteam besteht außerdem aus sechs assoziierten Partnern. Wir sind seit ca. 30 Jahren im Bau- und Planungswesen tätig. Unsere Tätigkeiten sind weit gefächert. Wir arbeiten im öffentlichen und im privaten Sektor mit unseren Auftraggebern zusammen. Da die Rezession in Irland langsam nachlässt, sind wir heute wieder im stark aufstrebenden Wohnungsbau für private und öffentliche Bauherren tätig. Die Größe der Objekte variiert dabei von 20 bis zu 500 Wohnungseinheiten. Im Gesundheitswesen liegt ein weiterer Schwerpunkt der Tätigkeiten. So beplanen wir derzeit die Erweiterungen von Krankenhäusern wie z. B. in Dublin. Ein weiterer Immobilientypus im Gesundheitswesen sind Pflegeheime. Der Hochschul- sowie Schulbau, Bürogebäudebau und die denkmalschutzgerechte Sanierung historischer Gebäude fallen ebenfalls in unser Aufgabenportfolio.

Herr Lennon, wie kamen Sie mit BIM in Kontakt?

Wir sind seit Jahren in einer Gruppe europäischer Architekten involviert, die sich „Perspective" nennt. Es geht um den europäischen Austausch und ein Netzwerk leistungsfähiger Partner. In fast jedem europäischen Land haben wir ein Partnerbüro. In diesem Verbund sind auch weitere niederländische Unternehmen tätig, die schon seit vielen Jahren BIM anwenden. Als wir von der BIM-Methode hörten, hat uns das sehr begeistert. Daher haben wir diese Unternehmen anschließend besucht, um zu sehen, wie dort BIM angewandt wird. Die Einblicke vor Ort untermauerten die anfängliche Begeisterung mit der Abbildung klarer Mehrwerte. Viele unserer Bedürfnisse an eine effiziente, eindeutige und verständliche Planung werden mit der neuen Methodik bedient. Daher haben wir uns sehr schnell entschieden, dass BIM auch etwas für uns ist und dass wir es in unser Büro implementieren möchten. Diese Entscheidung wurde durch den stetigen Austausch mit Planungsunternehmen aus Irland noch gestärkt, die ebenfalls anfingen, eine thematische Auseinandersetzung mit BIM zu führen. Den schwierigen Weg des Einstiegs und der Umstellung sind wir zu Anfang mit einem kleinen BIM-Team von zwei bis vier Personen angegangen. Dieses Team hat sich über die letzten sechs bis sieben Jahre vergrößert und eine entscheidende Rolle bei der Akzeptanz der neuen Planungsmethode gespielt!

Was waren die Beweggründe, damals in den Niederlanden schon Mehrwerte von BIM zu sehen und dann für das eigene Unternehmen endgültig einzuführen?

Wir haben früh gesehen, dass sich mit BIM in der Industrie etwas drastisch verändern wird, und wir wollten von Anfang an dabei sein (early adopter). BIM wird so oder so irgendwann für alle Planungs- und Bautätigkeit ein Standard sein, von daher kann man nicht früh genug mit dem Erlernen dieser Methode anfangen. Wir wollten diese Entscheidung selbst treffen, statt später zur Anwendung gezwungen zu werden. Dabei stand zu Anfang der Fokus auf Verbesserung der Effizienz und der Qualität unserer Planung bei Anwendung der BIM-Methode sowie der Generierung neuer Geschäftsbereiche bzw. -Services.

Herr Lennon, Sie haben schon von Ihrem BIM-Team berichtet! Wie sind Sie an die Implementierung herangegangen?

In Irland gibt es eine Art BIM-Unternehmensberatung, die Schulungen und auch CAD-Support anbietet. Zu diesem Unternehmen haben wir drei Mitarbeiter in eine Softwareschulung entsandt. Im nächsten Schritt entwickelten wir dann innerhalb unseres Unternehmens Bibliotheken, Standards, Systeme und Protokolle. Erfahrung gewannen wir anschließend mit dem Durchführen von BIM-Pilotprojekten. Am Anfang führten wir sicherheitshalber die Projekte parallel durch. Also in unser bewährten 2D-CAD-Methode und zusätzlich mit der neuen 3D-BIM-Software. Für das wirtschaftliche Ergebnis des Projektes war das nicht effizient, für den Wissensaufbau aber schon. Dieser Lernprozess wurde über einige Monate so durchgeführt. Ab einem gewissen Punkt haben wir diese Parallelität dann aber wieder aufgegeben und uns voll auf die BIM-Methode konzentriert. Durch das strukturierte Ausrollen einer BIM-Strategie mithilfe einer BIM-Steuerungsgruppe (Managementteam) und dem Trainieren und Schulen von weiteren Mitarbeitern durch Experten und später durch das eigene Team haben wir sukzessive BIM in alle neuen Projekte integriert. In unserem Büro haben wir nun vier Teams. Jedes Team hat einen BIM-Koordinator, der für das Team als Ansprechpartner da ist und sich regelmäßig mit den anderen Koordinatoren austauscht. Durch unser sehr strukturiertes und organisiertes Arbeiten im Unternehmen und das Erstellen von eigenen BIM-Standards und Trainingsdokumenten sind wir sehr gut positioniert. Ordnerstrukturen, Dateibenennungen, Modellierungsrichtlinien und weitere Aspekte sind unternehmensspezifisch geregelt. Dabei sind unsere Standards nah an den internationalen und nationalen Standards aus Großbritannien (PAS, BS) entwickelt. Wir gehen davon aus, dass die irische Regierung ebenfalls ein ähnliches BIM-Mandat fordern wird wie Großbritannien. Zurzeit überlegen wir, unser Unternehmen für BIM zertifizieren zu lassen. Unser Unternehmen ist bereits ISO 9001- und ISO 14001-zertifiziert.

Welche speziellen Managemententscheidungen waren notwendig, um Ihren Weg gehen zu können?

Es ist und war sehr wichtig, dass das Management das Thema forciert und vorantreibt und im Schulterschluss auftritt. Die größte Investition musste in die Schulung und das Training der Mitarbeiter gesteckt werden, zum Erlernen einer neuen Methode. Auch Hard- und Softwareveränderungen waren notwendig. Insofern waren finanzielle Entscheidungen fällig. Dabei war es uns wichtig, Schlüsselpersonen im Unternehmen zu identifizieren, die ambitioniert sind, mit BIM arbeiten zu wollen, eventuell weitere Mitarbeiter schulen zu können und als Keimzelle im Unternehmen zu funktionieren. Das Ganze braucht jedoch auch seine Zeit. Mit der Softwareschulung ist es nicht getan! Vor allem muss auch das Management lernen, dass nicht nach einer Woche alles umgestellt sein kann, sondern dass das einige Jahre dauert.

Herr Lennon, welche Mehrwerte haben Sie sich anfänglich von der Anwendung von BIM versprochen?

Heute sehen wir all die Mehrwerte erreicht, derentwegen wir damals den Schritt zu BIM getan haben. Wir können jetzt bessere Gebäude in einem qualitativ hochwertigeren und nachhaltigen Design in einem effizienteren, transparenten Planungsprozess erstellen. Zusätzlich sind wir jetzt in der Lage, in allen Phasen eines Projekts eine höhere Informationsqualität durch koordiniertere Informationsverteilung zu liefern. Das bedeutet, dass wir bezüglich des Entwurfs, der Ausschreibung, der Kalkulation bis hin zur Konstruktion und Bauausführung auf der Baustelle weniger Fragen bekommen. Dies dank der genauen Darstellung unserer Ausführungen und der enthaltenen Informationen. Dadurch sparen wir immense Zeit, begleitet vom Entfall diverser Koordinierungstreffen und dem Beseitigen von Fehlern und Versäumnissen. So liefern wir dem Auftraggeber auch eine höhere Qualität. Die Möglichkeiten, die wir durch die BIM-Methodik und die sich fortentwickelnde Technologie erhalten, machen das Leben sehr viel einfacher für uns. Die Probleme werden verständlicher, wenn das digitale Modell im Bereich des Austauschs zwischen Fachdisziplinen, aber auch allen weiteren Beteiligten verwendet wird. Die professionelle Anwendung von BIM verlangt nach klaren Managementstrukturen in verschiedenen Bereichen und ist eine Herausforderung. Es gilt, Protokolle, Standards, Modelle, Prozesse, Projekte, Dateien und viele weitere Punkte zu managen. Allgemein ist aber zu sagen, dass unsere Mitarbeiter sehr glücklich sind, mit BIM arbeiten zu können.

Wurde die beschriebene Entscheidung in der Chefetage geheim gefällt oder wurden die Mitarbeiter informiert und in die Implementierung eingebunden?

Zu Anfang wurden Präsentationen durch unser BIM-Team der gesamten Belegschaft vorgetragen. Unser Prozess im Abgleich zu BIM und der aktuelle Stand der Entwicklung mussten vermittelt werden. Das machen wir aber immer noch so. Die Art dieser Präsentationen hat sich aber mehr zu einem Workshop entwickelt, bei dem die Mitarbeiter mit mehr Erfahrung ihren Kollegen bestimmte Aspekte der BIM-Methode vermitteln können. Diese Workshops und Sessions finden alle zwei Wochen regelmäßig inhouse statt. Des Weiteren werden auch aktuelle Projekte und Normen vorgestellt und erläutert und Erfahrungen zu bestimmten Workflows ausgetauscht.

So kann jeder davon profitieren. Dieser Aspekt ist uns sehr wichtig, da wir nur so den Wissensstand im Unternehmen kontinuierlich erweitern können und vermittelbar machen.

Wie haben sich Ihre Mitarbeiter mit ihrem neuen „BIM-Dasein" identifiziert?

Zu Anfang war ja nur ein Geschäftsführer in einigen wenigen Projekten mit der Thematik befasst. Heute sind sie es alle und das Thema hat sich gefestigt. Die Projekte werden jetzt alle mit BIM bearbeitet. Jeder Mitarbeiter des Unternehmens ist mittlerweile eingebunden und viele sehen auch die Mehrwerte. Es gibt jedoch immer einige wenige ältere Mitarbeiter, die dennoch das ganze Thema nicht richtig fassen können. Aber grundsätzlich war die Akzeptanz da. Wir produzieren heute viel mehr Visualisierungen und Renderings als früher, da wir die Modelle vorliegen haben und stets dafür verwenden können. Diese Möglichkeit ist eine gute Grundlage für Besprechungen und Darstellungen mit den Auftraggebern, was sehr hilfreich ist. Auch bekommen die Mitarbeiter so immer kleine Zwischenergebnisse, die die aktuelle Planung aufzeigen und plausibel machen.

Können Sie einschätzen, welche Investitionen getätigt wurden?

Investitionen haben wir vor allem in Hardware getätigt. Alle unsere Computer wurden auf High-Level-Computer umgerüstet. Im Bereich der Schulungen und Trainings haben wir zu Anfang zwei Wochen pro Person eingeplant. Es braucht ungefähr 6 Monate, bis jemand souverän mit der neuen CAD-Software umgehen kann. Das bedeutet wiederum, dass die Produktivität in diesen 6 Monaten um ein Vielfaches geringer ist. Durch den Lernprozess verlangsamt sich die Arbeitsweise. Dieser Prozess ist jedoch nicht zu vermeiden. Um den Lernenden in der Phase zu unterstützen, wird ihm währenddessen ein erfahrener Mitarbeiter zur Seite gestellt, wie ein Mentor. Durch den Verlust der Produktivität entstehen natürlich auch Kosten, die man bedenken sollte. Im Vergleich zur Investition in Hard- und Software ist der Verlust an Produktivität der höhere Kostenfaktor. Auf längere Zeit gesehen, werden dadurch aber Einsparungen erreicht.

Wir sind sehr froh, dass wir vor fünf Jahren diese Investitionen getätigt haben. Jetzt sind wir sehr gut am Markt positioniert und bekommen die entsprechenden Projekte, die wir auch ohne Schwierigkeiten bearbeiten können. Wir müssen nicht während des aktuellen Projektgeschäfts neue Software erlernen. Diese frühe Investition zahlt sich jetzt definitiv aus. Ein wichtiger Aspekt ist auch unser Firmenimage. Wenn wir jetzt nach neuen Mitarbeitern suchen, finden wir sehr schnell Nachwuchskräfte, die gerne für uns arbeiten wollen. Wir stehen für BIM und für sie ist es eine Chance, nach dem BIM-Master in die Anwendung zu kommen. Dieser Zuwachs durch junge Mitarbeiter ist ein sehr großer Mehrwert für uns.

Welche speziellen Schulungen haben Sie im Management und bei den Anwendern durchgeführt?

Wir erledigen mit BIM als Architekten ja nichts anderes als vorher. Wir wenden nur andere Werkzeuge an und können dadurch in einer besseren grafischen Weise Fehler kommunizieren. Wir erreichen eine höhere Qualität der Informationsverteilung. Insofern war das Erlernen der CAD-Software die eine Sache. Die kollaborative Arbeit eine andere. Anstatt CAD-Zeichnungen zu verteilen, teilen wir heute Modelle und diskutieren, genau wie vorher, inhaltlich. Auftraggeber finden es sehr schwierig, 2D-Zeichnungen zu lesen und zu verstehen. Durch 3D-Modelle und Ansichten wird die Kommunikation in diesem Bereich deutlich verbessert. Verschiedene Planungsvarianten und damit einhergehende Unterschiede können durch diese Werkzeuge effizienter vermittelt werden und Entscheidungsvorlagen unterstützen. Zusätzlich werden die Auftraggeber sicherer in ihrer Entscheidung, da sie sehen, was sie bekommen. Egal ob das ein Wohnungsgebäude oder Krankenhaus ist. Sie sind glücklich mit dem, was sie sehen und dann auch bekommen. Wir mussten kein regelrechtes Kommunikationstraining durchführen, da sich im Grunde nichts an der Arbeitsweise ändert. Projektbeteiligte, die im Projekt dennoch nicht mit BIM arbeiten, binden wir mit 2D-Informationen weiter ein, halten den Rückfluss jedoch im 3D-Modell bereit, um auch diese an die Thematik heranzuführen. Es würde alles vereinfachen, wenn jeder in BIM arbeiten würde.

Wie reagierte die Auftraggeberseite bisher auf die BIM-Einführung?

Einige unserer Auftraggeber hatten noch nichts von BIM gehört. Andere wissen, dass es für die Auftraggeberseite viele Mehrwerte wie Langzeiteinsparung für das Bauwerk gibt. Dennoch benötigen auch diese vor allem mehr Wissen über die Möglichkeiten mit BIM und was durch den

Auftraggeber zu fordern ist. Vor allem muss unterschieden werden zwischen dem Bauherrn und demjenigen, der später das Gebäude betreibt. Beide Seiten müssen analysiert werden, da diese aus unserer Erfahrung oft nicht wirklich miteinander kommunizieren, aber unterschiedliche Anforderungen haben. Der größte Mehrwert liegt im Betrieb und Management des Bauwerks und den integrierten Informationen. Bis dieser Mehrwert erreicht wird, dauert es jedoch noch etwas. Die uns in den letzten Jahren vorliegenden Auftraggeber-Informations-Anforderungen (AIA) waren in Form einer halben Seite ausgeführt. Mittlerweile werden diese immer detaillierter, ca. 20 Seiten, auf denen beschrieben wird, was mit BIM erreicht werden soll.

Kam es zu Komplikationen bei der Einführung oder war es ein Selbstläufer?

Im Bereich IFC-Datenaustausch mussten wir viel testen, bis wir vernünftige Resultate erzielen konnten. Diese Tests waren sehr wichtig, da wir viel mit IFC-Dateien arbeiten. Vor allem Bauunternehmer verwenden diese IFC-Modelle der Planung, um nicht an eine bestimmte Software gebunden zu sein und ihre eigene verwenden zu können. Wir testen vor dem richtigen Projektstart und suchen nach Lösungen, sodass es im Projekt perfekt funktioniert. Dennoch hatten wir keine wirklich großen Komplikationen. Es gibt immer Punkte wie technische Probleme oder Abläufe im Projekt, die ins Stocken gekommen sind. Wir versuchen, Effizienz zu generieren, was wir auch gut hinbekommen, unabhängig von den auftretenden Problemen. Unsere Prozesse sind jedoch sehr strukturiert, sodass wir große Probleme fast schon ausschließen konnten. Jetzt haben wir eine wirkliche Expertise von 145 durchgeführten BIM-Projekten. Die größten Herausforderungen sind die Zusammenarbeit mit anderen Firmen sowie mit ausführenden Unternehmen und Sub-Unternehmen auf der Baustelle. Diese müssen für eine effiziente Abwicklung ebenfalls professionell und auf einem ähnlichen Wissensstand mit BIM sein.

Sie haben vorhin angemerkt, dass die Mehrwerte schon erreicht wurden; gilt das für alle?

Wir spüren diese Mehrwerte heutzutage. Manchmal fragen wir uns im Nachhinein, wie wir einige komplexe BIM-Projekte jemals in 2D bearbeiten konnten. So fragen wir uns, wie es möglich war, den Aufwand in 2D zu managen, die ganzen Ansichten und Schnitte konsistent zu halten und das zu kommunizieren. Heute sehen wir über 100 % der Mehrwerte, und es ist wichtig, BIM zu nutzen. Wir blicken auch stolz auf unsere Entwicklung zurück. Kollisionsprüfungen, Kommunikation und Arbeiten in 3D ist nur der Start von BIM. Im nächsten Schritt geht es um Simulationen und Variantenuntersuchungen in einem sehr frühen Stadium. Die Probleme werden sehr viel früher sichtbar. Wir verlinken unsere Spezifikationen zu unserem Modell. Das wäre in der traditionellen Arbeitsweise mit einzelnen Notizen sehr umfangreich. Außerdem kommen alle unsere Informationen aus einem Modell, also einer konsistenten Informationsquelle.

Kann ein ROI schon zeitlich abgebildet werden?

Es ist sehr schwer, diesen ROI zu messen und zu bewerten. Wir bekommen definitiv mehr Mitarbeiter und Projekte, was man teilweise BIM anrechnen kann. Einiges wird jedoch auch der positiven Veränderung der irischen Wirtschaft zugesprochen. Meiner Meinung nach ist es unmöglich zu sagen, wie viel BIM uns einspart oder kostet. Wir können jedoch sagen, dass wir nicht unbedingt schneller etwas erstellen können. Heute erhalten wir mehr Informationen und können diese in einer viel höheren Qualität kommunizieren. Von den Bauunternehmern auf der Baustelle bekommen wir viel weniger Anfragen, was auf die sehr gute Qualität der Informationen zurückzuführen ist. Das spart uns wiederum sehr viel Zeit.

Herr Lennon, was sind die nächsten Ziele von Coady Partnership Architects?

Unsere kommenden Ziele sind unter anderem, neue Mitarbeiter einzustellen, da unser Büro sehr schnell wächst. Wir möchten uns unbedingt als Unternehmen zertifizieren lassen (BIM Level 2 Business Certification) und unsere Mitarbeiter weiter schulen und fördern, um alle auf einen ähnlichen Wissensstand zu bringen. Unser ganzes System im Unternehmen möchten wir stetig weiter verbessern, um unseren Kunden einen noch besseren Service bieten zu können. Dabei hilft uns BIM!

Herr Lennon, vielen Dank für die spannenden Einblicke. Ich wünsche Ihnen und Ihrem Unternehmen viel Erfolg auf dem Weg dahin!

INTERVIEW Jan Laubach, Geschäftsführer iwb Gruppe

Vorab sei verraten: Die Wahl der richtigen BIM-Software ist dabei sicherlich nicht entscheidend. Entscheidend ist die Mitnahme der Mitarbeiter über alle Stufen des Change-Managements.

Eine Zukunftswerkstatt ist oft ein guter Start. Definieren Sie die BIM-Ziele und die Mehrwerte der BIM-Methode für Ihr Unternehmen, die Sie erreichen wollen. Eine Clusterung in Übergeordnet, Planen, Bauen und Betreiben kann dabei helfen. Laden Sie zum Zieleworkshop alle relevanten Entscheidungsträger und BIM-Verantwortlichen ein. Gründen Sie eine BIM-Taskforce, die aktiv die Implementierung im Unternehmen unterstützt und vorantreibt. Dabei kann es hilfreich sein, einen Berater in das Unternehmen zu holen, der professionell und mit dem Blick von außen unterstützt, mit Ihnen gemeinsam die bisherigen Prozesse und die vorhandene IT-Struktur anschaut und mit Ihnen die für Sie und Ihr Unternehmen geeignete Lösung und die zugehörige Roadmap entwickelt. Die iwb Gruppe, mit ihren verschiedenen Tochtergesellschaften, hat bereits 2017 mit der Implementierung begonnen, denn mittelfristig sieht das Unternehmen mit der Einführung der BIM-Methode Möglichkeiten zur Erweiterung des Leistungsportfolios. Der geschäftsführende Gesellschafter Jan Laubach schildert die Phasen, Erfolge und Herausforderungen:

Initialisierung: Der Einstieg sind die Zieldefinition und die Überlegungen, welche BIM-Anwendungen in Ihrem Unternehmen überhaupt Prozesse optimieren können. Auch ist es wichtig, ein gemeinsames Verständnis von der BIM-Methode zu erhalten. Ein Halbtagesworkshop hilft hier, eine gemeinsame Sprache zu finden.

Herr Laubach, was werden Sie zukünftig anwenden?

Laubach: Wir werden uns im ersten Schritt auf die Generalplanung bis LP 7 für die Leistungsbereiche Gebäudeplanung, technische Ausrüstung und Bauphysik sowie die Tragwerksplanung konzentrieren. Für mich ist aber auch der Bereich der Bestandsdaten und Dokumentation bis hin zur Betriebsübergabe und des Monitorings eine extrem interessante Möglichkeit zur Produkterweiterung der iwb.

Analyse: Um zu verstehen, von wo aus Sie starten, ist es wichtig, den Ist-Zustand im Unternehmen zu erfassen. Dazu eignen sich Umfragen, besonders aber gezielte Interviews mit entsprechender Auswertung. Um eine Struktur der Untersuchung vorzugeben, empfehlen sich die fünf BIM-Faktoren: Mensch, Prozesse, Daten, Technologie und Rahmenbedingungen. Um den eigenen Reifegrad (Maturity-Level) genau zu ermitteln, ist es wichtig, sich realistisch und ehrlich einzuschätzen. Gerade jetzt sollten Probleme und Optimierungspotentiale auf den Tisch gebracht werden.

Herr Laubach, wie haben Sie das in Ihrem Unternehmen gemacht?

Laubach: Wir pflegen in der iwb ein offenes, aber auch konstruktiv kritisches Miteinander. In der Tat haben wir in Vorbereitung auf einen BIM-Workshop „Wo stehen wir?“ Interviews in unseren Unternehmensteilen zu den von Ihnen genannten Punkten durchgeführt, um zu sammeln, von wo aus wir starten. Unter allen diesen Punkten wurde dann ein dicker sachlicher Strich gezogen und dies war die ideale und neutrale Basis, um die nächsten Schritte der Umsetzung einzuleiten.

Definition: Nun gilt es, sich den Maßnahmen zu widmen, die notwendig sind, um den Soll-Zustand zu erreichen. Dazu wird das Ziel-Bild (Soll-Zustand) mit dem Ist-Zustand abgeglichen und jedes auftauchende Delta mit einer Implementierungsmaßnahme belegt. Dieser Maßnahmenkatalog bildet die Grundlage für eine Roadmap, in der die Maßnahmen auf dem Zeitstrahl verteilt werden. Dabei sind die Ressourcen (Personaleinsatz und monetäre Ressourcen) und Auswirkungen auf andere Bereiche zu berücksichtigen. Zusammengefasst haben Sie danach eine Strategie, wie Sie Building Information Modeling im Unternehmen einführen möchten.

Herr Laubach, deckt sich das mit Ihren Erfahrungen und war es für Sie ein erfolgreiches Vorgehen?

Laubach: Auf dem Papier ist dieses Vorgehen richtig. Aus der Erfahrung der Vergangenheit kann ich neben der grundsätzlichen Zustimmung zur Vorgehensweise zum Aufstellen einer solchen Roadmap nur folgende Hinweise geben: Überlegen Sie, wenn Sie ebenfalls wie wir über mehrere Unternehmensteile und Niederlassungen verfügen, wo und mit wem Sie starten. Nehmen Sie alle Führungskräfte aus Ihrem Unternehmen beim Aufstellen und Fortschreiben der Roadmap mit, damit sich die Unternehmensbereiche auf die Kapazitätenbeistellungen, aber auch im Einzelfall auf verlangsamte Projektprozesse einstellen können. Stellen Sie eine ehrliche Roadmap auf. Nichts frustet die Mitarbeiterinnen und Mitarbeiter mehr und nichts raubt Ihnen mehr die Akzeptanz von BIM als die Mitteilung von wiederholt nicht eingehaltenen Teilzielen.

Umsetzung: Die Phase der Maßnahmenbegleitung entlang der fünf BIM-Faktoren ist die aufwendigste und längste. Da alle Beteiligten ein fundamentales Wissen haben sollten, bietet sich zum Start eine Basisschulung nach den Grundlagen der VDI/bS Richtlinie 2552 Blatt 8.1 an. Denken Sie auch darüber nach, ob in VgV-Verfahren der Nachweis der BIM-Kompetenz für Sie relevant werden sollte, denn dann mündet die Schulung in die Zertifizierung.

Herr Laubach, welche großen Maßnahmen sind Sie bereits angegangen und wo lagen die Herausforderungen?

Laubach: Die größte Herausforderung war, dass vor dem eigentlichen „Go" erst einmal Prozesse und Strukturen in der allgemeinen IT und der Projektabwicklung definiert und vereinheitlicht werden mussten, die grundsätzlich gar nichts mit BIM zu tun hatten. Bedeutet: Es wird viel im Hintergrund vorbereitet und die Mitarbeiterinnen und Mitarbeiter merken gar nichts vom eigentlichen BIM. Auch hier ist eine sehr aktive Kommunikation im Unternehmen wichtig. Und: Zu viel Demokratie schadet in diesem Prozess. Es ist einfach nicht möglich, jede Veränderung im Prozess – hier ist im Übrigen auch eine große Schnittstelle zu QM – basisdemokratisch zu entscheiden. Es muss zentral aus dem BIM-Wissen agiert und entschieden werden. Für uns war ein ganz wichtiger Schritt, das Erlernte intern als auch extern kommunizieren zu können. Sozusagen als erreichter Meilenstein. Auch aus diesem Grund haben wir mehrere Mitarbeiter nach der Richtlinie zertifizieren lassen. Das kommt auch in Akquisitionsgesprächen gut an.

Pilotierung: Bei der Pilotierung gilt es zu beachten, dass die Auswahl des Projekts realistisch sein sollte. Suchen Sie sich ein Projekt aus, das zeitlich und in der Honorierung auskömmlich ist. Die Pilotierung sollte bestenfalls intern erfolgen, ohne dass bereits die Anforderungen von Auftraggebern erfüllt werden müssen. Da macht es auch manchmal Sinn, retrospektiv auf ein bestehendes Projekt zu schauen und dazu eine Bewertung durchzuführen.

Herr Laubach, warum haben Sie das Projekt Hellwinkel herangezogen, obwohl es bereits realisiert wurde?

Laubach: Das Projekt „Zwilling/Hellwinkel" bot sich aus mehreren Gründen für die Pilotierung an: Zum einen war der eigentliche Generalplanungsprozess abgeschlossen und die zugehörigen Gebäudeplanungs- und Fachplanungsleistungen wurden komplett von iwb-eigenen Mitarbeitern im Vorfeld durchgeführt. Die Planung lag auch – wie es bei uns

Standard ist – komplett in 3D vor. Zum anderen präsentiert diese Objektart (Wohnen mit Gewerbeunterlagerung und Tiefgarage) einen großen Leistungsbereich unseres Unternehmens, sodass wir hier natürlich eine große Streuwirkung auch in die anderen Niederlassungen generieren.

Rollout: Wenn Sie nun in der Anwendung sind und Ihre Erfahrungen umsetzen, Standards und eventuell neue Software nutzen, ist es wichtig, zu überprüfen, ob Sie eventuell Kurskorrekturen vornehmen sollten. Dabei ist auch ein besonderes Augenmerk auf die Informationsverbreitung des Erfahrenen zu legen. Ein Firmenwiki oder entsprechende Projektabschlussblätter mit dem Fazit der BIM-Anwendung können helfen.

Herr Laubach, Sie rollen die Methodik auch standortübergreifend in den verschiedenen Unternehmensbereichen aus. Wie geht da z. B. eine mittlere Managementebene mit um?

Laubach: Gleich zu Beginn unseres BIM-Projekts haben wir im Intranet einen eigenen Pfad eingerichtet, der allen Mitarbeitern zugänglich war. Dort wurden Präsentationen, die Fortschreibung der Roadmaps und Veröffentlichungen rund um das Thema BIM eingestellt. Die Erfahrung heute zeigt: Das Medium wird viel zu wenig genutzt. Besser sind sogenannte Splitter oder News, die sofort beim Öffnen des Intranets erscheinen und unmittelbar in Text- und Bildform wahrgenommen werden. Sehr wichtig ist es auch, Mitarbeiter in den dezentralen Standorten nicht nur über die Informationskette des mittleren Managements mitzunehmen, sondern aktiv durch die BIM-Verantwortlichen, die in den noch nicht beteiligten Bürostandorten Präsentationen zeigen, damit „praktisch“ erkannt wird, was BIM bedeutet und wie der aktuelle Stand ist. Ein Erfolgsfaktor ist besonders wichtig, der Mensch. Der Zusammenhalt in der BIM-Taskforce, deren über Jahre kontinuierliche Zusammensetzung und die Fähigkeit der Projektleitung, mit Menschen umzugehen, sind mitentscheidend für das **gute Gelingen der Implementierung**.

Herr Laubach, vielen Dank für die spannenden Einblicke. Ich wünsche Ihnen und Ihrem Unternehmen weiterhin viel Erfolg bei der Anwendung der BIM-Methode!

INTERVIEW Dipl.-Ing. Richard Wilbert, Abteilungsleiter Hochbau bei Brendebach Ingenieure

Unser Büro wurde 1973 durch Dipl.-Ing. Georg Brendebach gegründet. Zurzeit haben wir ca. 100 Mitarbeitende. Die Hochbauabteilung hat inzwischen 54 Mitarbeitende. Weitere Abteilungen sind unsere Tiefbauabteilung sowie unsere Prüfabteilung für statische Berechnungen und das Sachverständigenwesen. Die Leistungsbilder der Hochbauabteilung sind im Allgemeinen Ingenieurbauwerke und Tragwerksplanung nach HOAI § 64, bezogen auf die Leistungsphasen eins bis acht. Zusätzlich bearbeiten wir im Sachverständigenwesen thermische Bauphysik, Wärmeschutz und Energiebilanzierung, Bauakustik sowie Brandschutzgutachten. Die Auftraggeber sind üblicherweise private Bauherren, aber auch Investorengruppen, Generalplaner und Generalunternehmer und natürlich die öffentlichen Auftraggeber über VGV-Verfahren. Wir bearbeiten Projekte aller Größenordnungen, angefangen bei der Aufstockung eines Hühnerstalls bis zum großen Einkaufscenter/Krankenhaus/Fabrikgelände.

Herr Wilbert, wie waren Ihre ersten Berührungspunkte mit BIM?

Die erste Berührung hatte ich im Jahr 2010 im Zusammenhang mit einem Projekt in Köln. Damals hat uns ein niederländischer Generalunternehmer erste Einblicke in das Thema gegeben, als er aus der Anwendung der BIM-Methode in den Niederlanden berichtete. Unter anderem die 3D-Kollisionsprüfung zwischen Haustechnik und Tragwerksplanung wurde beeindruckend dargestellt. Anschließend haben wir in dem damaligen Büro mit der 3D-Planung in der Tragwerksplanung angefangen. Im Büro Brendebach konnte ich als Abteilungsleiter die Büroleitung sehr schnell von der Planungsmethode BIM überzeugen und erhielt 2012 den Auftrag, unser Büro für diese Planungsmethode zu befähigen. Aus heutiger Sicht (2022) hilfreich und interessant waren in dieser Phase der Recherche auch Artikel in Fachzeitschriften. Im Jahr 2013 gab es jedoch noch nicht so viele Artikel zu diesem Thema. Darauf aufbauend habe ich mir durch Internetrecherchen, den Besuch von Tagungen und im Weiteren durch den Kontakt zu einem Interessenverbund zum Thema BIM mehr Wissen in diesem Bereich angeeignet. Der Verbund ist eine Initiative von BIM-interessierten und BIM-erfahrenen Planern und Dienstleistern, wo wir dann auch Partner geworden sind. Intensiviert wurde der Kontakt zu BIM auch durch das Schulungsangebot der ersten deutschen BIM-Akademie, in der ich die Grundlagen-, Fortgeschrittenen- sowie die BIM-Managementschulungen erfolgreich absolviert habe. Inzwischen bieten auch die Kammern

Seminare an, auch diverse Anbieter von Schulungen sind inzwischen in der Lage, nach den Anforderungen des internationalen Zertifizierungsprogramms „Professional Certification – Foundation“ von buildingSMART International sowie der Richtlinie VDI/bS-MT 2552 Blatt 8.1 die Ausbildung „BIM Basis Anwender“ anzubieten. In Kürze wird dann auch die zweite Qualifizierungsstufe gezündet, dieses Thema wird an anderer Stelle in diesem Buch behandelt.

Was waren die Beweggründe, BIM auch für das eigene Unternehmen einzuführen?

Die Beweggründe sind, ein innovatives Alleinstellungsmerkmal für das Unternehmen zu entwickeln, konkurrenzfähig zu sein, frühzeitiger den Einsatz einer innovativen Planungsmethode zu ermöglichen, bei dem Entstehungsprozess von BIM in Deutschland auch mitzuwirken und langfristig Vorteile durch die entstehenden Synergien zwischen den Fachplanern, aber auch im Büro zu nutzen. Mittlerweile hat sich die Erkenntnis durchgesetzt, dass der Einsatz der BIM-Planungsmethode nach Anfangsschwierigkeiten vorteilhaft ist. Nachweislich auch dadurch, dass Projekte mit BIM-Bezug bei uns konkret und vermehrt aufgrund unserer erworbenen Qualifizierung angefragt werden.

Wie sind Sie an die Implementierung herangegangen?

Bis 2012 erfolgte die Bearbeitung unserer Projekte immer in 2D, da unser eingesetztes Programm auch nur 2D ausgab. Das hieß für uns, dass wir Investitionen in neue Softwareprodukte tätigen mussten, um eine 3D- und anschließend BIM-Planung durchführen zu können. Da wir nicht das ganze Büro auf diese neue Software umstellen wollten, haben wir damals in einem ersten Schritt sogenannte Konstruktions-Kernteams gebildet. Das erste Team wurde mit Nemetschek Allplan zur Bearbeitung der ersten 3D-Projekte ausgestattet. Die Mitarbeitenden im Kernteam erhielten entsprechende Softwareschulungen. Im Rahmen der ersten deutschen BIM-Akademie haben wir dann das Interdisziplinäre für die Anwendung der BIM-Methode mit den anderen Fachdisziplinen geübt. Sehr wichtig waren in diesem Zusammenhang der Datenaustausch zwischen den Fachdisziplinen und die Qualitätsüberprüfungen z. B. mit dem Model Checker, auch anhand von Übungsprojekten. Wir haben gemerkt, dass man mit den in der Akademie gelehrten Aspekten sonst erst in Projekten konfrontiert wird und dort einfach dafür kein Zeitrahmen existiert. BIM kann ich nicht allein üben, es reicht nicht, nur mein Werkzeug zu beherrschen. Über den Projektbedarf haben wir ein zweites Konstruktions-Kernteam an einem anderen Standort gegründet. In diesem wird Autodesk Revit verwendet. Ein größerer Auftraggebender hat dieses Team, wie auch Architekten und TGA-Planende in einem gemeinsamen Projekt unterstützt. Hier wurde lediglich die Nutzung einer CAD-Software vorgeschrieben. Alle diese Teams mussten von null auf hundert diese Softwareumstellung mitmachen. Der Auftraggebende hatte bereits eine umfangreiche Expertise und konnte die Teams dementsprechend gut schulen. Auch wurde den Projektteams für die erste Bearbeitung genügend Bearbeitungszeit und eine auskömmliche Honorierung gestellt. Es ist eine angenehme Situation, wenn man weiß, dass alle von der gleichen Stelle aus starten. Da hat man nicht den Zampano, der sich aufspielt und das Team sprengt! Weitere zusätzliche Inhouse-Schulungen wurden durchgeführt. Die Kombination aus CAD-Softwareschulungen und interdisziplinärer Schulung ist sehr hilfreich. Unsere Kompetenzteams werden weiterhin parallel weiterlaufen, sodass wir die Bearbeitung mit zwei verschiedenen Softwareprodukten anbieten können und das Team je nach Projekt zusammenstellen. Momentan werden in unserem Kompetenz-Team „Revit“ mehrere Wohnungsbauprojekte, Verwaltungsgebäude, Krankenhäuser und Schulen abgewickelt. Unser Kompetenz-Team „Allplan“ bearbeitet ein großes Krankenhausprojekt in Norddeutschland mit einem Bauvolumen von rund 100 Millionen Euro, gleiches läuft noch bis 2025 mit REVIT an einem anderen Krankenhausstandort in Süddeutschland.

Herr Wilbert, welche Managemententscheidungen waren notwendig?

Zuallererst Überzeugungsarbeit in der Geschäftsführung, aber auch innerhalb des Büros. Wozu sollen wir etwas ändern, wenn seit 30 Jahren die Abläufe funktionieren? Dies war die größte Herausforderung. Dennoch gab es vereinzelt auch Mitarbeiter, die sofort die Innovation sahen. Diese zu motivieren und sie dann richtig einzusetzen, lässt sie als Multiplikator agieren. Außerdem wurde klar entschieden, dass die Umstellung nicht das ganze Büro betreffen darf, sondern zunächst durch das Bilden von BIM-Kompetenzteams angegangen wird. In einer weiteren Entscheidung wurden dann die passenden Softwareprodukte ausgewählt und installiert. Wir haben im Übrigen gemerkt, dass viele Büros ebenfalls zwei BIM-fähige Produkte einsetzen. Dies liegt auch daran, dass die Auftraggeber zwischen den Zeilen ein Modell in der eigenen verwendeten Programm- und Datenstruktur als native Datei fordern. Insbesondere 4D- und 5D-Anwendungen der Auftraggeber verlangen danach. Dazu ist jedoch zu sagen, dass die IFC-Schnittstelle sich in der letzten Zeit sehr verbessert hat. Darin liegt ein großes Potenzial für die Zukunft, wir bearbeiten diverse Schwimmbäder,

Wohngebäude und eine Bausystementwicklung in der openBIM-Methode, und das läuft weitgehend gut. Hier und da haben auch heute noch die Programme Schwierigkeiten, aber es bewegt sich etwas.

Welche Mehrwerte haben Sie sich von der Einführung versprochen?

Am Anfang waren wir da ziemlich blauäugig. Man verspricht sich in diesem Zusammenhang Zeitvorteile, vor allem im Zusammenspiel zwischen Architektur, Haustechnik und Statik. Das bezieht sich aber immer nur auf die Konstruktion. BIM ist jedoch viel mehr. Die Möglichkeit, ein Modell, welches sowieso schon vorhanden ist, in einem Statik-Programm einzulesen und anschließend zu nutzen, funktioniert noch nicht so richtig, dies wird bei uns aber gerade forciert angegangen. Dies liegt unter anderem auch daran, dass bestimmte Dinge im Modell realitätsnah abgebildet werden und so zu Problemen im Statik-Modell führen (sogenannte mathematische Singularitäten ...). Auch da gibt es Lösungsansätze von den Softwareanbietern ... Die Mehrwerte als solche wird es zukünftig aber geben. Ein weiterer Mehrwert ist, dass man in Leistungsphase 3 nach HOAI schon ein erstes Modell generiert und so die Möglichkeit besteht, sehr frühzeitig im Entwurf statisch das Gesamtmodell bezüglich Kosten, Nachhaltigkeit und Lastabtrag etc. zu betrachten. Im Normalfall sucht man sich im Entwurf in der Statik nur die kritischen Bauteile heraus und überprüft, ob der Querschnitt passt. Bei einem Gesamtmodell erkennt man bereits in dieser Phase schon ungünstige Situationen. Außerdem besteht die Möglichkeit, schon frühzeitig den Lastabtrag zu ermitteln und diese Informationen an den Bodengutachter weiterzugeben.

Wie haben Sie die Mitarbeiter informiert und in die Implementierung eingebunden?

Anfangs habe ich vereinzelt Mails mit Informationen zu BIM im Büro versandt, um das Interesse zu wecken. Anschließend gab es eine Inhouse-Veranstaltung, in der die Möglichkeiten eines 3D-Modells dargestellt wurden und wie die Ableitung einzelner Bauteile funktioniert. Beispielsweise wurde eine Wand aus dem Modell heraus bewehrt. Anschließende Änderungen am Gesamtmodell haben einen direkten Einfluss auf diese Bewehrung, die automatisch/interaktiv angepasst wird. Diese Funktion ist in letzter Zeit verbessert worden und führt definitiv zu weniger Fehlern. Die Vorteile der BIM-Arbeitsmethode mit regelmäßigem Modellabgleich wurden deutlich und überzeugten auch die ärgsten bürointernen Kritiker.

Gab es Unterstützung von Kammern oder Verbänden?

Nein, da gab es damals keine Unterstützung. Die Kammern und Verbände waren 2013 noch nicht so weit. Ich erinnere mich, 2013 bei einem BIM-Kongress in Darmstadt von einer hochstehenden Person der Architektenkammer pure Abneigung gehört zu haben. Aktuell ist wahrnehmbar, dass die Ingenieurkammer in diesem Bereich vermehrt aktiv ist.

Wie wurde die Entscheidung zu BIM bei den Mitarbeitern aufgefasst?

Zunächst waren sie ablehnend! Die einzelnen Teammitglieder, die in den Kompetenz-Teams damit arbeiten, waren sehr schnell überzeugt. Wichtig für den Einzelnen ist, dass man jemanden ansprechen kann und merkt, dass BIM funktioniert. Werden wir heute gefragt, wie viele Projekte BIM-konform wir annehmen können, dann sagen wir: So viele ihr wollt, wir vergrößern dann die Kompetenz-Teams. So wächst der Anteil der BIM-Mitarbeiter proportional zu den BIM-Projekten stetig weiter.

Welche Investitionen wurden getätigt?

Man kann durchaus von einem oberen fünfstelligen Bereich sprechen. Man kann im Mittel ca. 10–15 Tsd. Euro pro Kopf rechnen. Darin sind CAD- und Statik-Arbeitsplätze enthalten.

Welche Schulungen haben Sie im Management und bei den Anwendern durchgeführt?

Man muss hier unterscheiden zwischen Management, Tragwerksplaner und Modellierer. Im Unternehmens-Management geht es beim Schulungsbedarf eher um die Themen HOAI und BIM sowie rechtliche und technische Themen. Beim Tragwerksplanenden ist es eher das Zusammenspiel zwischen CAD-Programm der Modellierenden und Nutzung des Modells in der Analysesoftware. Die reine Softwareschulung (CAD) ist überwiegend für die Modellierenden wichtig. Eine große Umstellung ist zum Beispiel das Einpflegen von Attribuierungen/Informationen sowie die erheblich aufwendigeren regelmäßigen Modell-Überprüfungen und die Abarbeitung der bei der Kollaboration erstellten BCF-Dateien (Fehlerzuweisung im Modell per Mail). Als Modellierende werden sowohl Konstrukteure, die als Zeichner ausgebildet wurden, aber auch Ingenieure eingesetzt. Nachdem nun durch buildingSMART eine Zertifizierung als „BIM Basis Anwender" und in Kürze auch die nächste Stufe „Professional Certification – Practitioner" ermöglicht wird, werden wir sukzessive unsere Mitarbeitenden BIM-Fachkräfte sowie weitere zu unseren Kernteams hinzukommende

Mitarbeitende an diesen Fortbildungen teilnehmen und die entsprechenden Prüfungen ablegen lassen. Dies gilt sowohl für Projektleitende im Bereich der Statik als auch für die Konstruktion.

Wie reagierte die Auftraggeberseite auf die BIM-Einführung?

Das ist ganz unterschiedlich. Manche reagierten anfangs zögerlich und hielten das Thema für eine Spinnerei. Das sind meistens die, die sich nicht richtig informiert haben oder von Dritten irgendetwas Negatives erzählt bekommen haben. Auf der anderen Seite gibt es aber auch immer mehr BIM-Forderungen, z. B. bei VGV-Verfahren der öffentlichen Hand. Hier ist zurzeit ein massiver Umbruch beim Personal und der Hinführung zur Planungsmethode BIM erkennbar, teilweise sind dort sehr kompetente und visionäre Mitarbeitende aktiv. Vor allem bei öffentlichen Aufträgen erscheint vermehrt die Forderung, das Projekt in 3D, in BIM oder mit bestimmten Programmen zu bearbeiten. Interessant ist, dass im privaten Sektor das Thema BIM im Hochbau immer noch weiter ist als im Tiefbau. Im öffentlichen Sektor ist es genau umgekehrt. Seit dem Stichtag 2020 sind wir nach anfänglichen besonders hohen Anforderungen im Büro auf jeden Fall sehr gut aufgestellt und sehr gut vorbereitet auf eine Vielzahl von BIM-Projekten in openBIM und closedBIM.

Wann kamen die ersten Auftraggeber mit der BIM-Bedingung auf Sie zu?

2010 wurden in der Angebotsfrage durch den damaligen Generalunternehmer schon Bedingungen, wie zum Beispiel interaktives 3D-Planen und ständiges Abgleichen des Modells, gefordert. Bei den öffentlichen Auftraggebern durch VGV-Verfahren. Die Ausschreibungen waren tendenziell jedoch auf „Ich hätte gerne ein BIM" ausgelegt, inzwischen werden im besten Falle konkrete Auftraggeber-Informationsanforderungen vorgegeben. Es gibt jedoch auch Unterschiede bei den Auftraggebern. Diejenigen, die sich über das Thema BIM schon informiert haben, gehen in dieser Hinsicht hochprofessionell damit um.

Kam es zu Komplikationen bei der Einführung?

Und ob! Die gab es! Solche Komplikationen gab es aber früher auch und wird es in Zukunft auch immer geben, wenn man etwas Neues einführt und erlernen muss. Man muss im Voraus Zeit investieren, bevor man richtig anfängt, im Projekt zu arbeiten. Das rentiert sich spätestens dann, wenn man im Projekt Dinge nicht mehr doppelt erledigen muss. Die Komplikationen lagen zum einem darin, dass wir zum Beispiel von null auf hundert mit der Software in das Projekt eingestiegen sind. Die Software war unbekannt. Innerhalb von 14 Tagen wurde entschieden, die Software zu kaufen, zu schulen und nach 14 Tagen mit der Bearbeitung zu beginnen. Durch eine gute Betreuung und da alle auf dem gleichen Anfangswissensstand waren, wurden diese Schwierigkeiten gelöst. Es entstand dadurch ein Teamgedanke und ein Wir-Gefühl, was sehr wichtig war und ist. Die andere Komplikation war die andere Herangehensweise an Projekte. Durch die Ableitung der Pläne aus dem Modell und anschließende wöchentliche Projektsitzungen, auch zur Abstimmung von Problemen in den Modellen, entsteht ein hoher Zeitaufwand, der sich jedoch im Projektfortschritt verringert.

Sind die Mehrwerte, die Sie sich versprochen haben, (schon) erreicht worden?

Mehrwerte sind inzwischen nach 10 Jahren deutlich erkennbar. Tatsache ist, dass wir während des ersten Projekts die dreifache Zeit benötigt haben. Das lag sicherlich auch daran, dass wir in der Konstruktionsabteilung die Arbeitsweise von 2D-Linien ziehen auf 3D-Bauteile modellieren mit allen erforderlichen Attributen und Bauteileigenschaften umstellen mussten und damit völliges Neuland betraten und dann auch noch eine wesentlich anspruchsvollere Software neu erlernen mussten. Heute kann ich sagen, dass wir nah an der Zeit sind, die wir früher für ein Projekt gebraucht haben. Bis man so eine Methode mit allen technischen und ablauftechnischen Besonderheiten beherrscht, vergeht gerade am Anfang sehr viel Zeit. Wenn die Handhabung funktioniert, sind Sie vielleicht 5 bis 10 % schneller als früher. Das wird etwa nach zwei Jahren Projekterfahrung eintreten. Im Vorteil sind da sicherlich diejenigen, die bereits seit Jahren mit 3D-Software konstruieren und somit vielleicht nur die Umstellung auf die Planungsmethode BIM erlernen müssen, das geht natürlich schneller ...

Unglaublich wichtig ist, dass die einzelnen Fachdisziplinen ein bereits eingespieltes BIM-TEAM sind und in Projekten bereits erfolgreich zusammengearbeitet haben. Andernfalls muss sich jedes BIM-TEAM im Projekt erst einmal aufeinander einspielen, und das kann dauern ...

Kann ein ROI zeitlich abgebildet werden?

Der ROI wird etwas mehr als zwei Jahre brauchen. Es ist schwer, hier eine Aussage zu treffen, denn das hängt natürlich direkt davon ab, ob man von 2D- auf 3D-Modellierung und dann in die Planungsmethode BIM einsteigt oder ob nur der Schritt der BIM-Methode zum 3D-Planen hinzukommt. Dieser ROI kann sich unterschiedlich darstellen. In monetärer Sicht, aber auch durch Vereinfachung von Abläufen oder die schnellere Generierung von Plänen.

Leider wird ein guter Teil des ROI durch stetig steigende Lizenzgebühren der Softwareanbieter aufgezehrt. Das gilt im Übrigen bei den meisten Anbietern. Ich spreche hier von Kostensteigerungen auf das Doppelte bis Dreifache gegenüber der ursprünglichen Software vor BIM …

Auch die Einarbeitung wichtiger Daten für die Statik-Berechnungsmodellbearbeitung kann zu einer erheblichen Verbesserung der Projektbearbeitungszeiten führen, wenn sie frühzeitig durchdacht und entsprechend gelebt wird. Generell werden durch die Modellunterstützung weniger Fehler gemacht. Das schafft erhebliche Planungssicherheit.

Man muss aber auch festhalten, dass regelmäßige erhebliche Investitionen in die Software (in letzter Zeit deutliche Änderungen der Softwarelizensierung und erheblich höhere Kosten) sowie Schulungen der Mitarbeitenden erforderlich sind. Wer hier aufhört zu rudern, wird von der Strömung zurückgetragen …

Haben sich die Rollen und Leistungsbilder im Büro verändert?

Sie haben sich in der Hinsicht verändert, als die Bereiche Konstruktion und Statik nicht mehr so stark abgegrenzt sind. Das heißt, dass diejenigen, die das Gebäude modellieren, etwas mehr Verständnis für Statik haben sollten und umgekehrt diejenigen, die das Gebäude statisch berechnen, auch mehr Verständnis für die Konstruktion haben sollten. Hier ist es wichtig, zu erörtern, was die einen von den anderen Beteiligten erwarten. Die Bezeichnung des Modellierenden verdeutlicht schon sehr gut, dass eine Veränderung stattfindet. Es ist keine Konstrukteurin oder Zeichnerin mehr, sondern Mitarbeitende, die das Gebäude aus einzelnen Bauteilen und nicht mehr aus Strichen zusammensetzen. Vor 10 Jahren wurde das 3D-Statikmodell komplett im Statikprogramm neu eingegeben und als Drahtmodell gezeichnet. Die Zukunft liegt darin, dass dieses Modell durch die Modellierenden generiert und auf dieser Basis eben das Finite-Elemente-System gebaut wird. Ein Teil dieser Zeichen- bzw. Modellierungsarbeit wird wegfallen und es wird sich mehr auf die Statik konzentriert. Einzelne Büros praktizieren das schon, manchmal kommt da leider noch ziemlicher Müll bei raus … Hier sind unbedingt Erfahrungen in der Statik erforderlich, um evtl. in der Modellübertragung erfolgende

Modellierungsfehler zu erkennen und zu beheben. Andernfalls sind hier die Prüfingenieure gefordert ... Diese Arbeit wird also verlagert.

Sogenannte BIM-Koordinatoren werden bei uns in Form der Projektleitenden eingesetzt. Diese Bezeichnung muss sich erst herauskristallisieren. Ich kann mir jedoch nicht vorstellen, dass ich eine komplett neue Stelle für BIM-Koordinatoren schaffe, die nichts anderes mehr tun, als Modelle zu koordinieren. Es wird wohl projektspezifisch ein Teammitglied sein, das diese Aufgaben übernimmt. In größeren Projekten haben wir immer Verantwortliche, die die Kommunikation zwischen extern und intern unabhängig vom Projektleitenden leiten, wir nennen diese Planungskoordinatoren.

Wie sehen Sie in der Praxis die Leistungsverschiebung innerhalb der frühen Leistungsphasen?

Es gibt definitiv eine Verlagerung, die jedoch beleuchtet werden muss! Wenn in der Leistungsphase 3 ein Modell vorliegen soll, haben die Tragwerksplanenden in diesem Bereich einen Mehraufwand durch einen früheren Berechnungsbedarf. Dies hat aber auch Vorteile, da früh Betonmengen, Stahlmengen und Lastabträge abgeleitet werden können. Das setzt aber voraus, dass an diesem Modell zu diesem Zeitpunkt schon intensiv gearbeitet wird. Im Endeffekt ist es möglich, bestimmte Honorarteile nach vorne zu verschieben, dadurch entsteht Mehrwert. Zum Beispiel sind in der Tragwerksplanung früher relativ sichere Massen und vorgezogene Lastabträge möglich, was in der HOAI bzw. AHO – Heft 3 (aktuelle Auflage 2021) als besondere Leistung ausgewiesen ist. Auftraggebende, die sich intensiv mit dem Thema auseinandersetzen, wissen von den entsprechenden vorgezogenen Mehraufwänden der BIM-Planung, die dann auch durch einen Mehrpreis bzw. vorgezogene besondere Leistungen vergütet werden können. Gleichzeitig gibt es Minderungen in den weiteren Leistungsphasen, wenn dort dann besondere Leistungen wegfallen sollten.

Wann begann der Punkt der höheren Produktivität?

Dies ist bei uns nach etwa 2 bis 2,5 Jahren in den BIM-Kompetenzteams eingetreten. Und zwar nach Bearbeitung von mehreren verschiedenen Projekten in der Planungsmethode BIM mit unterschiedlichen und unterschiedlich qualifizierten Planungsteams.

Was sind die nächsten Ziele?

Die Optimierung der Bearbeitung von BIM-Projekten im Planerteam (Reduzieren des Zeitaufwands im Sinne von ... so viel wie nötig, so wenig wie möglich ...), die Reduzierung von Abstimmungsrunden der Fachplanenden, die Wiederentdeckung des „Wir“ in Bauvorhaben und das Entwickeln des Teamgedankens am Bau. Womit wir beim Thema LEAN und BIM ankommen, aber das ist ein anderes hochinteressantes Thema.

Ich halte es für besonders wichtig, dass wir Planende uns als TEAM auch intensiv beteiligen an der Erstellung der Projektabwicklungspläne (BAP) und dies nicht ausschließlich dem BIM-Management überlassen. Das setzt ein weitgehendes Verständnis und Interesse an der Planungsmethode BIM voraus.

Unbedingt erforderlich ist eine weitere schnelle Verbesserung der BIM-Kompetenzen auf der Seite der Auftraggebenden und Bauämter. Auch der digitale Bauantrag nimmt vermehrt Fahrt auf, das begrüße ich sehr. Und damit das klar ist, ich meine damit nicht, dass man PDF-Dateien einreichen bzw. in einem Internetportal hochladen kann. Hier ist das Ziel, dass ein fertiges BIM-Modell im ifc-Format eingereicht werden kann und dann z. B. mit Solibri o. ä. Software mit vorgefertigten Prüfroutinen auf Basis der Musterbauordnung abgeprüft wird!

So wie das in Singapur bereits seit 2003 (also seit fast 20 Jahren!) praktiziert wird.

Klar, dazu müssen auch die Brandschutzsachverständigen, die Bauphysiker und die Prüfingenieure für Baustatik eingebunden werden. Da geht noch was, wie meine Enkel zu sagen pflegen ...

Herr Wilbert, ich bedanke mich für das Interview und hoffe sehr, dass Ihr Ziel, den Teamgedanken am Bau voranzutreiben, schnell erreicht wird!

Implementierung bei Bau- oder Generalunternehmern

Oft hören wir, dass gerade die Generalunternehmer die Methode bereits im Unternehmen etabliert haben und für sich nutzen. Denn wer im Infrastrukturbau in Deutschland tätig ist, musste sich auf Grund des Stufenplanes ja bereits mit der Methode beschäftigen. Die Pilotprojekte der Ministerien werden ja bereits professionell abgewickelt. Aber wie fing den das alles einmal an? Auch die GUs müssen ja mal irgendwie angefangen haben. Sehr oft stehen Generalunternehmer sowieso in enger Verbindung zu anderen Bauunternehmen, zu Softwareherstellern und zu Universitäten und haben sich bereits mit der Methodik auseinandergesetzt oder sind bereist Anwender. Federführend seien hier die Fa. Max Bögl, Züblin, BAM, Köster, Implenia und Hochtief Vicon genannt. Gemeinsam hatten einige diese Unternehmen bereits sehr früh mit dem Institut von Prof. Berner an der Universität Stuttgart eine Interessengemeinschaft gegründet. So konnte ein gesunder Erfahrungsaustausch dazu beitragen, die Anwendung zu etablieren. Auch sind zunehmend Unternehmen Mitglied bei buildingSMART und den angeschlossenen Möglichkeiten des Austausches. Andere Unternehmen des Mittelstands nähern sich gerade erst der Methodik, weil ihr Schwerpunkt vielleicht nicht im Infrastrukturbau liegt, oder der Berührungspunkt noch nicht gegeben war. Für Sie möchte ich aus der Erfahrung in den Unternehmen berichten, wo wir als Berater eingebunden waren oder wo wir im Rahmen der Mitarbeiterausbildung tätig sind. Im folgenden Interview schildert Heinrich Lünenschloß, Teamleiter Digital Construction & BIM in der Bauprozessoptimierung bei Köster, *anschaulich den Weg der Implementierung der BIM-Methode bei einem Generalunternehmer.*

Warum haben Sie bei Köster überhaupt BIM einführt?

Die Entscheidung, sich dem Thema BIM zu widmen und diese Methode im Unternehmen einzuführen, beruht im Grunde auf zwei Erkenntnissen: Zum einen müssen sich alle Unternehmen, die im Wettbewerb stehen, ständig hinterfragen, um nicht stehenzubleiben, sich weiterzuentwickeln und neue Potenziale für Wachstum und Rendite zu erschließen, und zum anderen können wir uns dem aktuellen Megatrend der Digitalisierung, der mehr und mehr auch die Bauwirtschaft erfasst, nicht entziehen, im Gegenteil – wir möchten ihn fördern, mitgestalten und für uns nutzbar machen.

Köster war immer stark in Prozessen. Wir waren als eine der ersten Firmen dabei, Lean-Management auf unseren Baustellen zu etablieren, und haben dies in unserem Köster-Prozess-System perfektioniert. Und da BIM zu 80 % Prozesse bedeutet, war es ein logischer und konsequenter Schritt, diese Methode als einen weiteren Baustein für effiziente Prozesse in der Planung und Abwicklung bei uns zu integrieren.

Wie haben Sie anfangen?

Bei Köster ist BIM vor Jahren als kleine Keimzelle in der Kalkulation gestartet. Der Auslöser war, die Mengen und Massen modellbasiert und nicht mehr mit dem Papierplan zu ermitteln und das Ganze mit einem intelligenten Workflow zu kombinieren, der dem Kalkulator auch gleich ein fertiges LV aus genormten Leistungspositionen zusammenstellt. Damit war im Grunde genommen einer der wichtigsten BIM-Anwendungsfälle für ein Bauunternehmen geboren. Mit etwas Zeitversatz gab es dann parallel Initiativen in einigen unserer Standorte, das Thema BIM von einer anderen Seite aus ganz praktisch anzugehen, nämlich von der Baustelle aus mit Themen wie 4D-Visualisierung und Leistungsstandermittlung usw. Hier hatten wir bereits 2015 erste Projekte mit Kundenanforderungen für diese Themen und wurden gewissermaßen gezwungen, uns damit auseinanderzusetzen.

Bis wir dann alle Initiativen gebündelt und synchronisiert haben, hat es zwar noch ein Weilchen gedauert, aber mittlerweile haben wir hier mächtig aufgeholt.

Wie steht es um das Commitment des Managements?

Ein sehr wichtiger Punkt – eigentlich sogar der wichtigste. Ohne ein entsprechendes Mandat sind alle BIM-Initiativen vollkommen nutzlos, denn sie werden im Sande verlaufen. Das komplette erste Jahr, in dem ich die Position des „Manager Digital Construction & BIM" bekleidet habe, ging es nur darum, Mehrwerte aufzuzeigen, Führungskräfte mit ins Boot zu holen, entscheidungsreife Konzepte zu schreiben und für eine entsprechende Freigabe zu sorgen. Wir haben es in dieser Zeit geschafft, die gesamte Geschäftsleitung für ein eindeutiges Bekenntnis zum Thema BIM zu gewinnen und das war und ist ohne Frage die wichtigste Unterstützung bei der Umsetzung unserer BIM-Roadmap für die Implementierung.

Wie wichtig sind Ihnen Industriestandards und firmeninterne Standards?

Beides ist uns sehr wichtig – es sind die Eckpfeiler unseres Köster-Prozesssystems. Interne Standards sind unabdingbar, wenn man Arbeitsweisen vereinheitlichen, Effizienz im Unternehmen steigern und einen kontinuierlichen Verbesserungsprozess leben möchte. Speziell für das Thema BIM lässt sich glaube ich sagen: Kein Generalunternehmer in unserem Marktsegment kommt darum herum, bestimmte Eigenentwicklungen zu tätigen und zu pflegen (z. B. eigenen Revit- und iTWO-Content) und damit einen eigenen Firmenstandard zu schaffen. Allerdings arbeiten wir auch viel mit externen Planungspartnern und deshalb setzen wir bewusst auch auf offene Standards wie IFC und BCF, um echte Kollaboration in Projekten zu haben. Auch unternehmensintern fahren wir keine closedBIM-Lösung, sodass wir auch dort offene Industriestandards einsetzen. Das ist ein Grund, warum wir z. B. auch buildingSMART Mitglied sind.

Was sagen die Auftraggeber und gibt es Auswirkungen auf die Vergabepakete und Einsatzformen als Generalunternehmer?

Das Thema BIM wird „gerne genommen“, aber noch nicht regelmäßig eingefordert. Die Bereitschaft, für BIM mehr Geld auszugeben, ist sehr gering. Wir haben uns damit abgefunden, dass BIM nicht extra vergütet wird. Entweder ist die Methode so gut, dass sie einen echten Mehrwert liefert, der sich auf kurz oder lang auch in der Kasse des Bauunternehmers auswirkt, oder man lässt halt die Finger davon, wenn man skeptisch ist. Wenn man aber an die Methode glaubt, dann sollte man doch zusehen, dass man bei so vielen Projekten wie möglich etliche Anwendungsfälle schon aus Eigenantrieb durchführt, um in den Genuss dieser Mehrwerte zu kommen.

Ja, die Vergabepakete ändern sich durchaus. Wir haben schon einige interessante Konstellationen erlebt: BIM im Design&Build-Projekt, BIM im klassischen GU-Auftrag mit Planung LP05, BIM nur mit der LP08 – jeweils mit den unterschiedlichsten Anwendungsfällen. Ich finde es immer wieder spannend, sich in neue AIA einzulesen und zu sehen, wie andere BIM für sich definiert haben und was sie in dem jeweiligen Projekt damit machen möchten.

Gab es Störungen bei der Implementierung?

Wir sind noch mitten in der Implementierung. Unsere BIM Roadmap ist so ausgelegt, dass alle Niederlassungen bis 2025 so aufgestellt sind, dass sie selbständig einen Großteil ihrer Projekte als BIM-Projekte abwickeln können, und zwar in 10 definierten kösterspezifischen Anwendungsfällen. Natürlich sind die Themen Akzeptanz unter den Mitarbeitern und auch Fachkräftemangel bei uns auch ein Thema. Man bekommt einfach aktuell nicht die Fachleute in dem Umfang, wie wir sie bräuchten. Deshalb setzen wir bewusst auch auf Nachwuchs aus eigenen Reihen. Dazu haben wir ein umfangreiches Schulungskonzept mit unserer hauseigenen Akademie aufgesetzt, mit dem wir in der Lage sind, ein auf die jeweilige BIM-Rolle zugeschnittenes individuelles Schulungsprogramm selbst durchzuführen. Das dauert im Endeffekt wahrscheinlich ein wenig länger, ist aber nachhaltiger und hat den Vorteil, dass es die Mitarbeiter auch an das Unternehmen bindet. Ein Investment in die Mitarbeiter wird durchaus als Wertschätzung empfunden.

Was wünschen Sie sich als Grundlage für Ihre Arbeit, fertige Modelle oder Pläne?

Ehrlich gesagt: beides! Wir sind in Deutschland noch nicht so weit, dass eine Baustelle ohne Pläne arbeitet. Wir sind froh, wenn mittlerweile das Modell für die Kalkulation, Arbeitsvorbereitung und Ausschreibung immer mehr zur führenden Informationsquelle wird. Aber die Baustelle verlangt immer noch Ausführungspläne. Es gelingt immer mehr, dass wir es auch dort hinbekommen, das Modell als unterstützendes Medium zu etablieren oder auch in einigen BIM to Field-Anwendungsfällen zu nutzen. Aber die Vorstellung, dass die Praktiker auf der Baustelle sich ihre erforderlichen Maßketten selbst aus dem Modell herausmessen, finde ich zum jetzigen Zeitpunkt noch etwas weltfremd. Wir haben tatsächlich Partner, die das von uns verlangt haben. Nach unserem Hinweis, dass dies nicht praktikabel sein, sagte man uns, dass wir die Pläne ja selbst aus dem Modell ableiten können – was dann aber lediglich eine Verschiebung von Arbeitspaketen wäre, die ebenfalls keinen Sinn macht.

Wie nutzt man denn wirklich das Modell für die Baustelle?

Wir nutzen das Modell auf der Baustelle für einige verschiedene Anwendungsfälle. Das Thema Visualisierung der Bauaufgabe für Besprechungen und als Kommunikationsmittel ist uns wichtig, genauso wie das Thema 4D-Ablaufvisualisierung mit nachgeschalteter Ressourcenauswertung für die Lean-Planung. Genauso schreiben wir z. B. Fertigstellungsdaten an Modelle, um für Kunden Bautenstände zu visualisieren, oder nutzen die Massen aus dem Modell auch für Bestellungen oder die NU-Abrechnung. Das schöne ist: Hier sind der Fantasie eigentlich keine Grenzen gesetzt, manchmal kommen die Anforderungen auch von der Baustelle und wir versuchen gemeinsam einen Workflow zu entwickeln und zur Verfügung zu stellen, der als individuell programmierte Lösung von unserer IT umgesetzt wird. Solange dies mit den Leitplanken unserer BIM Roadmap in Einklang steht, gehen wir auf solche Wünsche gerne ein.

Ändert sich die Form der Dokumentation des Bauwerkes?

Ja, schon. Auf jeden Fall wird sie digitaler. Ein Großteil unserer Bau- und Projektleiter ist bereite mit Tablets ausgerüstet und nutzt fast ausnahmslos schon heute digitale Tools zur Dokumentation. Im Moment haben aber noch nicht alle Dokumentationen einen Bezug zum BIM-Modell, das ist eines unser nächsten Entwicklungsfelder. Als einen regelrechten Trend nehmen wir das Laserscanning und die Verarbeitung von Punktewolken wahr. Wir verfügen über Vermessungsdrohnen, mit denen wir ganze Baufelder abfliegen und die Ergebnisse als Punktewolke exportieren und weiterverarbeiten. Auch die Bestandsaufnahme im Innenbereich für den „As-built"-Abgleich wird immer wichtiger und auch von Kunden mehr und mehr gefragt. Ich gehe davon aus, dass dieser Anwendungsfall sowohl für Qualitätssicherungszwecke wie auch für die Bestandsdokumentation mittelfristig zum Standard werden wird.

Was sind die nächsten Ziele bei Köster?

Wir befinden uns wie schon erwähnt mitten in der Umsetzung unserer BIM Roadmap 2025. Um dieses ehrgeizige Pensum einer flächendeckenden Implementierung zu schaffen, kommen wir nicht umhin, die Entwicklung der BIM-Anwendungsfälle mit der Implementierung teilweise zu parallelisieren. Das bedeutet, dass wir nicht erst alles vollständig ausentwickeln können, sondern Module die schon laufen, ausrollen, schulen und zur Anwendung bringen, während andere Themen noch weiter perfektioniert werden. Das fordert sowohl uns als Team sehr, aber auch die Anwender, die flexibel sein müssen und dem Weg dieser sukzessiven Weiterentwicklung folgen müssen. Dazu bedarf es einer intensiven Kommunikation, die wir unternehmensintern auf verschiedenen Kanälen pflegen und versuchen, alle User mitzunehmen. Mit Ablauf diesen Jahres 2022 werden wir die Hälfte der 10 projektierten BIM-Anwendungsfälle entwickelt und ausgerollt haben, die restlichen folgen im Jahr 2023. Und das nächste Thema ist schon absehbar: BIM und Nachhaltigkeit – ein weiterer Riesentrend, dem sich kein Bauunternehmen mehr entziehen kann und den wir für uns auch als BIM-gestützte digitale Lösung umsetzen werden.

Alle Unternehmen haben sich einer Änderung gestellt und den zukunftssicheren Weg bereits eingeschlagen. Aber was hindert uns eigentlich daran, das nachzumachen?

9 Was ändert sich überhaupt?

Entmystifizierung der berühmten Leistungsverschiebung – Change-Management, um von der Absicht zur Tat zu kommen.

Die Charts zum Thema: „Warum BIM heute noch nicht geht und wir es auch nicht brauchen!"

1) BIM bringt eine Leistungsverschiebung in frühere Leistungsphasen.
2) BIM passt nicht zur HOAI.
3) BIM bringt hohe Investitionen in Hardware, Software und Schulung.
4) BIM verschlechtert die Planungskultur.
5) BIM schafft austauschbare Architektur.

Geben Sie mir die Gelegenheit, diese beliebten Vorwände etwas zu entmystifizieren. Denn ich berichte aus der Praxis – im Unterschied zu vielen Rednern auf BIM-Veranstaltungen und leider auch zu vielen Teilnehmern in VgV-Verfahren in diesem Lande. Insbesondere aus der Riege der Architektenkollegen sind immer wieder erschreckend negative Sichtweisen zu erleben, die ich leider nur auf Unkenntnis zurückführen kann. Was dahinter steckt, ist Angst! Wer vertraute Wege verlässt, riskiert Fehler zu machen, den eigenen Job zu gefährden oder seinem Unternehmen zu schaden. Auch die Aussagen „Wir machen ja schon ein bisschen BIM" oder „Wir haben jetzt einen BIM-Manager eingestellt" zeugen nicht von viel Wissen um den realen Einstieg in die Methode.

Da Platz 1 und 2 auf der Hitliste thematisch nah beieinanderliegen, möchte ich sie gemeinsam betrachten. Die HOAI ist in der Novellierung von 2013 bereits mit den Begriffen 3D, BIM und 4D bestückt worden und in der anstehenden Novellierung 20X noch einmal mehr auf die BIM-Methode ausgeführt. Auf vielen Fachtagungen ist zu hören, mit BIM werde es im Rahmen der HOAI schon als besondere Leistung irgendwie gehen. Als Erstes wird dort also die Frage untersucht, wie man die Mehrleistung als besondere Leistung abrechnen könne. Das zäumt das Pferd von hinten auf. Sicherlich wird über eine neue Bewertung des Planungsergebnisses mit BIM nachgedacht werden, und die erstellten Modelle sind bekanntermaßen auch zu bewerten. Wenn der Betrieb später Daten zur Verfügung gestellt bekommt, ist das ein echter Mehrwert, der zu honorieren ist. Nicht jeder Informationsgehalt ist in der HOAI oder entsprechenden Richtlinien zur Dokumentation, wie die VDI 6026 für die Haustechnik, beschrieben und muss geregelt werden. Ein „As-built"-Modell mit entsprechender Alphanumerik ist sicherlich eine besondere Leistung. Doch schon vorab zu sagen, BIM koste „HOAI plus X", ist sicher nicht der richtige Weg. Der Markt sieht das ähnlich.

Aus der Praxis kann ich von einer Erfahrung mit einem Generalunternehmer berichten. Bei der Honorarverhandlung für ein „Design and build"-Projekt sagte er: „Es kann doch nicht sein, dass ihr jetzt besser plant und weniger Fehler macht, aber dafür mehr Geld wollt!" Da hat er natürlich recht. Auf diese Weise werden die Planer die Akzeptanz der BIM-Methodik nicht vorantreiben. Nachdenken sollte man lieber darüber, wie die Leistungsverschiebung wirklich aussieht. „HOAI plus X" bedeutet: Ich plane wie immer, mit allen Leistungen, und mache etwas zusätzlich, nämlich das BIM. Doch das widerspricht fundamental dem Gedanken von BIM, das Modell über alle Leistungsphasen zu nutzen und an ihm zu planen.

Spreche ich mit Architektenkollegen, verhält es sich meist so, dass Visualisierungen mittlerweile Standard sind. Jeder Bauherr wünscht zum eigenen Verständnis wie auch für Marketing und Kommunikation eine möglichst realistische Abbildung des Projekts. Dazu werden im Vorentwurf oder spätestens im Entwurf Renderings gefertigt. Seit vielen Jahren gibt es darauf spezialisierte Unternehmen. Oft wird aber auch noch in 2D geplant, sodass der Renderer ein einfaches Modell der Planung erstellt. Der vorher durch den Blickwinkel festgelegte Ausschnitt wird dann entsprechend detailliert modelliert. Die so entstandene eingefrorene Planungsabbildung ermöglicht keinen Wechsel des Blickwinkels. Noch gravierender ist, dass jede Planungsänderung oder Variantenuntersuchung immer wieder zu diesem gleichen Arbeitsschritt führt und dadurch sehr kostenträchtig ist. Das Modell wird nicht in den Planungsprozess einbezogen.

Der andere gängige Weg führt über einen Vorentwurf des Architekten in 3D. Das versetzt den Planer immerhin schon in die Lage, Planungsvarianten räumlich abzubilden. Da ist der Render-Aufwand natürlich geringer, da schon eine Modellgrundlage vorhanden ist. Die Erfahrung zeigt jedoch, dass die 3D-Planung schon sehr früh nicht weiterverfolgt wird, da „man einen Bauantrag ja schließlich in 2D-Plänen abgibt und eine 3D-Ausführungsplanung gar keinen Sinn macht". Die großen Meilensteine der sogenannten frühen Leistungsphasen erfolgen schließlich erst nach der Grundlagenermittlung:

- die Vorkonzeption in Varianten mit sehr grober Einpreisung in einer Kostenschätzung,
- der Entwurf mit erster Integration der anderen fachlich Beteiligten und mit erneuter, nun differenzierterer Kosteneinordnung in der Kostenberechnung und
- die Beantragung des Bauwerks beim Bauaufsichtsamt.

Dieses Leistungsspektrum wird gerne in einem Paket abgerufen und endet oft auch hier, falls der Bauherr nun einen Generalunternehmer einschalten möchte, von dem dann auch die Ausführungsplanung zu erstellen ist. Daher ist eine Leistungsverschiebung in die frühen Leistungsphasen augenscheinlich wenig sinnvoll, denn die Mehrleistung muss man selber erbringen, während der Ausführungsplaner auf GU-Seite die Früchte erntet.

Theoretisch richtig, praktisch falsch! Den Einstieg in ein BIM habe ich ja schon oben beschrieben. Dort ist die Freiheit des Gestalters wirklich gefordert. Ob Sie bereits parametrisch entwerfen oder in der Leistungsphase 2 in ein Modell einsteigen, bleibt Ihnen überlassen. Tatsache ist nur, dass bei einer BIM-Planung das Vorhandensein von Fachmodellen unabdingbar ist. Die hergebrachte Planungskultur behandelt diesen Punkt eher sequenziell, da zu Beginn und Ende einer Leistungsphase Planstände der fachlich Beteiligten zu integrieren sind.

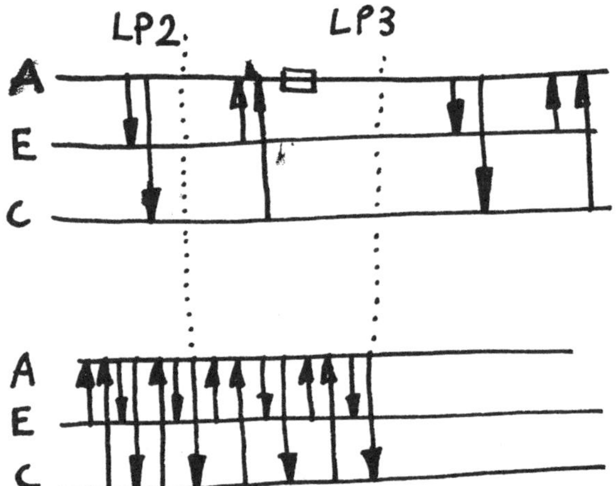

In Leistungsphase 1 ändert sich durch den Einsatz von BIM im Leistungsbild der Planer nichts. Es steht im Belieben des Planers, ob er digitale Methoden anwendet, beispielsweise zur Beschreibung des Bedarfs und der Aufgabenstellung. Eine Gebäudeaufnahme in Form von Scans ist eine besondere Leistung und insbesondere bei Umbauprojekten hilfreich.

Auch im Vorentwurf ändert sich erst einmal nicht viel. Spätestens am Ende der Vorentwurfsphase sollte der Architekt jedoch in die Modellbearbeitung einsteigen. Zur Darstellung der Varianten der Konzeption kann man dann bereits das 3D-Modell heranziehen, etwa um es im städtebaulichen Kontext zu prüfen. Ich kann ein Massenmodell aufbauen, ähnlich den Papier-, Holz- oder Styrodur-Modellen, und dieses weiter ausdifferenzieren. Damit ist der Grundstein gelegt für den Prozess, der alle Beteiligten über das Modell verbindet. Bei der Tragwerksplanung und der technischen Gebäudeausrüstung werden skizzenhafte Konzeptionen erstellt. Und auch hier kann der Planer frei entscheiden, ob er konventionell skizzenhaft einsteigt oder künftig bereits mit Modellansätzen. Der Architekt kann seine skizzenhaften Ansätze modellierend in einer BIM-CAD-Software ins Modell überführen. Gerade der Raumbedarf der technischen Gebäudeausrüstung und die Tragstruktur des Bauwerks sollten nun in einem geringen Detaillierungsgrad auch in ein Vorentwurfsmodell einfließen. Es gilt, räumliche Reservierungen für die Fachdisziplinen zu tätigen. Bei der TA sind das zum Beispiel Trassen, Schächte, Technikräume und Zentralen, bei der Tragwerkplanung die Dimensionierung und Positionierung.

Wenn Sie nun einwenden, das bedeute einen Mehraufwand, muss ich wiederum korrigieren. Ob Sie den Platzbedarf für eine Lüftungsanlage in 2D in Grundriss, Schnitt und Ansicht eintragen oder einen Volumenkörper ins Modell einbringen, bedeutet keinen Mehraufwand. Im Gegenteil, Sie sind nämlich nicht mehr aktiv an der Planableitung beteiligt. Alle Pläne werden automatisch aus dem Modell generiert. Jeder, der sich von nun an mit dem Modell beschäftigt, verfügt über direkte Informationen über den Platzbedarf und kann seine eigene Planung darauf abstellen. Das Layouten der Pläne erfordert in etwa den gleichen Aufwand wie zuvor. Dass den Modellen, Plänen und Dokumenten eine höhere Aussagekraft innewohnt, bedeutet nicht automatisch, dass dafür mehr Leistung (Anstrengung, Aufwand) nötig ist. Auch im Bereich der Planung der technischen Gebäudeausrüstung und bei der Tragwerksplanung findet nur bedingt eine Leistungsverschiebung statt, wird doch beispielsweise eine frühzeitige Lastabtragung möglich. Je nach Aufgabenstellung bleibt individuell zu prüfen und abzuwägen, ob eine Mehrleistung besteht. Pauschal ist ein Mehraufwand jedoch nicht gegeben, sondern steht eher für die Veränderung und das notwendige Erlernen. Wir sollten dabei beachten, dass ich nur die professionelle Anwendung (nach Überwinden der negativen Produktivität durch Erlernen) mit den Prozessen der HOAI vergleichen kann. Dazu fehlen bisher aber die professionellen Anwender.

Aufgrund der immensen Kosten für Software, Hardware, Schulungen und Zertifizierungen wird gerne eine Schwelle von Großprojekten jenseits der 20 Millionen Bauvolumen für den Einsatz von BIM durch große Planungsgesellschaften angegeben. Bitte lösen Sie sich von diesem Ammenmärchen. So vielfältig BIM, so vielfältig die Einsatzmöglichkeiten. Immer dann, wenn mehrere fachlich Beteiligte gemeinsam an der Lösung einer Bauaufgabe arbeiten, macht der Einsatz Sinn. Es ist Ihre persönliche und unternehmerische Entscheidung, wie viel BIM Sie in einem Projekt bzw. in Ihrem Unternehmen einsetzen wollen. Je größer die Zahl der Anwendungen, umso größer auch der Aufwand im Soft- und Hardware-Einsatz und für Schulungen. Ganz ohne Aufwendungen wird der BIM-Einstieg nicht funktionieren, aber wie wir im Anwender-Interview bereits gehört haben, ist das eine kalkulierbare Aufwendung.

Gleichwohl werden in anderen Industriezweigen heute bereits immense Aufwendungen für Ausbildungen getätigt. Was früher an den Hochschulen gelehrt wurde, wird heute in Fort- und Weiterbildungsmaßnahmen, Workshops und Trainings investiert, vor allem für Mitarbeiter, die schon in Beruf und Praxis stehen. Doch dies sind Investitionen in die Zukunft. Die Zeiten sind gut, die Konjunktur in der Bauindustrie und entsprechend in der Planerlandschaft blüht. Da ist Investieren möglich. Kippt die Konjunktur, etwa durch Zinsveränderungen, geopolitische Konflikte oder Pandemien, liegt nur in der Effizienz der Arbeit eine Chance, möglichen Krisen zu trotzen. Laufen die Geschäfte gut, hinterfragt man ungern seine Praxis. Doch gerade jetzt ist der Einstieg günstig.

Dass die Planungskultur sich verändert, ist richtig! Aber sie verändert sich zum Guten. Dem ewigen Nimbus integraler Planung kommen wir mit der kollaborativen Arbeit sehr nahe. Wenn man unter Kultur auch das Selbstverständnis und den Zeitgeist einer Epoche versteht, steht uns geradezu eine kulturelle Hochzeit der Planung bevor. Daher möchte ich die Digitalisierung einmal mit der kulturellen Brille betrachten und nicht nur aus der Planungskultur ableiten. Kultur bezeichnet das, was der Mensch in eigener Gestaltung hervorgebracht hat. Dagegen steht die Natur, die vom Menschen nicht hervorgebracht, wohl aber beeinflusst wurde. Die Kultur beschreiben wir besonders über Leistungen wie die formgebende Umgestaltung bestimmter geistiger Gebilde, aber auch von Materialien. Der Grad von Kultivierung beschreibt dabei den Aufwand an Umformung.

Auch die Bildung ist eine Art Umformung. Ein Volk oder Stamm in weniger erschlossenen Gefilden dieser Erde mag sich noch nicht so weit von seinem natürlichen Ursprung entfernt haben. Das Bildungssystem eines Industriestaats hat den Menschen jedoch durch Sprache, Recht, Wirtschaft und Wissenschaft maßgeblich geprägt, also umgeformt. Ein Volk wird durch seine geistigen, künstlerischen, moralischen und wissenschaftlichen Leistungen charakterisiert. Man ist „kultiviert"! Also geht mit Kultur auch immer eine Transformation einher.

In welchen Bezug zur Kultur stellen wir denn nun die Digitalisierung? Ist sie kulturschädlich oder ist sie Ausdruck einer immer größeren Umformung, weg von der Natur? Ich sehe zwei interessante Ansätze. Zuerst einmal ist die Digitalisierung ja auch eine Transformation in sich, nämlich von analoger Information in digitale Form. Sie verändert so Märkte, Menschen, Umwelt und Gesellschaft. Die neuen Kundenbedürfnisse sind Mobilität, Connectivity und vollständige Transparenz. Und dadurch reiht die Digitalisierung sich unter die Errungenschaften der Kultur ein. Die Kultiviertheit einer Gesellschaft, eines Landes oder eines Marktes wird künftig maßgeblich auch durch den Grad ihrer Digitalisierung zu bewerten sein.

Das Verhältnis von Digitalisierung und Kultur lässt sich aber auch im Verständnis von Kultur selbst bestimmen. Nach der vollständigen Internalisierung der digitalen Prozesse werden wir uns zu einer Digitalkultur entwickeln. Kriterien dafür sind beispielsweise ein hoher Grad an Bildung, Umgangsformen, Konversationsfähigkeit und Moral. In der deutschen Sprache unterscheiden wir zwischen Kultur und Zivilisation (engl. Civilisation), was auf Immanuel Kant zurückzuführen ist:

> „Wir sind im hohen Grade durch Kunst und Wissenschaft cultivirt. Wir sind civilisirt bis zum Überlästigen, zu allerlei gesellschaftlicher Artigkeit und Anständigkeit. Aber uns für schon moralisirt zu halten, daran fehlt noch sehr viel. Denn die Idee der Moralität gehört noch zur Cultur; der Gebrauch dieser Idee aber, welcher nur auf das Sittenähnliche in der Ehrliebe und der äußeren Anständigkeit hinausläuft, macht blos die Civilisirung aus." [Kant, Idee zu einer allgemeinen Geschichte in weltbürgerlicher Absicht, 1784]

In Bezug auf die Digitalisierung und auch auf BIM ist Kants Aussage aktueller denn je. Mit der Digitalisierung erarbeiten wir uns weltweit eine neue Zivilisation. Wir haben Manieren entwickelt, schaffen zumeist eine artige Kommunikation auch von Mensch zu Mensch über Daten, ebenso von Mensch zu Maschine oder von Maschine zu Maschine. Wir sind im Begriff, digital zivilisiert zu werden. Auch die Bau- und Immobilienwirtschaft folgt im Rahmen von Industrie 4.0 in diese neue Form der Zivilisation. Die große Aufgabe der kommenden Jahre wird es aber sein, eine Digitalkultur zu entwickeln. Erst wenn wir mit der digitalen Zivilisation die „Idee der Moralität" vereinen, sind wir digital kultiviert! Die ethische Auseinandersetzung mit Datenschutz, Regelbeachtung, medialer Wertschätzung, Achtung des Individuums, Anonymität und Transparenz und der richtige Umgang mit künstlicher Intelligenz sind ein unverzichtbarer Teil dieses Prozesses.

Wollen wir zu einer BIM-Kultur kommen, müssen wir wissen, dass nicht nur ein zivilisiertes digitales Miteinander anzustreben ist, sondern auch, dass wir im Umgang miteinander (M2M, M2C, C2C) moralisch handeln sollten. Das schließt ein, dass wir Fehler machen dürfen und dass wir den Willen zur kollaborativen Zusammenarbeit und dem moralisch korrekten Einsatz von Daten bekennen.

Kehren wir zurück zum Ausgangspunkt dieses Gedankengangs in Bezug auf die Planungskultur. Eine austauschbare Architektur schaffen wir auch schon ohne BIM! Dahingehende Bedenken sind unbegründet. Erschreckt hat mich jedoch eine Aussage, das Vorhandensein von Bauelementen würde die Architekten dazu verleiten, die Bauteile zu verwenden, die sie möglichst detail- und informationsreich im Netz finden. Dann bekämen wir eine Architektur aus dem Baumarktkatalog, und unsere Städte würden zu Ausstellungsräumen der Produktehersteller.

Dass es ohne Produkte nicht geht und dass in Entwurf und Design Gestaltungskraft und Kreativität gefordert sind, ändert sich durch BIM bestimmt nicht. Im

Gegenteil! Wenn wir bauteilorientiert arbeiten, bedeutet das nicht Uniformität. Da gibt es ganz andere Epochen, in denen die Architektur echte Katalogware war. Was wir als heimelige Gründerzeitarchitektur im Zuckerguss ach so liebgewonnen haben, entstand aus einem Gestaltungsbaukasten der Ornamentik. Jedes Gipselement wurde aus einem Katalog ausgewählt und in die Fassaden- oder Innengestaltung übernommen. Ich bin schon gespannt, wann wir Rosetten, Faschen und Lisenen als Bauteile und Objekte der Fassadengestaltung in den BIM-CAD-Softwares wiederfinden. Sollte eine neue Postmoderne drohen, täte sich hier ein riesiger Spielplatz für Stuckproduktehersteller auf.

Einen Vorgeschmack bekam ich vor kurzem, als ich die BIM-Anwendung für das Berliner Stadtschloss zu sehen bekam. Das BBR (Bundesamt für Bauwesen und Raumordnung) hat das Berliner Humboldt-Forum bereits mit verschiedenen Anwendungen in der Kollisionsprüfung und Qualitätssicherung mit BIM abgewickelt. Vor allem die „historischen Fassaden“ sind als Teilmodelle angelegt und es gibt ganze Fensterfamilien. Der Mehrwert findet sich hier aber sicherlich nicht in der Reproduzierbarkeit der Zuckerbäckerfassaden, sondern in der Koordinierung der TGA und der restlichen Planungsbeteiligten. Ich hoffe, ich konnte mit diesen Überlegungen die Charts etwas entmystifizieren und Vorurteile abbauen.

Was ist das Problem *in Deutschland?*

Warum machen wir eigentlich nur zaghaft mit in Deutschland? Warum hört und liest man hierzulande so oft fachlich fragwürdige Kommentare und Ausarbeitungen über das, was BIM sein soll? Einerseits liegt das an sich gerade erst etablierenden Standards und Definitionen, andererseits aber an krassen Missverständnissen. Und daraus entstehen dann Hemmnisse. BIM wurde jahrelang zerredet. Man hat das Gefühl, dass wichtige Akteure in Kammern und Verbänden versucht haben, das Problem BIM durch Aussitzen zu lösen: „Irgendwie wird der Kelch schon an uns vorbeigehen.“ Nun ist die Bau- und Immobilienwirtschaft allerdings nicht die einzige Schlüsselbranche, die die Digitalisierung lange vor sich herschiebt. Nach wie vor stellt die Digitalisierung eine der größten Herausforderungen für die gesamte Wirtschaft dar.

Wie kommen wir dem Kern der negativen Haltung auf die Spur? Der Architekt gibt einen wichtigen Impuls in ein Projekt, da er als erster sein Modell in die Kooperation gibt. Hier herrscht die offensichtlichste Ablehnung. Viele Architekten wollen nicht so recht – ausgerechnet dann, wenn ihre Stunde gekommen ist, wieder die Hoheit im Projekt zu erlangen. Sie wollen noch nicht, weil viele Ängste sie zurückhalten. Besonders für kleine und mittlere Büros stellt die Notwendigkeit von Investitionen in Wissensaufbau, Schulungen, Software und auch Hardware bei laufendem Geschäftsbetrieb die größte Herausforderung dar. Und bei der derzeitigen Konjunkturlage ist eine Änderung der Arbeitsweise in den Augen vieler einfach nicht notwendig.

Nach der letzten Umfrage der Bundesarchitektenkammer arbeiten in den Regionen der 16 Architektenkammern rund 119.000 Architekten. Etwa 34.000 Architekturbüros bewegen bei 8,5 Milliarden Euro Honorarvolumen ein Bauvolumen von 240 Milliarden Euro. In 78 Prozent der Büros in Deutschland arbeiten vier oder weniger Mitarbeiter; 38 Prozent sind sogar Einpersonenunternehmen. 14 Prozent der Unternehmen beschäftigen 5 bis 9 Personen und nur 8 Prozent beschäftigen mehr als 10 Mitarbeiter. Große Büros stehen wirtschaftlich besser da als kleinere Büros. Die Hälfte der Einpersonenunternehmer stellt ihre wirtschaftliche Situation positiv dar. Bei den Büros mit mehr als 10 Mitarbeitern wächst dieser Wert bis auf 78 Prozent. Noch gravierender sind die Aussagen zur Auslastung, wo sich bei den kleineren Büros 29 Prozent freie Kapazitäten ergaben. Bei den Bauausführenden ist die Unternehmensgröße im Durchschnitt 9 Personen.

Für kleine und mittlere Unternehmen ist ein „Kurswechsel" ein existenzielles Experiment und zeigt sich auch in den Umfragen zur BIM-Anwendung. Die Anwendung von Kollisionsprüfung, Kostensimulation und das Arbeiten nach einem BAP ist in Büros mit mehr als 250 Mitarbeitern doppelt so oft verbreitet als in kleinen Büros. Doch die Ängste davor sind wirklich unbegründet. Wie aber stelle ich mich am besten den Veränderungen? Wie kann ich meine Belegschaft bzw. meine Kollegen motivieren? Kann ich das überhaupt alleine, oder brauche ich Hilfe beim Change-Management? Gerade im vorangegangenen Kapitel haben wir bereits erste Schilderungen zur Bewältigung der Änderungen bekommen.

Haben Sie als Rechtshänder schon einmal versucht, mit der linken Hand zu schreiben? Machen Sie bitte einmal den Versuch! Mir fiel das unheimlich schwer. Was sonst alltäglich ist, wird auf einmal wahnsinnig kompliziert. Die Geschwindigkeit, mit der ich sonst schreibe, ist weit entfernt von der langsamen Art, in der ich nun die Zeichen aufs Papier bringe. Auch das Schriftbild wirkt unsicher und gleicht dem eines alten Menschen bzw. eines Kindes, das die Buchstaben gerade erst für sich entdeckt. Auf diese Art und Weise zu kommunizieren, würde mich weit nach hinten werfen, ein zusammenhängender Text würde zur Tagesaufgabe. Und doch bin ich sicher, dass ich das eines Tages schaffen werde. Mit viel Ruhe, etwas Übung und ausreichend Zeit werde ich auch mit links wieder mitteilen können, was ich möchte. Müsste ich aber unter Druck schnell einen Gedanken so in Worte fassen, würde ich kläglich scheitern.

Warum erzähle ich Ihnen das? Weil es ein bisschen dem gleicht, was Sie nun bitte mit BIM machen sollen. Weil es ein wenig zeigt, wie Druck, der durch fehlerhaftes Verhalten des Managements aufgebaut wird, den Anwender allein lässt. Sie haben jahrelange Erfahrungen im Umgang mit Planungen, Zeichnungen und Dokumenten. Die Umstellung auf CAD haben Sie vor Jahren hinter sich gebracht. Es war schon ein gewaltiger Schritt, den Strich nicht mehr am Reißbrett mit Transparentpapier und Rapidograph zu setzen und mit der Rasierklinge wieder zu entfernen, sondern im Computer.

Nach einer gewissen Eingewöhnung war das sogar zu einer Arbeitserleichterung geworden. Ein wiederholter Fehler an der gleichen Stelle führte nicht mehr zu einem Loch im Plan (wie oft habe ich mit der Rasierklinge das Zeichenbrett ramponiert ...), sondern war gut zu übergehen. Man konnte ähnliche Situationen, gleiche Bauteile oder Bauteilgruppen kopieren und ein weiteres Geschoss als Grundriss referenzieren oder einfach durchkopieren. Die CAD war schnell zu einer Erleichterung geworden. Aber schon hier war eine Änderung zu spüren. Es entwickelten sich CAD-Abteilungen, und Architekten und Ingenieure erteilten zunehmend Arbeitsaufträge. Die Auseinandersetzung mit der Zeichnung verteilte sich auf immer mehr Schultern. Für Bauzeichner und Architekten bedeutete dies Ende der 80er Jahre, Anfang der 90er Jahre bereits eine große Änderung in der Bauwerksabbildung.

Die bahnbrechende Änderung war es aber noch nicht. Was einst in der Urzeit auf Steintafeln gemeißelt und später mit Tusche aufs Papier gemalt als Linie erschien, wurde nun mit x- und y-Koordinate in einer vektorbasierten Grafik geführt. Grundrisse, Ansichten und Schnitte erschließen sich dem Laien nicht leicht, da sie stark abstrahierte, dem menschlichen Sinn nicht entsprechende Abbilder darstellen. Jeder, der schon einmal einen Schnitt durch ein schrägwinkliges, mehrgeschossiges Bauwerk gelegt hat, weiß um die Potenzierung dieser Gefahr. Über die Jahre haben wir uns darin optimiert. Die Einführung von Bauteilen wie Türen und Wänden oder die Möglichkeit der Symbolbibliothek und das referenzierte Arbeiten haben das Beste aus dieser Methode herausgeholt, Bauwerke abzubilden.

Was hat das nun mit BIM zu tun, und warum vorher das Gleichnis mit dem Schriftbild? Weil nun schon wieder – gefühlt im Zehn-Jahres-Rhythmus – etwas daherkommt und alle meine Erfahrungen der letzten Jahre, meinen sicheren Grund unter den Füßen wegzieht. Ja: BIM bedeutet einen Kulturwandel! Ja: BIM stellt bisher plausible Dinge in Frage! Die große Chance dabei ist, dass noch genügend Zeit besteht, BIM richtig anzugehen. Also: Setzen Sie sich und andere nicht unter Druck. Gehen Sie diesen Schritt nicht alleine, ohne die Hilfe von Experten. Wenn Ihnen bei der Umstellung zum Linkshänder jemand die Hand führt, wenn Sie sich Zeit lassen können, um sich dieser neuen Aufgabe zu stellen, und wenn Sie auch innerlich dazu bereit sind, dann werden Sie Ihre Arbeit mit Sicherheit besser machen als vorher. Es kann sein, dass Ihre „Links-Schrift“ anders aussieht als die alte, aber Sie haben die Möglichkeit, in Zukunft beide einzusetzen. Um zu verstehen, was sich verändert, muss man sich zu allererst einmal mit den heutigen Prozessen auseinandersetzen.

Die Faktoren, die nötig sind, um einen Change zu gehen, sind:

1) Das Können (Know-how wie man mit links schreibt, Technik und Methodik)
2) Das Wollen (ich sehe ein, dass es von Vorteil ist, mit links zu schreiben, warum auch immer)
3) Das Dürfen (die Gesellschaft, mein Chef, mein Partner lassen es zu, mit links zu schreiben).

Strategie *statt Taktik*

Ein gutes Change-Management ist die Voraussetzung, um von der Absicht zur Tat zu gelangen. Eine Studie von MIT Sloan Management Review und Deloitte zur Digitalisierung fand heraus, dass unabhängig von der Bau- und Immobilienbranche sich das Unternehmensmanagement bei der digitalen Transformation meistens auf die Technologien konzentriert, statt sich den digitalen Herausforderungen wirklich zu stellen – da ist sie wieder, die Axt aus dem Vorwort ... Nicht zuerst das Werkzeug aussuchen, sondern überlegen, was ich im Garten eigentlich will!

Die Umfrage zeigt, dass eher taktisch als strategisch gedacht wird. Der Druck, schnell etwas zur Digitalisierung beizutragen, und die Erhöhung des IT-Budgets führen oft zu wenig flexiblen Lösungen und geschlossenen Systemen. Wer langfristig Bestand haben will, braucht Zeit, seine Strategien zu formulieren, um auch so flexibel auf Veränderungen am Markt zu reagieren. Eine nur taktische Lösung reicht da einfach nicht aus. Die Prozesse im Unternehmen, in der eigenen Branche, müssen mit den zur Verfügung stehenden digitalen Technologien unterstützt werden. Um langfristig erfolgreich zu sein, müssen die Ziele und Anwendungsmöglichkeiten allerdings von einer Vision untermauert sein. Folglich werden Ihnen die technischen Möglichkeiten und deren Anwendung allein nicht reichen, um den Weg der digitalen Transformation wie mit Building Information Modeling zu gehen.

Der Einsatz von Technik muss vielmehr eine Antwort sein auf die Fragen, die Sie sich noch stellen müssen: Was möchte ich in Zukunft erreichen, wer werden meine Partner, Auftraggeber, Informationsempfänger sein? Die Kunst besteht darin, sich möglichst viele Adaptoren und Schnittstellen anzulegen, um für Neuerungen gewappnet zu sein. Hört sich nach Impfstoff an, ist mindestens genau so wirksam. Ich möchte Sie nicht verwirren, sondern sensibilisieren für den Blick aufs Ganze und für Flexibilität. Das ist übrigens eine große Chance gerade für kleine und mittlere Unternehmen. Die Regelbrecher und die Start-ups sind die Visionäre in der Digitalisierung. Kooperationen und Allianzen zwischen großen und kleinen Unternehmen sind in anderen Branchen nicht unüblich. Auch kleine Innovationsschmieden und große, leistungsstarke Partner können Strategien und die dazu nötige Vision kooperativ leben und verfolgen. So wird nicht nur eine Addition, sondern sogar eine Multiplikation von Know-how erzielt.

Wie aber gelange ich zu einer Vision, wie gestaltet sich meine Strategie? Dazu möchte ich die verschiedenen Stufen einer Transformation genauer betrachten. Was sind die Verfahrensschritte in der Veränderung? Dabei stehen Commitment und Zeit in einem bestimmten Verhältnis zueinander. Die Änderung der Prozesse durch die BIM-Implementierung durchläuft verschiedene Stufen der Motivation, von denen eine das Commitment ist. Zuerst erfolgt der Erstkontakt, wie wir ihn schon in den Interviews umrissen haben. Dort ist das Commitment noch nicht vorhanden, da wir ja noch nicht in einer realen Auseinandersetzung stehen. Für viele ist hier auch schon Schluss, da kein Funke überspringt oder die Auseinandersetzung durch Ablehnung unterbunden wird.

Die Auseinandersetzung mit der Methodik ist der nächste Schritt. Über Bücher, Publikationen, Veranstaltungen und Vorträge baut man langsam ein Verständnis auf. Hier steht noch nicht „Ich verstehe alles rund um BIM“ im Vordergrund, sondern erst einmal das Verständnis, dass sich etwas ändern muss und dass BIM die Lösung und logische Folge bestimmter Bedürfnisse darstellt. Je mehr Fragen ich durch die neue Methodik beantworten kann und je mehr meine Bedürfnisse offensichtlich durch sie befriedigt werden, desto stärker wird mein positives Empfinden: Ja, ich erkenne den Sinn in der Einführung der digitalen Planungsmethodik. In der Change-Betrachtung endet hier die Phase der Vorbereitung.

Wenn Sie bereits ein positives Empfinden spüren, freut mich das sehr, denn dann starten Sie in die Phase der Akzeptanz. Die Motivationsförderung in der Vorbereitungsphase ist jedoch eine schwierige Angelegenheit. Am besten hilft es dabei, diejenigen Fragen aufzuwerfen, die die neue Methodik als Lösung beantwortet. Pain points oder Triggern sind legitime Instrumente der Motivierung. Versuchen Sie, mit Kollegen und Mitarbeitern die eigenen Prozesse auf Optimierungspotenziale hin zu untersuchen. Oft hilft dabei ein professioneller Change-Manager. Ist der Funke dann einmal übergesprungen, zündet noch nicht gleich ein loderndes Feuer. Der Mensch neigt zur Rückfälligkeit.

Die Adaption der Methodik berührt nun aktiv das „neue“ Handeln. Zuerst sind Rahmenbedingungen und Grundlagen für die neue Methodik zu schaffen. Das Verständnis der Interoperabilität der Methodik und der Kollaboration bedeutet gravierende Veränderungen in der Tätigkeit des Einzelnen. Dazu sollte in Gruppenarbeit theoretisches Wissen vermittelt und die interdisziplinäre Interaktion geübt werden. Die Akzeptanzphase geht einher mit Übungen und Trainings. Man beginnt damit, bestimme Prozesse der neuen Methodik anzupassen und sie anzuwenden. Die BIM-Anwendung hält Einzug in den Alltag. Es wird allmählich selbstverständlicher, den neuen Weg zu gehen als den alten.

In dieser Phase sind nun auch handwerkliche Unterstützungen nötig. Die technische Machbarkeit von Prozessunterstützungen sollte beispielsweise durch Schulungen von Softwares unterstützt werden. Vor allem die Planer sollten jetzt aktiv mit der Modellierung beginnen. Im Übergang zur Commitment-Phase erfolgen Konditionierungen durch Ausbildung, Training und Anwendung. In der Anwendung wird man fit. Genehmigen Sie sich bitte für die vorangehende Akzeptanzphase ausreichend Zeit. Sie werden in ein Produktivitätsloch fallen, denn jede neue Anwendung in einem Prozess führt zuerst zu einem Einbruch. Denken Sie bitte an die Updates unserer Betriebssysteme: Am Anfang dauert alles ein bisschen länger, mittelfristig führt es aber zu Produktivitätssteigerungen.

Durch die Institutionalisierung haben wir es nun geschafft, unsere neuen Verhaltensweisen zu festigen. Wir haben konkrete Normen-, Rollen- und Statusbeziehungen angenommen und wenden diese an; wir fügen uns ein. Wir arbeiten nun als Professional. Die höchste Form des Commitment mit der BIM-Methodik ist die Internalisierung. Wir fügen uns mit unserer Art des Handelns in externe Systeme ein. Unter Einbeziehung externer Faktoren wie gesellschaftlicher, wirtschaftlicher oder wissenschaftlicher Rahmenbedingungen stellen wir unser institutionalisiertes Handeln in Bezug zu größeren Systemen. Was kann das sein? Beispielsweise komplexe Gesetzeswerke und Richtlinien mit definierten Merkmalskriterien von Leistungen und Rollen. In Großbritannien bedeutet das Erfüllen der BIM Level 2-Anforderungen die Internalisierung der BIM-Anwendung.

Sie sehen, es ist ein langer Weg, der strategisch zu planen ist. Binden Sie Experten ein, lassen Sie Ihren Mitarbeitern Raum für Fehler. „Beim nächsten Mal besser scheitern“ bedeutet einen großen Schritt nach vorne. Setzen Sie sich für die drei Phasen des BIM-Commitment realistische Zeiträume. Ein Zeitraum von drei Jahren ist nicht unrealistisch, um in die Commitment-Phase zu kommen. Gehen Sie mit Ihrem Status im Commitment als Unternehmen oder als Individuum am Markt (Personalmarkt oder Immobilienwirtschaft) offen um. Sie vermeiden so Vertrauensbrüche, wie sie das Verfehlen von Zielen nach sich zieht. Es gibt viele Möglichkeiten zu zeigen, dass Sie auf dem Weg zum BIM-Professional sind – gehen Sie offen und ehrlich damit um.

Wie und wann starte ich denn jetzt mit BIM-Anwendungen im Projekt oder im Unternehmen?

10 Bitte einsteigen!

Der Einstieg ins Projekt: Wann ist er für wen am sinnvollsten? – Welches Projekt gehört an den Start und wie sieht ein professionelles Projekt-Setup aus?

Wann denn nun ein BIM-Projekt startet und ab wann es Sinn macht, mit BIM zu arbeiten, das sind Fragen, die sich für die verschiedenen Akteure in der Wertschöpfungskette Bau sehr unterschiedlich stellen. Chronologisch gesehen, startet BIM, entsprechend dem Referenzprozess, zunächst in der Projektvorbereitung. Dabei unterstellen wir die erfolgte Implementierung in der Organisation und widmen uns dem Projektbezug. Daher möchte ich den ersten Teil dieses Kapitels in vier Lebenszyklusphasen aufteilen:

1) Projektvorbereitung
2) Planung (gemäß HOAI LP 1–9)
3) Bau
4) Betrieb

Im zweiten Teil erläutere ich die notwendigen Schritte der Projektvorbereitung und die notwendige Dokumentenmatrix, insbesondere die Auftraggeber-Informationsanforderung (AIA) und den BIM-Projektabwicklungsplan (BAP), sowie die Vorbereitung dieser Dokumente unter Beachtung der DIN EN ISO 19650.

Einstieg *in der Projektvorbereitung*

Wie der Einstieg in der Projektvorbereitungsphase aussieht, habe ich ja bereits im Kapitel 7 am Referenzprozess des Stufenplans gezeigt. Um Missverständnissen vorzubeugen: In der Projektvorbereitung haben wir noch nicht unbedingt ein digitales Modell, aber die Strukturen werden vorbereitet.

Der Einstieg hängt in dieser Phase natürlich stark von Ihrer Funktion und Ihrer Rolle im Projekt ab. Als Auftraggeber werden Sie nun früher mit der BIM-Vorbereitung im Projekt sein als der Planer, der Ihr Lastenheft zu erfüllen hat. Je früher die BIM-Implementierung beginnt, desto effektiver ist auch die Generierung von Mehrwert. Vor allem die Kompetenzabfrage zur Auswahl des Planers, die professionelle Formulierung der AIA und des BAP mit Expertise aus dem Planer- und

Bauteam werden maßgeblich über die Ausführungsqualität der Planung und der Bauausführung entscheiden und den Betrieb entsprechend unterstützen können. Eine derartige Projektbearbeitung wird derzeit immer noch von wenigen professionellen Auftraggebern gefordert. Seit 2020 hätte sich das vor dem Hintergrund des BMVI-Stufenplans jedoch rapide ändern müssen. Auch die Deutsche Bahn ist hier bereits professionalisiert und hat ihre Anforderungen in den „Vorgaben zur Anwendung der BIM-Methodik" formuliert. Diese werden insbesondere die Planung und die Übergabe an den Betrieb betrachten und sind zugleich Anlage zu den Ingenieurverträgen.

Einstieg
in der Planungsphase

Der Einstieg in der Planungsphase lässt sich in unterschiedlichen Konstellationen bewerkstelligen. Grundsätzlich sollten Sie als Auftraggeber auch bei fortgeschrittenem Planungsstand den Einsatz von BIM in Erwägung ziehen, da noch Mehrwerte gehoben werden können. Sie sollten die Leistungen für sich klar definieren und dem Auftragnehmer unmissverständlich beschreiben. Ein heute gangbarer Weg ist auch die Schattenmodellierung bereits fortgeschrittener Planungsphasen. Auch so lässt sich die Kollisionsprüfung von 2D-Planungen zur besseren Koordination der Planungsdisziplinen erreichen und der Einstieg in das Gebäudedatenmodell für die Ausführung schaffen. Wir selbst haben so in einem größeren Hotelprojekt die im 2D-Plan plausibel erscheinende Schachteltreppe mit den entsprechenden Ausgängen als Planungsfehler eines Kollegen enttarnen können, da Durchgangshöhen auf den Podesten unter 2 m einfach nicht zulässig sind. Diese Erkenntnis vor Baubeginn erspart Zeit und bares Geld.

Ein paar Jahre lang werden wir uns noch in einer Übergangsphase befinden, die dem Referenzprozess des Stufenplans noch nicht zu 100 Prozent entspricht. Oft schließen bereits die Vorgaben städtebaulicher und architektonischer Wettbewerbe die Kompetenzauswahl der Planer aus. Dass eine „gesunde Portion BIM" nicht weh tut und das Planungsergebnis eines Architektenwettbewerbs nicht beeinflusst, konnten wir als BIM-Berater im VgV-Verfahren mit vorgeschaltetem Planerwettbewerb zum Neubau des Campus Bockmühle in Essen selbst erfahren. Es ist die Auswahl der realistischen Anwendungen im Wettbewerb und in der anschließenden Planungsphase, die das Verhältnis von Teilnehmenden, Planungsergebnissen und die notwendig erachtete BIM-Kompetenz des Planers, die schon im Vorfeld eines Projektes Erfolgsfaktor sein können. Bei Großprojekten ist die Projektlaufzeit aber auch oft so lang angelegt, dass ein „verBIMen" des Planerteams noch möglich ist. In den Soft Skills sind solche Projekte jedoch sehr anfällig. Experten im Change-Management sollten dringend eingebunden werden. Erfahrungsgemäß sind dann im Projekt diejenigen Planungspartner tonangebend, die sich mit der Methodik schon länger befassen. Das führt zu Ungleichgewichten im Team und gefährdet das Projektergebnis. Das Werteverständnis im Team ist dann gestört, der Erfahrene wird immer wichtiger, der weniger Erfahrene bekommt Angst, sein Gesicht zu verlieren. Das darf nicht sein!

Wenn ich nun selbst Planer bin – wie und wann kann ich dann mit dem Modell beginnen und digital ins Projekt einsteigen? Ich möchte Ihnen verschiedene Wege dorthin aufzeigen. Wie in der HOAI LP2 vorgesehen, wird der skizzenhafte Entwurf bei der Architektur, der Tragwerksplanung und der technischen

Gebäudeausrüstung fester Bestandteil des Planungsprozesses bleiben. Wie und ob sich dabei digitale Hilfsmittel wie Freiformprogramme oder parametrisches Entwerfen durchsetzen werden, hängt ganz von Ihnen ab. Ist es doch gerade in der hoch kreativen Phase eines Projekts etwas ganz Besonderes, den Entwurf und seine Idee mit prägnanten Strichen abbilden zu können. Auch Schemata sind legitim im BIM-Prozess, handelt es sich doch um den Einstieg in das neue „Digitale Miteinander". Die Konzeptskizze ist eine herrlich analoge Art, Lösungsansätze ökonomisch zu beschreiben.

Zur eigenen Plausibilisierung des Entwurfs kann nun schon ein einfaches Modell angelegt werden. Genau wie heute wird der Planungsprozess von Maßstabsveränderungen begleitet, vom Groben ins Feine. Dazu nutzen wir die Levels of Information Needs (LOIN). Das Erstellen des ersten Modells bedeutet dann auch die Geburtsstunde eines Parallel- oder Spiegeluniversums. Die analoge Planung in Form von Skizzen oder Schemata existiert parallel zum 3D-Planungsmodell. Von nun an bedingen und erklären sich die parallelen Planungsarten gegenseitig, wobei die analoge Planung um weitere Planungs- und Bauprozesse über die aus dem Modell abgeleiteten Pläne und die Verbalisierung in der Ausschreibung nahtlos in den Bauzustand übergehen. So, wie BIM verstanden werden sollte, trennen sich diese – nicht eineiigen – Zwillinge nie wieder. Das digitale Gebäudemodell und der reale Bestand sollen sich immer spiegeln, damit im Betrieb, bei Revitalisierungen oder im Rückbau sich Konsistenz einstellt und Risiken minimiert werden.

Ein einfaches Modell am Anfang des Planungsprozesses ist auch beim städtebaulichen Einstieg sehr hilfreich und kann sehr früh Aufklärung bringen über Baumassenstudien und Verschattungen, Ausnutzung und Integration in den städtebaulichen Kontext. Viele Geodaten sind dank Laserscan-Überfliegungen von den regionalen Landesdatenbanken bereits über ALCIS zu bekommen. Auch eine Drohnenpunktwolke bei der ersten Aufnahme hilft für die Studie sehr, indem ein Gelände- und Bestandsmodell in die Punktwolke modelliert wird. Die Kataster der Gemeinden sind in der x- und y-Achse exakt und in der z-Koordinate mindestens bis auf 20 cm genau erfasst.

Jedem Planer wird dies wie ein Schlaraffenland vorkommen, da allenthalben oft Informationsleere herrscht. Ich erinnere mich an Bauherrenanfragen, die Planungsansätze erwarteten, die auf dreifach kopierten Katasterplänen basieren. Gerade in der Projektentwicklung geht es darum, schnell eine erste Idee aufs Papier zu bekommen, anhand derer dann eine Grobkalkulation und Rentabilitätsrechnung durchgeführt und eine Investitionsentscheidung gefällt werden soll. Leider spart man sich dann häufig aufgrund der räumlichen Distanz und des „Akquisitionsanspruchs" gegenüber dem Planer eine tiefergehende Untersuchung, und als Planer verlässt man sich auf die Bauherreninformationen. Glücklicherweise gibt es Städte, die schon durch ihren Namen dazu aufrufen, ihre Topografie zu hinterfragen. Orte wie Bergisch Gladbach oder Baugrundstücke im Taunus oder im Alpenvorland haben schon mal kräftige Höhenunterschiede, die ein rasches 2D-Konzept zu Makulatur machen, da sich eine Rentabilität hier gar nicht erst einstellen kann. Da bietet sich der simple digitale Einstieg in die Bearbeitung eines Lösungsansatzes oft schon durch einen Blick aus der Vogelperspektive in Google Maps, Google Streetview oder Google Earth an. Das Spielen mit den digitalen und analogen Möglichkeiten kann so sogar kreativitätsfördernd und reizvoll sein.

Ist man nun durch die Erfassung eines Baugrundstücks zu einem ersten Konzept gelangt und lassen die zweidimensionalen skizzenhaften Grundrisse eine maßstäbliche Lösung vermuten, ist ein guter Einstieg in die digitale Welt gegeben. „Quick and dirty“ ist bei Programmierern und in der Game-Industrie ein fester Begriff für den schnellen Einstieg in ein Projekt. Das ist auch beim Planen von Bauwerken erlaubt! Man nähert sich also einer Lösung unter Berücksichtigung verschiedener Entwurfsvarianten. Einem solchen Einstieg sollte aber das Erstellen eines Objekt-Template oder einer Grundlagendatei vorangehen. Dies ist notwendig, um später auch mit anderen fachlich Beteiligten in Austausch treten zu können.

Sie bemerken bereits einen ersten Unterschied zur herkömmlichen Planung. Ich mache mich chic und fein für das zukünftige interdisziplinäre Miteinander. Als Architekt möchte ich eine gute Grundlage für das gesamte Team liefern und bereite schon die Kommunikation in den weiteren Leistungsphasen vor. Es empfiehlt sich, das Template möglichst frühzeitig anzulegen, um nicht mehrere Arbeitsschritte wiederholen zu müssen. Es sollte wichtige Grundinformationen wie Geschossigkeiten, einen gemeinsamen Einfügepunkt, Grundstücksgeometrien und Achsen sowie Stammdaten wie Adresse, Bauherr etc. beinhalten. Zu diesem frühen Zeitpunkt sollte auch schon die Beziehung der Geschossigkeit auf Normalnull (NN) der Normalhöhennull (NHN) definiert sein. Bitte klären Sie auch mit Ihrem Statiker, wie er das Modell betrachten soll, mit Blick nach unten (wir nennen das Trogmodell) oder mit Blick nach oben (unser Tischmodell), da insbesondere aus der 2D-Betrachtungssicht hier eine eindeutige Absprache zu treffen ist.

Dieses „leere Blatt Papier“ ist aber schlauer, als man denkt. Denn wer dieses IFC-Template nun referenziert (früher Pause hinter das Transparent gelegt oder in der CAD als Hyperlink oder Referenzdatei angehängt), arbeitet auf einer verlässlichen und allgemeingültigen Grundlage. Nun kann man die skizzenhaften Ansätze in der BIM-fähigen CAD-Autorensoftware als Kuben oder einfache

„Boden-Wand-Decke-Modelle" auf diesem Template modellieren und damit das erste Architekturmodell anlegen. Habe ich auch die Geodaten als geometrisches Stadtmodell verfügbar, kann ich sofort ein städtebauliches „Weiß Modell" erstellen, so wie die Architekten dies aus dem Modellbau kennen. Der Vorteil ist jedoch, dass ich es jederzeit aus dem Blickwinkel eines Menschen betrachten kann und nicht aus dem eines King-Kong-Piloten. Ich kann mich auf die Straße beamen und meine Baukörperfiguration ganz fix prüfen, ohne wie früher Endoskop-Kameras in den Modellbau einzufädeln. Wie oft sind Entwürfe nur aus dem Flugzeug verständlich! Im Modell hatte es bestimmt gut ausgesehen, im städtebaulichen Kontext, mit dem menschlichen Auge und Maß aber nicht. Auch für mich bestand die Kunst immer darin, dem Entwurf perspektivisch eine erste Atmosphäre mitzugeben. Den Präsentationstechniken waren dabei keine Grenzen gesetzt.

Man konnte herrlich experimentieren. Der Entwurf wurde einfach durch Zentral- oder Fluchtpunktperspektive mit Bleistift oder Rapidograph abgebildet. Stimmungsvolle Himmel aus Kreide oder fotorealistische Farbkopien im Anschnitt schufen die gewünschte Stimmung. Dann wurde mit Letraset und Magictape alles miteinander verbunden und in den Farbkopierer gegeben. Das Ergebnis war eine Visualisierung, die für städtische und politische Gremien gut genug sein musste oder die eine Jury überzeugen sollte; oft half sie auch bei der Vermarktung und wurde selbst noch auf dem Bauschild genutzt. Danach konnte man sich am Abgleich zwischen diesem Bild und dem fertiggestellten Gebäude in seiner Gestaltungshoheit messen lassen.

Zwischen dem Erwarteten und dem Realen lag dann jedoch oft eine kleine Welt. Manchmal hatten wir natürlich bewusst geschummelt, um die eine oder andere „Hüftrolle" unter dem Kleid zu kaschieren. Denn das zu erfüllende Bausoll ist ja nicht unbedingt das maßstäbliche Bausoll. Da wurde dann schon mal eine gewisse Unschärfe genutzt, um das Bauwerk für die visuelle Kommunikation gefälliger zu machen. Oder die gutaussehende Dame mit den Kindern im Vordergrund lenkte etwas ab von den vielen Eingangstüren der Siedlung, um ein gemütliches Zuhause zu suggerieren. Bitte, liebe Architekten und Stadtplaner, haltet an dieser künstlerischen Freiheit fest! Sie ist weder in Gefahr, noch infrage gestellt. In der Kombination digitaler und analoger Werkzeuge liegen so viele Möglichkeiten. Man muss sich nur trauen.

Vertrauen

Man kann beispielsweise ein Luftbild oder ein Foto zur Grundlage nehmen und den Blickwinkel auf das Modell entsprechend der Situation anpassen. Dafür sollte man nach wie vor in der Lage sein, räumlich zu denken und das „quick and dirty" zu nutzen. Diesen Blickwinkel auf das Modell kann ich dann als Bild speichern und in Bildbearbeitungsprogrammen in die realistische Umgebung einbetten. Sämtliche Werkzeuge entsprechender Software stehen mir dafür zur Verfügung. Materialien, Fassadenvarianten etc. lassen sich so auf ganz kurzem Wege simulieren. Iterativ können Ergebnisse der Studien so auf das Modell zurückgeführt werden, im Spiel von analog und digital. Auch verschiedene Baukörperstudien sind so in vergleichbarer Umgebung vergleich- und verwertbar. Das Neue dabei ist, dass schon jetzt verlässliche Kennzahlen für die Lösungen abrufbar sind. So wird bei jeder Variante die BGF und der BRI mitgeführt, was die Ausnutzungskennziffern überprüfbar macht. Durch Anlegen von groben Erschließungssystemen kann schnell eine Aussage über die Nutzfläche getroffen werden. Die Ergebnisse stehen dem Auftraggeber in anschaulichen Visualisierungen oder in Modelviewern für seine Bewertung auch als Daten zur Verfügung. Durch die Verknüpfung der Flächen mit Kosten lassen sich auch schon annähernde Rentabilitätsbetrachtungen gewinnen.

Warum nicht von Anfang an Ehrlichkeit im Entwurf? Weil wir dann angreifbar oder austauschbar würden? Ist der Magier mit den meisten Hasen im Hut auch der beste Architekt? Das bringt uns zu einem anderen Thema zurück: Ehrlichkeit, Angreifbarkeit. Bewusstes Vorenthalten von Informationen zur eigenen Absicherung im Projekt, einhergehend mit einer perfektionierten Streitkultur – das ist nun einmal die Gegenwart. Ein Kulturwandel der gesamten Bau- und Immobilienwirtschaft weg davon erscheint illusorisch. Doch BIM wird hier einige Veränderungen nach sich ziehen. Transparenz und frühe Informationsfülle sind ein demokratisches Gut, das wir uns erschließen können. Das bedarf allerdings einiger Umstellungen auf Auftraggeber- wie auf Auftragnehmerseite. Geschummelte städtebauliche Studien, bewusst nicht koordinierte Entwurfsphasen und unvollständige Genehmigungsunterlagen (der GU wird's schon richten) oder perfektioniertes Nachtragsmanagement vor der Abgabe des Angebots sind kein Zukunftsmodell. Wir werden alle mit der neuen Ehrlichkeit in der Planung umgehen müssen und dabei sicherlich keine schlechteren Ergebnisse einfahren.

Erst einmal aber weiter auf dem Weg im Vorentwurf und im Entwurf, wo BIM eingreift, um die nachfolgenden Prozesse zu unterstützen und die Interaktion mit allen involvierten Parteien zu verbessern. Gerade die Ingenieure der technischen Gebäudeausrüstung finden sich oft in der Situation wieder, dass sie aus Ermangelung eines dreidimensionalen Gebäudemodells eigene Arbeitsmodelle erstellen müssen. Auch Statiker finden sich immer wieder in dieser misslichen Situation. Das führt zu schwer darstellbaren Mehrleistungen, die bei einer ganzheitlichen Wertschöpfungskette durch alle Fachdisziplinen hindurch gar nicht erst entstehen würden.

Weitere Möglichkeiten des Einstiegs ergeben sich nun abhängig von den einzelnen Disziplinen. Auch die Analyse oder Verwertung des Modells stellt ja für einige Beteiligten der Planung den Einstieg dar. Das so entwickelte Modell (mehrere Fachmodelle in einem Koordinierungsmodell) wird nach der Ausführungsplanung zur weiteren Verwendung in die Arbeitsvorbereitung oder in die Kalkulation übergeben.

Einstieg *in die Bauvorbereitung/Bauphase*

In den Niederlanden und mittlerweile auch in Deutschland hat es sich etabliert, auf Generalunternehmerseite ein Konstruktionsmodell (Achtung: nicht das Konstruktionsmodell des Statikers!) zu entwickeln. In Deutschland ist der Einstieg insbesondere in ein Kalkulationsmodell nicht unüblich. Dabei wird unterstellt, dass der Generalunternehmer mit anderen Interessen an die Modellerstellung herangeht und die Modellierung vor allem der Bauausführung und den entsprechenden Simulationen und Klassifizierungen genügen muss, um seine Anwendungsfälle zu bedienen, und in seinem Software-Ecosystem funktionieren muss. Schon heute werden solche Modelle in Ausführungsqualität innerhalb von wenigen Wochen modelliert. Dieses Modell dient dann der Kalkulation und ermöglicht über ergänzende Auswertungssoftwares die Kosten- und Zeitsimulation. Da die Generalunternehmer im Kalkulationsalltag immer noch auf wenige Modelle von außen stoßen, ist dieser Schritt ohnehin notwendig, um zum BIM zu kommen. Langfristig sollten aber auch das Koordinierungsmodell oder die Teilmodelle der Planung nutzbar werden, um effizienter mit der Modellerstellung umzugehen. Einige Unternehmer haben sehr viel Aufwand in die Content-Erstellung investiert, um eine automatische Verknüpfung der Bauteile mit Leistungspositionen und Kosten in einer 5D-Software zu ermöglichen. Da das Ergebnis dieses Aufwands aber geistiges Eigentum darstellt, können beteiligte Planer noch nicht über diese Bauteile verfügen. So wird es noch eine lange Zeit zu Medienbrüchen zwischen dem Planungsmodell der frühen Leistungsphasen und dem Realisierungsmodell z. B. eines Generalunternehmers kommen. Standardisierte Bauteile, ein einheitliches Klassifizierungssystem und standardisierte Produktdaten werden diesen Medienbruch mittelfristig minimieren.

Im weiteren Projektverlauf steigen nun die Nachunternehmer in die Modellerstellung ein. Einige Stahlbauer und Fassadenbauer wie auch die haustechnischen Gewerke sind schon mit der modellbasierten Bearbeitung von Werk- und Montageplanungen vertraut und erzeugen eigene IFC-Modelle oder native Modelle. Diese Modelle werden dann im Konstruktionsmodell (GU) referenziert. Danach werden die Attribute der Bauteile im Konstruktionsmodell GU den ausgeschriebenen und vergebenen Fabrikaten angepasst und später auch durch verbaute Seriennummern ergänzt. BIM2Field bedeutet, dass das Modell nun im Rahmen von Soll-Ist-Abgleichen für die Baufortschrittsdokumentation und die Mängelerfassung herangezogen wird. Dabei unterstützen insbesondere AR-Anwendungen zum Abgleich des Ist-Zustands mit dem Soll-Zustand (4D) zur Baufortschrittskontrolle. Der Einstieg mitten im Projekt ist also nicht unüblich. Beim Nichtvorhandensein eines Generalunternehmers muss das Führen dieses „Baustellenmodells" für die Einzelvergabe dann bei den Planern verbleiben. Vom klassischen Planungsmodell sollte es sich aber durch die Anforderungen aus dem Baubetrieb und dessen Management unterscheiden.

Einstieg *im Betrieb oder für Bestände*

Warum sollte ich, werden Sie sich fragen, zum guten Schluss noch in ein Modell einsteigen? Dafür gibt es gute Gründe. Der einfache Weg, sein Gebäude digital abbilden zu können, ist zwar das Planungsmodell bei Neubauten, das ist aber auch nachträglich möglich. Je nach Anforderung ist die Modellierung von Gebäudebeständen ebenfalls von Vorteil. Als Grundlage für die Revitalisierung oder komplizierte Rückbauten ist ein Modell hilfreich. Es erleichtert auch das Asset-, Property- und Facility Management ungemein. Es gilt dabei, wie bei der Planung von Neubauten, vorab eine Auftraggeber-Informations-Anforderung zu formulieren, um die notwendigen Tiefen der Modellbearbeitung und der Anforderungen an die Daten zu erreichen. Die Verfügbarkeit von Gebäudemodellen hilft dem Assetmanagement beispielsweise auch bei der Plausibilisierung von Planungen von Vermietungskonzepten und dem Benchmarking von Standorten in Portfolios. Auch BIM ohne das Building Information Model in 3D ist sinnvoll! Sie fragen sich, was das soll? CAFM-Connect 3.0 nutzt die BIM-Daten (IFC 4), um Bauteilinformationen zu strukturieren und verwalten zu können. Somit lassen sich die komplexen Gebäudedaten und Produktdaten von Bauteilen deutlich einfacher verwalten. Zur effizienteren Auffindbarkeit und zur Einbindung in CAFM-Systeme können so für den Betrieb relevante Verknüpfungen angelegt werden. Von reinen Produktdaten, über die Wartungshistorie von Bauteilen bis hin zu Hinweisen entsprechender Betreiberverpflichtungen und tangierter Normen und Richtlinien.

Wie startet denn nun ein Projekt und was ist im Projektmanagement zu beachten, wie sind die Informationen zu managen?

Auftraggeber-Informations-Anforderung (AIA)

Zur Definition der AIA sind vorab die Informationsbedarfe auf Unternehmensebene und auf Projektebene zu ermitteln, sodass die Datenbestellung auch maßgeschneidert ist und der Auftraggeber die Daten für seine Anwendung erwarten kann!

Das Dokument einer AIA setzt sich gem. der DIN EN ISO 19650 mit Informationsanforderungen auf Organisationsebene (OIA) in Form von Missionen, Visionen oder Zieldefinitionen und organisatorischen Anforderungen, wie Rollen etc., sowie objektspezifischen Informationsanforderungen auf Liegenschaftsebene (AIR oder LIA), also Mikroebene relevant für die Betriebsphase, auseinander und fasst diese als Datenbedarfe mit den projektspezifischen Anforderungen für die Planungs- und Bauphase (PIA) allgemeingültig zusammen.

Bei unseren Bestandshalterkunden handhaben wir diese Vorüberlegungen zu den AIA auf diese Weise und ich möchte sie wie ein Formularwesen mit Schablonen für die Informationslieferung beschreiben. Auf Organisationsebene sollten zunächst auf Auftraggeberseite übergeordnete, strategische Informationsbedarfe beschrieben sein. Was macht z.B. mehrere Objekte in einem Portfolio vergleichbar? Das sind KPIs für Performance, wie Rendite, Nachhaltigkeit oder Bauzustandskriterien. Insbesondere in der Bewirtschaftung und im Portfoliomanagement sind diese Merkmale von Relevanz. Auch sind die organisatorischen Grundlagen für ein Projekt zu beschreiben, also welche Rollen sollen vorhanden sein, welche Anforderungen bestehen grundsätzlich im Unternehmen an Datenhaltung. Die AIR oder LIA beschreiben die Informationsanforderungen an den Mikrostandort, also an die Liegenschaft und sind der Mindestinformationsbedarf für den Betrieb (Stammdaten). Diese können technische, juristische, kaufmännische sowie finanzielle Informationen sein und bedienen Zielsysteme wie ERP oder CAFM-Systeme. Dazu fragen wir meistens ab, welche Daten wie heute zu einem Bestandsobjekt gehalten werden. Ein zukünftiges BIM-Projekt sollte mindestens diese Anforderungen der Bewirtschaftung bedienen, dass bedeutet, nach den Planungen und dem Bauen sollten mindestens diese Informationen ohne Mehraufwand erzeugt worden sein. Die Projekt-Informationsanforderungen (PIA) beschreiben die Bedarfe zu den Anwendungsfällen in der Planungs- und Bauphase. So sind z. B. 4D-Daten relevant für diese Phase, nach Projektabschluss im Übergang zum Objekt nicht mehr. Wenn ein Auftraggeber mehrfach die Anwendung der BIM-Methode forciert, sollte er eine AIA-Vorlage formulieren. Zusammengefasst bedeutet das:

- Organisations-Informations-Anforderungen (OIA) informieren die Projekt-Informations-Anforderungen (PIA)
- Liegenschafts(Asset)-Informations-Anforderungen (EIR oder LIA) informieren die Auftraggeber-Informations-Anforderungen (AIA)
- Projekt-Informations-Anforderungen (PIA) generieren die Auftraggeber-Informations-Anforderungen (AIA) (unter Berücksichtigung der EIR oder LIA)
- Liegenschafts(Asset)-Informations-Anforderungen (LIA) beschreiben die Bedarfe des Liegenschafts(Asset)-Informations-Modells (AIM/LIM)
- Auftraggeber-Informations-Anforderungen (AIA) beschreiben die Bedarfe des Projekt-Informations-Modells (PIM)

Auch im Referenzprozess nach Stufenplan wird unterstellt, dass der Auftraggeber zuerst eine Auftraggeber-Informations-Anforderung (AIA) erstellt (standardisiert nach VDI 2552 Blatt 10). International entspricht dies den Employer's Information Requirements (EIR). Wann werden welche Informationen in welcher Detailtiefe und in welchem Format gefordert? Dabei soll Ineffizienz vermieden werden, nicht sinnvolle Daten erheben zu lassen. Inhaltlich, auf die Planungs- und Bauaufgabe bezogen, ist die Bedarfsermittlung bereits in der DIN 18205 berücksichtigt und von der AIA strikt abzugrenzen. Insbesondere die Bereiche Daten, Prozesse und Qualifikationen sind im Vorfeld eines Projektes genauer zu beschreiben und unter anderem Inhalt einer AIA. Auch empfiehlt es sich, eine strategische Planung zur BIM-Nutzung vor die eigentlichen Planungsprozesse zu setzen, um die vollen Mehrwerte (BIM-Ziele) sinnvoll und effizient zu beschreiben und so zu erzielen. Im Rahmen des Projektsetups sollten nun projektspezifisch die einzelnen Maßnahmen (BIM-Anwendungen) verankert werden und die notwendigen Prozesse, zum Beispiel anhand einer Gesamtprozesslandkarte beschrieben werden. Nun folgt eine detaillierte Anforderungsbeschreibung der Informationen, welche in Form eines Lastenheftes (AIA) formuliert werden und auch für die Beschaffung von Planungs- und Bauleistungen oder als Grundlage für die BIM-BVBs (Anlage zum Werkvertrag) herangezogen werden können. Ergänzende Dokumente können eine Modellierungsrichtlinie und eine Bauteil-Element-Matrix sein.

Die AIA sind immer projektspezifisch und Bestandteil der Vergabeunterlagen. Immer dann, wenn ein Auftraggeber-/Auftragnehmerverhältnis besteht, sollten AIA die Qualität der Informationslieferung beschreiben. Das bedeutet, zunächst erstellt der Bauherr die AIA. Erfolgt die Vergabe an einen Generalplaner oder Generalunternehmer, wird dieser für seine Vergaben an Subunternehmer oder Abteilung eigene AIAs erstellen (also für Fachplaner, Bauausführende etc.). Diese haben mindestens die Anforderung des Bauherrn und dürfen nicht im Wiederspruch mit den ursprünglichen AIA stehen.

Inhaltlich gehören insbesondere Angaben, wann, in welcher Detailtiefe und in welchem Format die angeforderten Daten geliefert werden sollen, in die AIA, damit der Auftraggeber auf der Grundlage dieser Daten gegebenenfalls notwendige Entscheidungen fällen kann. Die angeforderten Daten sollten nicht nur die geometrischen Informationen, sondern auch weitere für ihn relevante Bauwerks- beziehungsweise Bauteilattribute, wie eingesetzte Baustoffe mit samt deren Eigenschaften (z.B. Wärmedurchlässigkeit, Schallschutzeigenschaften oder den ökologischen Fußabdruck) zu bestimmten Leistungsphasen oder Projektgates an Datenlieferpunkten (Datadrops) umfassen. Der Auftraggeber kann darüber hinaus auch festlegen, dass auch die Art der Leistungserbringung, wie die digitalen Beschreibungen des Bauprozesses und die detailgenaue Aufgliederung der Kosten (5D-Modell) in der Leistung enthalten sein müssen. Dabei sollte der Grundsatz der Methodenfreiheit aber gewahrt bleiben. Deswegen kann die genaue Beschreibung des Liefergegenstandes der Daten die Beschreibung des Weges der Leistungserbringung ersetzen. Bei der Erstellung der AIA ist mit dem späteren Nutzer bzw. Betreiber des Bauwerkes eng zusammenzuarbeiten, um eine ganzheitliche Informationsbetrachtung und Prognose über den gesamten Lebenszyklus eines Bauwerks führen zu können. Alle zu erbringenden Leistungen sind auf Grundlage 3D-fachmodellbasierten Arbeitens in digitaler Form zu liefern (z.B. Bauwerks- und Bauablaufpläne, Unterlagen für die Betriebsphase). Sofern weiterhin 2D-Pläne erstellt werden, müssen diese aus 3D-Modellen, die dem Auftraggeber zur Verfügung zu stellen sind, abgeleitet werden. Der Grundsatz der Planung durch getrennte Fachbereiche bleibt durch das Arbeiten in den jeweiligen Fachmodellen erhalten. Die Fachmodelle sind in einem Koordinierungsmodell zusammenzuführen und auf Konsistenz zu überprüfen.

Weiterhin wird empfohlen, die gelieferten Daten der Auftragnehmer auf Übereinstimmung mit der AIA zu prüfen. Diese Form des Qualitätsmanagements soll auch auf der Auftragnehmerseite zur Eigenvalidierung und Qualitätsverbesserung beitragen. Die zuvor benannten Auftraggeber-Informations-Anforderungen (AIA) definieren also für den Auftraggeber ein zu erwartendes Leistungssoll der Informationslieferung und sind zugleich Bewertungsgrundlage der Aufwände auf der Planer- und Bauausführendenseite.

Ein wichtiger Aspekt der AIA ist die Festlegung der BIM-Ziele im Rahmen einer BIM-Strategie, d.h. warum die Methodik im Projekt eingesetzt werden soll und mit welchen Anwendungen. Bei den zuvor beschriebenen Leistungen wird der AG durch das Informationsmanagement unterstützt. Die Lagerung des Informationsmanagements variiert in Projekten und Unternehmen stark. Die einzelnen Rollen werden im weiteren Verlauf des Buches dezidiert beschrieben. So ist es durchaus möglich, dass bei privatwirtschaftlichen Unternehmen das strategische Informationsmanagement und auch das operative Informationsmanagement (BIM-Management) betreut wird. Eine andere Variante ist die bewusste Trennung, um eine weitere Controlling- und Steuerungsfunktion zu installieren, sodass das strategische Informationsmanagement beim Auftraggeber ansetzt und das operative Informationsmanagement beim AG und beim AN liegt. Dieses wird die Erfüllung der AIA überwachen. Diese Trennung macht vor allem deswegen Sinn, weil so auch eine auftraggeberfreundliche Steuerung der BIM-Leistungen möglich ist.

Leider ist momentan eine Tendenz zu erkennen, die noch fehlende Professionalisierung der Bauherren zugunsten neuer Steuerungsleistungen und zur Erfindung immer weiterer Stabsstellen der Projektsteuerung auszunutzen. Wenn so das Informationsmanagement komplett, d.h. ohne Unterteilung in strategisch und operativ, angefragt wird, kann dieses am Anfang des Projekts den Steuerungsaufwand selbst bestimmen. Das dient meist den ureigenen wirtschaftlichen Interessen und bewirkt keine besonders gute Projektsteuerung. Wird die Leistung des Informationsmanagements im Rahmen der AIA beschrieben und abgegrenzt, kann eine maßstäbliche, sinnhafte Umfänglichkeit dieser Leistungen definiert und im Projekt überwacht werden. Es ist zu erwarten, dass die Prozesse der Projektsteuerung zukünftig digitalisiert im Informationsmanagement einfließen werden.

Im Referenzprozess des Bundes werden die nächsten Schritte wie folgt beschrieben: Danach erfolgt die Mobilisierung des Planerteams und im weiteren Verlauf des Bauausführenden. Dabei unterstützt das strategische Informationsmanagement auch bei der Teamauswahl. Bei der Ausschreibung der Planungs- und Bauleistungen wird zum üblichen Kompetenz-Nachweis (Projektreferenz, Leistungsfähigkeit, Bürostandards, z.B. ISO 9000/9001 sowie Qualifikation/Zertifizierung z.B. bS/VDI Professional Certification) auch der Nachweis zur Erfüllung der AIA über die Vorlage des Pflichtenheftes in Form von BAP abgefragt. In der Praxis hat sich der Einsatz eines vorläufigen BAP (Pre-BAP) etabliert, um im Rahmen der Kompetenzabfrage vergleichbare Ergebnisse strukturiert zurückzubekommen. Darin wird das Planer- oder Bauteam beschreiben, wie es die Anforderungen aus dem AIA zu erfüllen gedenkt und mit welchen Anwendungen die Ziele erreicht werden sollen. Auch kann in VgV-Verfahren eine vorgezogene Leistung mit repräsentativen BIM-Anwendungsfällen (bitte honorieren, da sonst Ansprüche entstehen können) Aufschlüsse über die Leistungsfähigkeit des Anbieters bringen. Anschließend werden die Leistungen gemäß den Leistungsphasen der HOAI/AHO erbracht. Eine erneute Kompetenzabfrage entsprechend dem zuvor beschriebenen Procedere erfolgt vor der Vergabe an einen Generalunternehmer, um auch während der Bauphase die BIM-Anwendungen sicherzustellen.

An vorher festgelegten Datenübergabepunkten werden dem Auftraggeber die relevanten Informationen übergeben, geprüft gegen die AIA. Der abschließende Datenübergabepunkt ist die Bereitstellung des „As-built"-Modell nach der Leistungsphase 8. Ab diesem Zeitpunkt stehen Daten für den Betrieb des Bauwerks bereit. Das Vorhandensein der Datenübergabepunkte als Meilensteinsystem ermöglicht es dem gesamten Projektteam auch, beispielsweise bei Umplanungen an einen zuvor freigegebenen Meilenstein zurückzukehren, um auch den Leistungsumfang der Änderung zu bemessen. Dabei ist nicht jeder Datenübergabepunkt auch für den Auftraggeber relevant. Die Datenübergabepunkte (Data Drops) sollen dabei unbedingt die Entscheidungen des Auftraggebers unterstützen und in Bezug auf ihre Zielsysteme auf die Maschinenlesbarkeit entsprechend den Lieferbedingungen beschrieben sein. Einblick in AIA und BAP erhalten Sie im BIM-Mittelstandsleitfaden, den ich im Kapitel 12 vorstelle.

BIM-Abwicklungsplan (BAP) – BIM-Ziele – BIM-Anwendungsfälle

Der BIM-Abwicklungsplan (BAP) ist der Fahrplan eines jeden BIM-Projektes. Er reflektiert in einem konkreten Projekt die Ziele (gem. AIA), die organisatorischen Strukturen, die Verantwortlichkeiten in der BIM-Anwendung sowie die technischen Absprachen. Er setzt den Rahmen für das „Was, Wie, Wann und In welcher Qualität", also die Anforderungen an das Informationsmanagement im Projekt:

- „Was": vereinbarte BIM-Ziele und die daraus abgeleiteten BIM-Anwendungsfälle,
- „Wie": die BIM-Leistungsbilder mit den definierten Rollen für die BIM-Anwendungsfälle,

- „Wann“: BIM-Leistungen im definierten Fertigstellungsgrad der digitalen Bauwerksmodelle, die zu einer bestimmten Leistungsphase und für einen darauf aufbauenden Prozess vorliegen müssen,
- „In welcher Qualität“: die BIM-Qualitätssicherung mit den Prüfschritten und den vorgegebenen technischen Absprachen zu Software, Schnittstellen und Modellierungsvorschriften.

Schon zu Beginn der BIM-Nutzung wird also der BIM-Abwicklungsplan festgelegt. Er reflektiert die BIM-Anforderungen des Auftraggebers und sollte der allgemeinen, antizipierten BIM-Erfahrung der am Projekt Beteiligten angemessen sein. Während des Projekts wird er fortgeschrieben (entgegen den AIA, die nicht verändert werden) und eine aktuelle Version soll wenigstens zu Beginn der nächsten Leistungsphase vom Auftraggeber veranlasst oder ihm zur Abstimmung vorgelegt werden. Dafür ist der mit der Informationsmanagement-Rolle beauftragte Projektteilnehmer verantwortlich.

Der BIM-Projektabwicklungsplan fördert in seiner Anwendung die Zusammenarbeit zwischen den Beteiligten und erhöht die Transparenz für den Auftraggeber und die beauftragten Planer und Bauausführenden. Bei einem Personalwechsel oder einer Projektunterbrechung sorgt die klar festgehaltene Dokumentation der BIM-Anwendung im Projekt für Kontinuität.

Die Ableitung der Anwendungsfälle (wenn nicht durch den AG festgelegt) auf den feststehenden BIM-Zielen aus der AIA sollte der erste Schritt im Projektfahrplan sein. Die Ziele beschreiben, warum ich BIM im Projekt anwenden will, stehen also für die Mehrwerte im Projekt. Daraus lassen sich wiederum Anwendungsfälle ableiten. BIM-Ziele können dabei mehrere Anwendungsmöglichkeiten bieten. Für Ihre ersten Projekte sollte Sie aber bitte realistische Ziele vereinbaren, die auch erreicht werden können. Und bitte machen Sie nichts nur der Technik wegen! An dieser Stelle nochmals mein Aufruf zum smartBIM: „So viel BIM wie nötig und so wenig BIM wie möglich!"

BIM-Ziele sollten sein:

- S: spezifisch
- M: messbar
- A: attraktiv (erreichbar)
- R: realistisch
- T: terminiert

Es sind bereits Kataloge erarbeitet, die eine Projektkonfiguration ermöglichen. Datenbankgestützt können Ziele ausgewählt und autogeneriert Anwendungsfälle vorgeschlagen werden. Diese sind dann auszuwählen und im Projekt zu berücksichtigen. Ein einfaches BIM-Anwendung ist beispielsweise die Visualisierung. Bei einer 3D-Visualisierung liegt der Mehrwert in der leichteren Verständlichkeit der Darstellung und der Vereinfachung der Kommunikation, da alle über das Gleiche reden. Die notwendige Anwendung im Projekt ist in diesem Fall die Bereitstellung des Modells in einem Modelviewer beim BIM-Ziel der besseren Verständlichkeit.

Ein anderes Beispiel für ein BIM-Ziel ist die konsistente Planung, die Fehler und Versäumnisse reduziert. Der dazu notwendige Anwendungsfall ist die konsistente 2D-Planableitung aus dem 3D-Modell. Auch das Meilensteinsystem wird am Anfang des Projekts festgelegt, das mit Projektgates in den Abschnitten und mit Datenübergabepunkten an den Meilensteinen eine Managementstruktur festlegt. Nun folgt der Prozess den verschiedenen Leistungsphasen, wobei die Anzahl der grafischen Information, der nicht grafischen Informationen und der Dokumente mit dem Projektverlauf stetig ansteigt. Nach der Leistungsphase 8 beginnt die Betriebsphase des Gebäudes, die in weiter Ferne auch wieder in den gleichen Referenzprozess, beispielsweise in die Revitalisierung, münden kann. Dezidiert werden Anwendungsfälle in der VDI 2552 Blatt 7 beschrieben, oder im in Kapitel 12 vorgestellten BIM-Mittelstandsleitfaden des BBSR.

Auf diese Weise werden durch die Kombination von Prozessbetrachtung und Orientierung am BIM-Referenzprozess sowie durch die Einhaltung der Merkmale des Leistungsniveaus 1 und das Vorhandensein eines Projektfahrplans eindeutige Hinweise auf eine echte, realistische BIM-Anwendung gegeben. Zukünftig sind dazu auch Qualifikationen in Form von Zertifikaten möglich, was ich Ihnen im Kapitel 15 genauer schildern werde. Wie aber sieht nun der Weg dorthin aus?

BIM-Projektsetup

Zusammenfassend besteht ein Projektsetup also aus einer BIM-Strategie, die die BIM-Ziele für das Projekt beschreibt und dabei die organisatorischen übergeordneten Ziele und projektspezifische Ziele berücksichtigt. Darin sollten auch die entsprechenden notwendigen BIM-Anwendungen unter Betrachtung der Aufwände enthalten sein. Dazu sind die Auftraggeber-Informations-Anforderungen (AIA) auf Basis der Organisations-Informations-Anforderungen (OIA) und der Liegenschafts(Asset)-Informations-Anforderungen (EIR oder LIA) sowie der Projekt-Informations-Anforderung (PIA) zu definieren. Hierfür sollten auch bauteilbasiert Anforderungen an den Modulierungsgrad in der jeweiligen Leistungsphase beschrieben sein (LOIN = LOG + LOI sind projektspezifisch je nach Anwendungsfällen festzulegen). Ergänzend kann ein vorläufiger BIM-Abwicklungsplan (vorl. BAP) aufgestellt werden, um direkt Verantwortlichkeiten, Rollen etc. zu manifestieren. Ein Information-Delivery-Manual (IDM) zeigt das Informationsmanagement auf. An dieser Stelle kann unter Berücksichtigung dieser Punkte in den BIM-BVB (besondere Vertragsbedingungen BIM) eine Vergabe von Planungs- und Bauleistungen erfolgen. Dazu sollte das Planer-Bauteam einen verbindlichen BAP vorlegen. Um ein gemeinsames Projektverständnis unter Berücksichtigung der BIM-Strategie zu erzielen, sollte nach Vergabe eine Gesamtprozesslandkarte angelegt werden. Darauf basierend sollten die einzelnen Anwendungsfälle prozessual betrachtet und dokumentiert werden. Kleineren Projekten obliegt eine maßstäbliche Interpretation dieser Herangehensweise.

11 Einfach mal machen!
Erfahrungen am ersten BIM-Pilotprojekt und wie es heute läuft: Ein Werkbericht vom Aquapark in Oberhausen und vom Hallenbad in Werdohl

Vor einigen Jahren hatte ich das Glück, eine der phantasievollsten Planungsaufgaben meiner Laufbahn bearbeiten zu dürfen. Die Stadt Oberhausen hatte im Rahmen eines kommunalen Bäderkonzepts beschlossen, ein neues Schwimmbad zu errichten. Dazu wurde von der Stadt ein Design-and-build-Wettbewerb ausgeschrieben, an dem ich mich gemeinsam mit einem niederländischen Generalunternehmer beteiligte, der in der Errichtung von Sportstätten und Schwimmbadanlagen über umfangreiche Erfahrungen verfügt. In unmittelbarer Nachbarschaft zu Deutschlands größtem Einkaufszentrum CentrO und dem Sealife-Aquarium sollte ein Familienbad entstehen, das sich in den Kontext der neuen Mitte Oberhausens einfügen sollte.

Diese Verbildlichung des Strukturwandels – einst wurde hier Stahl produziert – faszinierte mich extrem und ermutigte mich zu einem USP für das Schwimmbad. Statt mitten im Ruhrgebiet den zwanzigsten Aufguss eines tropischen Kurzurlaub-Schwimmbades mit künstlichen Palmen und Strandkörben zu realisieren, sollte unser Bad das erste Bergbau-Schwimmbad Deutschlands werden. Mit einem Bauvolumen von ca. 25 Mio. € bauten wir eines der nachhaltigsten, aber auch außergewöhnlichsten Bäder Deutschlands. Mittelpunkt des Bades ist ein 18 Meter hoher Nachbau eines Förderturms mit integrierter Rutsche und Wasserfällen aus Kipp-Loren. „Bei uns kommen Sie als Gast und gehen als Kumpel", ist der Slogan des Bades. Mit seiner offenen Kuppel von 40 Metern Durchmesser und einer Höhe von 25 Metern bildet das Bad neben dem Metronom-Theater und dem Gasometer einen Teil der Silhouette der neuen Mitte von Oberhausen.

Das Bad zieht jährlich über 400.000 Besucher an – diesen Erfolg hatte niemand erwartet. Der Eigentümer, die städtische Gebäudetochter Oberhausener Gebäude-Management GmbH OGM, beschloss nach sechs Jahren Betrieb nun eine Erweiterung der Badelandschaft. Da die eindeutige Zielgruppe des Bades die Familie war, sollte nun ein Kinderland vor allem die Drei- bis Zwölfjährigen ansprechen.

In Bezug auf die Planung und Koordinierung der Fachdisziplinen ist ein Schwimmbad ein anspruchsvoller Gebäudetyp. Bei mangelhafter Planung kann es immense Betriebskosten produzieren. Vor dem Hintergrund großer Kostenüberschreitungen bei vergleichbaren Bauaufgaben war es dem Bauherrn ein Anliegen, bei den anstehenden Betriebskosten das Planungsziel optimal zu erreichen. Zudem plante die Immobilientochter der Stadt in den nächsten Jahren noch weitere Großprojekte, darunter ein Verwaltungsgebäude, auf dessen Dach mit einem durch die EU geförderten „Infarming-Konzept" innerstädtisch Obst und Gemüse gepflanzt, geerntet und verkauft werden. Die Ergebnisse der Reformkommission Großprojekte und der Stufenplan des BMVI ermutigten den Bauherrn, Building Information Modeling für das Projekt einzusetzen, um erste Erfahrungen und Standards zu entwickeln, die auch bei künftigen Projekten eingesetzt werden können.

Bei der Entwicklung der Auftraggeber-Informations-Anforderung wurde Dr. Thomas Liebich von AEC3 eingebunden. Gemeinsam wurden realistische, einem Pilotprojekt angemessene BIM-Ziele festgelegt. Die modellbasierte Ermittlung des Nutzungskonzepts sollte möglichst effiziente und ökonomische Lösungsansätze der Planung erzielen. Dazu war es erforderlich, diese fünf Ziele zu definieren und zu priorisieren:

1. *Visualisierung.*

   Da dem Bauherrn eine transparente Kommunikation im öffentlichen Raum zur Vermittlung der Planungsziele wichtig ist, sollte das Modell zur Abstimmung mit dem Stadtrat wie auch mit Schulen und Vereinen herangezogen werden können. Auch sollte der Nutzer durch die Visualisierungsmöglichkeiten frühzeitig und unmissverständlicher in die Konzeption eingebunden werden.

2. *Konsistente Planungsdokumentation in 2D und 3D.*

   Um Fehler und Versäumnisse zu vermeiden, sollte eine in sich schlüssige Planungsdokumentation über alle Phasen der Planung und des Bauens erreicht werden.

3. *Optimierung der Kollisionsprüfung.*

   Der Keller unter einem Schwimmbad gleicht dem Bauch eines Menschen in Bezug auf die Platznutzung. In möglichst geringen, teuer zu erstellenden Kellerflächen werden Lüftung, Heizung, Sanitär, Gebäudeautomation samt Elektro- und Badewassertechnik ineinander verschachtelt. Das ist in traditioneller Planungstechnik kaum noch zu bewältigen, weshalb eine optimierte, den Leistungsphasen adäquate Kollisionsprüfung frühzeitig Fehler beseitigen sollte, um teure Umplanungen oder Bauausführungsänderungen mit Zeitverzug zu vermeiden.

4. *Elementbasierte Kosten- und Mengenberechnung.*

   Im Vorgriff auf Kostentreue soll die Heranziehung des Modells zur Plausibilisierung der Mengen und Massen eine frühzeitige Kostensicherheit erreichen.

5. *Umsetzung einer Richtlinie zur Nutzung der Gebäudedaten im FM.*

   Ein „As-built"-Modell soll allzeit als verlässliche Planungsdokumentation für jeden zugänglich bereitstehen. Dabei sollen insbesondere die Räume des Modells mit dem vorhandenen CAFM-System verknüpft und eine modellbasierte Wartung und Instandhaltung angestrebt werden.

Exemplarische Inhalte der AIA waren auch die Meilensteindefinitionen, LOIN-Zuweisung (bereits abgebildet im System BIMQ von AEC3) und die Mindestanzahl der Teilmodelle sowie der Wunsch nach Einbettung des Modells im vorhandenen CAFM-System des Auftraggebers. Von AEC3 wurde außerdem ein vorläufiger BAP BIM-Ablaufplan erarbeitet, der dem Planerteam als Lastenheft zur Verfügung gestellt wurde. Ergänzend zum Werkvertrag wurden gemeinsam mit den Anwälten Kapellmann & Partner BIM-BVBs erstellt, die die Anwendung der BIM-Methodik unter Berücksichtigung der AIA manifestierten. In der Anfrage auf die zu erbringenden Planungsleistungen waren wir aufgefordert worden, unsere Kompetenzen in Bezug auf die BIM-Anwendung nachzuweisen. Die von uns vorgeschlagenen Wege des Datenaustauschs und die Informationsübergabe sollten gleichzeitig in einem BAP (BIM-Projektabwicklungsplan) und einem IDM (Information-Delivery-Manual) abgebildet werden.

Wenngleich dieses Projekt mit einem Volumen von rund 4 Mio. Euro nicht nach einer großen Infrastruktur verlangte, war uns doch rasch klar, dass diese Aufgabe sich für ein Pilotprojekt geradezu anbot. Über die angrenzenden Bestände des Bades hatten wir in unserer Planungsgesellschaft ausreichende Informationen, zumal wir das Projekt in den LP 1–6 und teilweise 8 für den Generalunternehmer in der Objektplanung Jahre zuvor abgewickelt hatten. Wir wollten an diesem Projekt nun möglichst viel ausprobieren. Ist eine Projektsteuerung nahe am BIM-Management zu sehen? Wie läuft die Zusammenarbeit mit der strategischen Informationsmanagement auf Bauherrenseite? Wie funktioniert unser Qualitätsmanagement in der Praxis? Und erreichen wir die BIM-Ziele tatsächlich?

Es ist alles ganz anders gekommen als geplant, denn das Projekt wurde nicht realisiert. Dennoch handelt sich um ein Pilotprojekt mit hoher Relevanz und Praxisnähe. Zum Zeitpunkt der Erstauflage dieses Buches war die Ausführungsplanung des Projekts abgeschlossen und wir waren gerade in der Vergabe an einen Generalunternehmer. Ich sage Ihnen: Es war und ist eine abenteuerliche Geschichte mit Höhen und Tiefen, Gutem und Bösem und vor allem mit wahnsinnig vielen Erfahrungen. Und genau an dieser Stelle möchte ich Ihnen Mut machen und deshalb berichte ich auch ganz offen vom Scheitern. In den letzten Monaten setzte sich ohnehin eine neue Kultur des Scheiterns durch. Fehler machen und davon berichten, kommt aus der Startup-Szene des Silicon Valley in Form von FuckUp-Nights zunehmend auch in Deutschland an. „Beim nächsten Mal besser scheitern!" gibt den Teilnehmern dieser Veranstaltungen die Chance, nicht in ähnliche Fallen zu tappen und den Berichtenden den Mut, es wieder zu versuchen. Damit offen umzugehen, wird aber noch Jahre in Deutschland brauchen. Aber zurück zu unserem Projekt. Von Anfang an war uns und dem Bauherrn eines wichtig: Es sollte ein openBIM-Projekt sein, da keiner diskriminiert werden und auch in der Gebäudedokumentation möglichst herstellerneutrale Formate erzielt werden sollten. Dazu aber später mehr.

Wie startet man normalerweise ein Projekt? Mit der LP1 HOAI Grundlagenermittlung. Das ist oft die Phase, die der Bauherr nicht beauftragt, weil sie doch so unwichtig und alles bekannt ist! Pustekuchen! Wir wollten dieses Projekt ganz anders angehen. Auf der Basis des vorläufigen BAP erarbeiteten wir dazu einen endgültigen BAP und stellten als Generalplaner das Planerteam und den Beraterstab auf. Die notwendigen Rollen der BIM-Gesamtkoordination und des BIM-Managements wurden von meiner Beratungsgesellschaft DEUBIM bereitgestellt, die Planungsleistungen und Modellerstellung oblagen meiner Planungsgesellschaft POS4. Wir installierten eine Projektsteuerung nach AHO, um zu prüfen, inwiefern der BIM-Ablaufplan vom Projekthandbuch abweicht und welche neuen Steuerungsleistungen notwendig werden oder ob zukünftig etwas auch ein Projektsteuerer BIM-Management leisten kann. In den einzelnen Fachdisziplinen wurden insbesondere Unternehmen eingebunden, die mit uns bereits in der Methodik trainiert waren und vor allem inhaltlich zur Bauaufgabe beitragen konnten. Der Statiker kannte sich besonders mit Beckenkörpern in öffentlichen Schwimmbädern aus, und der Haustechniker war einer der besten Badewassertechniker Deutschlands, der für nachhaltige Betriebskonzepte steht. In einem Workshop stellten wir dem Bauherrn und der strategischen BIM-Leitung unsere Methodik und Prozessbetrachtung vor. Der realistische BAP, die Rollenbilder, die LOIN-Konventionen und die Belegung der BIM-Ziele mit Anwendungsfällen waren mit ein Vergabekriterium an uns als Planungsteam.

Im Detail bedeutet dies folgende Anwendungsfälle zu den jeweiligen BIM-Mehrwerten:

1. *Visualisierung:*
   Bereitstellung des Modells für die Bauherren und die Planungsbeteiligten in einem Modelviewer
2. *Konsistente Planungsdokumentation in 2D und 3D:*
   regelmäßige Planableitung aus dem Modell
3. *Optimierung der Kollisionsprüfung:*
   kollaborative Zusammenarbeit der Planer, Erstellen eines Koordinierungsmodells, periodisches Pflegen des Koordinierungsmodells, leistungsphasenadäquate Kollisionsprüfung nach qualitativer Modellvorprüfung
4. *Elementbasierte Kosten- und Mengenberechnung:*
   modellbasierte und leistungsphasenbezogene Mengenermittlung nach HOAI für die Kostengruppen 100–600
5. *Umsetzung einer Richtlinie zur Nutzung der Gebäudedaten im FM:*
   Übergabe Architektur und Haustechnik mit einer FM-Attribuierung der Räume des Neubaus

Auch die Auseinandersetzung mit dem Gebäudebestand in Bezug auf die Anschlussflächen war uns ein digitales Anliegen. Gemeinsam mit der Projektsteuerung wurde ein Projekthandbuch angelegt, das jedem Beteiligten und auch dem Bauherrn als Leitfaden für das Projekt dienen sollte. Darin wurde der BAP integriert, um nicht der Datenkonsistenz einen höheren Stellenwert zu geben als den eigentlichen Planungsinhalten. So wurde die Zusammenarbeit in Bezug auf zeitliche Intervalle, Austauschformate und Verantwortlichkeiten definiert. Die Auseinandersetzung der physischen Bestände bedeutet auch die digitale Aufnahme von Gebäudebeständen. Der erste Bestand ist zunächst einmal das Grundstück, das wir von der Vermessung als 3D-Geländemodell erhalten haben.

Eine weitere Form des Bestandes sind die auf dem Grundstück vorhandenen Aufbauten.

Im nächsten Schritt stimmten wir mit AEC3 den Modellaufbau ab. Die einzelnen Teilmodelle wurden eingebettet wie eine Zwiebelhaut. Im Stadtmodell liegen nun ein Grundstücksmodell und zwei Bestandsgebäudemodelle. Daran schließt sich die Einbettung von zwei Architekturmodellen (Architektur- und Ausstattungsmodell), vier Haustechnikmodellen (Lüftungs-/Heizungs-, Sanitär-, Elektro- und Badewassertechnikmodell) und zwei Statikmodellen (Betonkonstruktions- und Stahlbaumodell) an. Um diese zu koordinieren, wurde zunächst ein IFC-Projekttemplate angelegt mit der zu erwartenden Geschossigkeit, den Achsen, dem Grundstücksmodell samt dem groben Gebäudebestand und einem Betonwürfel von 1×1 Metern als gemeinsamem Einfügepunkt in der Südwestecke des Grundstücks, sowie die Stammdaten Adresse, Eigentümer etc.

So weit, so gut. Doch Theorie und Praxis liegen oft nicht nahe beieinander. In einer ersten BIM-Auftaktveranstaltung stellten wir dem Planerteam und dem Bauherrn unseren Gesamtprozess der Projektbearbeitung vor. Wir hatten auch zusätzliche Datenaustauschtests durchgeführt, um vor allem das damals nicht zertifizierte Haustechnik-Planungsprogramm auf seine IFC-Fähigkeit zu überprüfen. Die ersten Wochen waren mit Strukturierungen und organisatorischen Dingen ins Land gegangen. Der Projektarchitekt in unserem Hause scharrte mit den Hufen und das ganze Planerteam wartete aufs Arbeiten. So viele zu regelnde Dinge, die noch nichts mit dem Entwurf zu tun hatten, waren einfach fremd. Warum dauert das so lange und warum brauchen wir ein Projekthandbuch? „Das haben wir doch sonst auch nicht gebraucht", steckte mir ein Planerkollege, „und wir haben doch schon viel Größeres zusammen realisiert! Lasst uns bitte endlich anfangen!" Dies soll ein ehrlicher Erfahrungsbericht sein, und wenn ich mich gegenüber BIM-Profis auch mit unprofessionellen Ansätzen outen mag, so möchte ich doch Ihnen, die Sie Ihre ersten Projekte angehen, Hinweise geben, was Sie bedenken sollten und was Sie sich ersparen können.

Zu diesem Zeitpunkt hatten wir klare Vorstellungen auf der Seite des Auftraggebers, klare Planungsinhalte, die zu bearbeiten waren, und den Anspruch, ein sauberes, diszipliniertes, offenes BIM zu erstellen. Jetzt waren wir als Architekten nach dem ersten Aufschlag gefragt. Also her mit dem dicken, schwarzen Filzstift und der Skizzenrolle. Wie kann eine mögliche Baumasse aussehen, wie fügt sie sich in den Kontext und in das bestehende Ensemble? Wie können wir die gewünschten Funktionsabläufe und das bestehende Baurecht mit dem rechtskräftigen Bebauungsplan, der Baugrenze und der Baulinie übereinanderbringen? Alle Antworten auf diese Fragen bekamen wir aus unserem BIM-Level 0! Unser Einstieg in das Projekt bestand in einem großen Haufen Skizzenpapier mit

Scribbles. Der klassische Einstieg besteht aus Studien im Grundriss, perspektivischen Baumassenstudien und dem analogen Referenzieren von Skizze mit B-Plan. Wir stimmten lediglich im Grundriss die groben Funktionsbereiche mit dem Bauherrn ab und verabschiedeten einen ersten Footprint.

Inzwischen waren uns auch die zur Bestandserfassung der Anschlusspunkte notwendigen Maßnahmen klar. Die Anforderungen dazu wurden durch das strategische Informationsmanagement im BAP nachgeführt und mit der Qualitätssicherung im BIM-Management abgestimmt. Das Team auf Architektenseite bestand nun aus einem Projektleiter und einem unterstützenden Architekten. Ich kümmerte mich persönlich um den Entwurf. In unserem BAP hatten wir ja bereits gemeinsam mit der Projektsteuerung BIM-Rollen zugewiesen. Für uns war klar, dass unser Projektleiter mit seinem umfangreichen 3D-Wissen und seiner Kenntnis von bauteilorientiertem Arbeiten unser BIM-Koordinator der Architektur sein sollte und dass der Architekt – ganz wie die HOAI es vorsieht – auch die anderen Fachdisziplinen koordiniert. Da wir es ja mit einem überschaubaren Projekt zu tun hatten, sollte er auch der BIM-Gesamtkoordinator sein. Da wir BIM-konforme Gesamtkoordination aber noch gar nicht beherrschten, stellten wir ihm einen erfahrenen BIM-Experten zur Seite, der aus der CAD-Softwareentwicklung kam, also mehr IT-Erfahrung und weniger Planer-Erfahrung hatte.

Unser Neubau sollte sich zwischen den Hauptbaukörper und ein bestehendes Nebengebäude am Freibad einfügen. Der Bestand war für uns in seinen Kontaktpunkten zum Projekt konstruktiv, bautechnisch, haustechnisch und funktional relevant. Ohne aber die inneren Funktionsabläufe des gesamten bestehenden Bades erkennen und bewerten zu können, ließ sich keine optimale Planung erstellen. Da wir die Ausführungsplanung der Architektur, Statik und Haustechnik aus der ersten Bauphase zur Hand hatten, kombinierten wir die Erkenntnisse mit den real abgreifbaren Größen, indem wir zwei Bestandsgebäudemodelle anlegten, eines vom Kontaktbereich, eines vom gesamten Bad. Damit dieses Gebäudemodell auch für den Betrieb nutzbar war, mussten wesentliche Elemente davon für das Gesamtobjekt vorliegen und später mit dem Neubaumodell „zusammenarbeiten". Dem Betreiber waren dabei vor allem Reinigungsflächen und Haustechnikbauteile sowie Räume wichtig.

Das erste Bestandsmodell wurde mit dem entsprechenden Maßstab LOG 200 LOI 100 (den Anforderungen, Reinigungsflächen und Funktionsabläufe abzubilden) anhand der bestehenden Ausführungsplanung einmodelliert. Es wurden nicht, wie in der Projektplanung, mehrere Fachmodelle angelegt, sondern nur ein Archicad-Modell, da die bestehenden Haustechnik-Komponenten im Kontaktbereich durch die Fachplaner im Planungsmodell nachgeführt werden sollten. Die Kontaktbereiche zum künftigen Neubau waren von besonderer Relevanz, weil wir dort die Anschlüsse bautechnisch geometrisch in den Griff bekommen mussten. Teilweise wurden Außenbereiche zu Innenbereichen, Glasflächen mussten verkleinert werden, und auch Erdgeschosshöhen des Neubaus und des Bestandes waren unterschiedlich. Um Barrierefreiheit im Bad zu gewährleisten, musste eine Empore abgerissen werden, um einen höhengleichen Zugang zu ermöglichen.

Hier benötigten wir also noch detailliertere, verlässlichere Informationen zum Bestand, um vor bösen Überraschungen in der Bauphase gefeit zu sein. Auch war das Baugrundstück in seiner Ausdehnung eher knapp bemessen, reichte direkt bis an den öffentlichen Straßenraum heran und lag im Bereich einer Auffüllung an der neu angelegten Marina. Nicht dass wir in unserer bisherigen, konventionellen Ausführungsplanung nicht exakt waren, aber eine „As-built"-Planung lag nun mal in diesem Sinne nicht vor. Dies liegt übrigens auch an der fehlenden Dokumentationsverpflichtung der Objektplanung. Die Dokumentation der technischen Gebäudeausrüstung ist in der VDI 6026 dezidiert geregelt. Eine Zusammenstellung der Revisionsunterlagen und die Ausführungsplanung waren gute Grundlagen, reichten aber nicht aus. Deshalb wurde im Rahmen eines Laserscans eine Punktwolke mit photogrammetrischer Erfassung der Kontaktbereiche erstellt. Im Anlagenbau ist das ein längst bewährtes Verfahren, um beispielsweise Raffinerien aufzunehmen. Schon in der Punktwolke lassen sich in einem Viewer exakte Massen abgreifen. Leibungstiefen und Attikahöhen sind hier bereits zu plausibilisieren.

Das mit der Bestandserfassung beauftragte Unternehmen erstellte nun in der Punktwolke, die in Revit eingelesen wurde, ein Bestandsmodell. Auch Archicad kann die Punktwolkendaten einlesen und ist in unseren heutigen Umbauprojekten ein Standard. Das geht aber nicht mit einem Mausklick. Automatisierte Verfahren zur Modellgenerierung aus der Punktwolke sollen bereits existieren, standen uns bei diesem Projekt aber noch nicht zur Verfügung. Hier wurde die Punktwolke als Referenz verstanden und die Bauteile wurden in dieses Datenkorsett eingefügt und abgeglichen. Das ist nach wie vor eine Planungsleistung, da die Punktwolke alles und jeden erfasst. Das Abbild sieht ein bisschen aus wie eine Aquarellzeichnung und besteht aus Millionen von Datenpunkten, die alle ihren Farbwert mitbringen. Der Modellierer muss jeweils entscheiden, ob das erfasste Bauteil wichtig ist oder nur eine vorbeilaufende Person erfasst wurde. Dieses Gebäudemodell (LOG 300) der Kontaktbereiche wurde nun mit unserem einfacheren Bestandsmodell übereinandergelegt und entsprechend der Vermessung plausibilisiert und manipuliert. Damit hatten wir einen sauberen, verlässlichen und ökonomisch vertretbaren (wir hätten am liebsten den gesamten Gebäudebestand gescannt) Ausgangspunkt.

Unser erstes Architekturmodell wurde nun auf Basis des Templates, das wir ja in die Runde verteilt hatten, und des Bestandsmodells erstellt. Die Technik funktionierte bis hierhin gut, doch jetzt forderten uns die Soft Skills im Projekt heraus. Die erste Herausforderung lag in der Vertragsgestaltung. Wie bereits geschildert, waren wir in der LP1 und in der LP2 der HOAI unterwegs, doch unsere Fachingenieure hatten noch immer keine Verträge. Was im Außenverhältnis professionell juristisch abgestimmt war, hatte im Innenverhältnis noch keine Folgen. Der Vertrag des Generalplaners basierte auf einem HOAI-Werkvertrag mit ergänzenden Klauseln (BIM-BVBs). Das ist derzeit eine gängige, juristisch gestützte Form der Vertragsgestaltung. In den BIM-BVBs sind die wesentlichen Punkte der AIA und Auszüge aus dem BAP eingeschlossen.

Für uns als Generalplaner waren die Anforderungen klar und wir hatten uns auch vertraglich verpflichtet, BIM zu machen. Für einige beteiligte Planer war das aber nicht selbstverständlich. Man wolle zwar BIM machen, sich aber bitte nicht darauf festlegen. Es entstand die Befürchtung, trotz der detaillierten Auseinandersetzung zu Verantwortlichkeiten und Bearbeitungstiefen fachlich und monetär das Projektziel nicht zu erreichen. Leider waren auch die „lästigen" Erarbeitungen rund um die AIA und den BAP nicht mit der entsprechenden Sorgfalt verfolgt worden, als dass die Einordnung und Erwartung der eigenen Disziplin hätte geklärt werden können. Mit einer Vertragspartei entwickelte sich eine lange Diskussion, die letztlich in die Ablehnung der BVBs und eine freiwillige mündliche Willenserklärung zu BIM mündete. Sollte dieses BIM tatsächlich für alle so undurchsichtig, schwierig und schreckenerregend sein?

Das nächste Problem entstand im Team selbst. Der Projektleiter wollte sich aufgrund seiner jahrelangen Kenntnisse und des eigenen Status (er führte bei uns intern die CAD-Schulungen durch) nicht in die Modellierung hineinreden lassen. Statements wie „Jaja, das hat Graphisoft schon oft versucht und nicht hinbekommen! Updates bitte erst ein Jahr später durchführen! Norwegian Home Builders' BIM Manual ist doch auch Quatsch, weil ..." waren im Nachhinein als deutliches Signal einer fehlenden Wertschätzung zu deuten – aber auch der Selbstüberschätzung. Die Angst, das eigene Können werde in Frage gestellt oder das Gesicht zu verlieren, beherrschte den Projektleiter, der durch den BIM-Experten gestützt werden sollte. Ein klärendes Gespräch führte zu keinem Konsens, und wir besetzten die Projektleitung neu. Der neue Projektleiter war bereits in der Akademie geschult worden und hatte vorher als SketchUp-User immer visuell dreidimensional in der Detaillierung gearbeitet. Für ihn war der Einstieg so wenig ein Problem wie das Sich-einlassen auf etwas Neues – übrigens einer unserer älteren Mitarbeiter.

Das Architekturmodell wurde nun mit einem anderen „Hausherrn" in der Planung erstmalig in die Runde der fachlich Beteiligten gesandt. Im Vorentwurf war es sehr mühevoll modelliert worden. Künftig möchte ich das Wort modelliert durch das Wort konstruiert ersetzen, weil ich den Unterschied bald in der Datenverarbeitung spüren sollte. Doch für die ersten Zwecke war eine detailreiche Modellierung durchaus hilfreich. Der Bauherr wollte das Modell nun für die Abstimmung mit Schulen und Vereinen nutzen. Da es sich um den Bau eines Kinderlandes handelte, waren erst einmal die künftigen Nutzer zu befragen. Die „Kinderland Task Force" bestand aus zehn Kindern im Alter von 6 bis 12 Jahren, die uns ihre Wünsche schilderten und dann das Modell begutachteten. Sie begingen im BIMx-Hypermodel auf dem iPad die Planung mit der größten Selbstverständlichkeit. Als Digital Natives war ihnen das vom Computer und den Tablet-Spielen vertraut und sie fanden es ganz normal, durch die Planung zu laufen. Nur ein halbes Jahr weiter hätten wir sie schon mit der Cardboard VR-Brille spazieren lassen können, so schnell ist die technische Entwicklung derzeit im AR/VR-Bereich. Auch für die anschließenden Erwachsenenrunden war das Modell eine erhebliche Erleichterung für die Präsentation. Die ersten angestrebten Mehrwerte stellten sich ein, und die Projektleiterin auf Bauherrenseite konnte rasch Einigkeit mit den künftigen Nutzern darüber herstellen, was man denn wolle. Wasserfontänen, Ausstattungsbauteile wie Spielgeräte und Rutschen wurden in das Architekturmodell integriert, um es möglichst atmosphärisch zu gestalten. Die Oberflächen der modellierten Wassertropfen und die carrerabahnähnliche Rutschenanlage sollten über ihre Geometrien schon bald die Datenmengen des Modells sprengen.

Die beteiligten Planer arbeiteten sämtlich in ihren vorhandenen BIM-fähigen Softwares. Einen guten Überblick über die CAD-Werkzeuge bietet buildingSMART Deutschland auf der eigenen Homepage. Der Planer der TGA war mit einer damals nicht zertifizierten Software (IFC Betaversion) im Projekt, die zunächst auch überzeugte. Damit alle Planer mit ihren eigenen Umgebungen arbeiten können, installierten wir eine BIM-fähige Kollaborationsplattform (thinkproject!). Diese Plattform wurde zum Dreh- und Angelpunkt der gesamten Kommunikation im Projekt und ging in ihrer Funktionalität deutlich über einen Datenraum hinaus. Ergänzend zu einer herkömmlichen Projektplattform sind BIM-Module für das Modellmanagement integriert. Auch Koordinierungsmodelle lassen sich auf der Kollaborationsplattform anlegen und im webbasierten Viewer mit definierten Blicken (MVD) anzeigen. Die Einrichtung und Einweisung wurde durch unser BIM-Management (Planerseite) geleistet und mit dem strategischen Informationsmanagement (Auftraggeberseite) auch auf Zugriffsrechte abgestimmt. Der Bauherr nutzte die Option des Modelviewers gerne, da er so immer die aktuellste Planung zur Hand hatte und keine Applikationen oder zusätzliche Programme benötigte.

Ein weiterer Vorteil war die Disziplinierungsmöglichkeit durch bestimmte „smart Workflows“. Das Modell konnte nur hochgeladen werden, wenn ergänzend zum Teilmodell auch PDF- und DWG-Dateien eingestellt wurden. Auch stützte die Plattform die Freigabeprozesse des BIM-Managements. An dieser Stelle möchte ich Ihnen dringend ans Herz legen, dass Sie Ihre Modelle gemäß einer Checkliste prüfen und nur diese auch hochladen. Das erspart Ihnen und Ihren Partnern viel Nacharbeit!

Der Weg der Architekturmodelle führt zunächst aber über die Plattform zum Tragwerksplaner und zum Haustechnikplaner. Nachdem nun Kubatur, Nutzung und ein grobes Konzept abgestimmt waren, erarbeiteten die Fachplaner auf den mitgelieferten Plänen und in dem Modell skizzenhaft ihre Konzepte, wie wir das auch getan hatten. Um eine gute, unmissverständliche Grundlage zur Verfügung zu stellen, betrachteten wir einige Dinge nun auch im Vorgriff auf die Arbeit der anderen am eigenen Modell. Jeder Architekt sollte ja ein Grundverständnis von „Wie hält denn das“ in den Beruf mitbringen. Deshalb brachten wir sehr früh eine Idee von der Konstruktion ein. Vor allem die Erfahrung mit unseren Handelsimmobilien hatte gezeigt, dass ein Vorentwurf ohne Stützendarstellungen zu unnötigen Diskussionen mit den Filialmietern führt, da doch „klar war, dass in unserer Mietfläche keine störenden Stützen sind“. Seitdem verlässt kein Plan des Vorentwurfs unser Büro ohne ein grobes Konstruktionsraster.

Auch bei der Modellkonstruktion sollte möglichst früh entschieden werden, was ein tragendes Bauteil ist und was nicht. Wenn ich eine Treppenhauswand anlege, benutze ich eine Betonwand oder eine Mauerwerkswand, die ja bereits in der Grundeinstellung des CAD als tragend hinterlegt ist. Einige BIM-Autorensoftwares unterstützen die Funktion, nur tragende Bauteile anzuzeigen und zu exportieren. Das ist ein hervorragendes Instrument, die eigene Arbeit zu prüfen. Wenn Sie nur das Tragwerk anzeigen, erkennen Sie als Architekt vielleicht sofort eine „fliegende Ecke“ oder unrealistische Spannweiten von Decken und können entsprechend korrigieren. Sobald Sie selbst einen Vorschlag zum Tragwerk machen, weiß der Statiker um die Möglichkeit der Lastabtragung und wird Ihnen nicht eine Stütze in Bereiche stellen, die die Funktionalität des Gebäudes einschränken. Wir geben dieses „gestrippte“ Modell und das komplette Architekturmodell zum Tragwerksplaner, um die statisch relevanten Bauteile unmissverständlich weiter ausplanen zu lassen. Das Austauschformat ist dabei IFC. Bitte beachten Sie, dass es in den Exporteinstellungen optimierte Exporter zu anderen Programmen gibt, die die Kommunikation erleichtern. Wichtig auch wieder der Einfügepunkt in Form einen 1×1-m-Kubus, um die Modelle dreidimensional zu referenzieren.

Für die Haustechnikplanung ist es vor allem wichtig, die Räume sauber anzulegen. Achtung: Polygonzüge erzeugen nicht automatisch Räume! Auch der Raumstempel ist nicht automatisch zur Raumerstellung fähig, da Bauteile sich nicht berühren könnten und dann falsche Werte entstehen. Aber für die Kommunikation und zur Heiz- und Kühllastberechnung ist das Anlegen von Räumen unerlässlich.

Bevor wir nun unser Architekturmodell (ARC mit Räumen und gestripptes ARC) in Umlauf bringen, sind wir der Pflicht zur Qualitätssicherung nachgekommen und haben uns das IFC-Ergebnis im Model Checker (hier Solibri) angesehen. Was in der CAD noch bestens aussah, war im Checker eher ernüchternd. Eine erste Modellprüfung der Konsistenz schreckte uns auf: Sollten wir tatsächlich so viele Fehler gemacht haben? Da waren sich die beiden Projektbearbeiter nun in der Projekthistorie in die Quere gekommen: Der eine hatte gearbeitet wie an der Töpferscheibe. Modellieren hieß für ihn, entstehende Lücken in Außenwänden mit Bauteilen aufzufüllen, damit es gut aussieht. Was das konstruktiv hieß, wurde nicht hinterfragt. Modellkonstruktion heißt aber auch: den Blick auf die bautechnische Machbarkeit richten.

Das muss sich gegenseitig nicht ausschließen. Liebe Architektenkollegen, keine Angst vor „Bauko-Entwürfen ohne Gestaltungsqualität"! Das BIM-Modell ist halt nicht nur eine Visualisierung. Im IFC-Modell führt das zu einer Vielzahl ineinandersteckender Bauteile und zu Überlagerungen. Hilfe: das war ja noch nicht mal eine Kollisionsprüfung, sondern nur die Prüfung unseres eigenen Modells?! Alle sich nicht berührenden Bauteile irritieren die Abstimmung mit der Statik, jedes doppelte Bauteil stört die Mengenermittlung und führt zu Massenmehrungen und falschen Geschossigkeitszuordnungen; Bauteile über mehrere Geschosse stören die Gesamtkonsistenz und die Abstimmung am Modell. Wir mussten saubermachen.

Sehr hilfreich ist dabei, auf einem Monitor die Solibri-Prüfergebnisse mit dem CAD-Modell auf einem anderen Monitor abzugleichen. Die Möglichkeit von BCF-Kommunikation direkt aus dem Modell heraus erschloss sich uns erst später. Aber so konnten wir ein dem Leistungsstand entsprechendes, konsistentes Modell verteilen. Das Wissen, dass sich die Kollaborationsplattform auch als Server verstehen lässt, mussten wir auch erst aufbauen. Dabei ist die Projektplattform unser Server, während der eigene Firmenserver lediglich als erweiterter Arbeitsspeicher und temporäre Ablage von Arbeitsständen zu sehen, zu pflegen und sauber zu halten ist. Sämtliche Dokumente, Pläne, Modelle sind im CDE der Kollaborationsplattform eingebettet.

Im BAP ist bereits festgelegt, dass die Teilmodelle von den jeweiligen Koordinatoren zu prüfen sind. Ich sehe das ein bisschen wie ein ABS-System beim Auto.

Ohne ABS baut sich bei einer Vollbremsung schnell ein Wasserkeil auf. Beim ABS, der Stotterbremse, wird dieser Wasserkeil in Sekundenbruchteilen abgebaut, so dass er gar nicht erst entsteht. Auch die BIM-Qualitätsprüfung ist so eine Art Planungs-ABS, was durch viele Prüfungen von Anfang an Fehler aus dem Modell heraushält. Ohne periodische Modellprüfung lassen sich die Modelle kaum noch steuern.

Der Haustechnikplaner referenzierte nun unsere IFC-Architektur und legte seine ersten Fach-Modelle an. Das waren ein Lüftungs-, ein Heizungs- und Sanitär-, ein Elektro- und ein Badewassertechnik-Modell. Dazu nutzte er seine Konzeptstudien und Schemata zur Plausibilisierung der eigenen Modellkonstruktion. Auch auf seinen Wunsch hatten wir die DWG-Dateien zur Verfügung gestellt, da sie bei der Referenzierung ebenso helfen wie das Modell. In Bezug auf die Bauteile der Badewassertechnik waren die Modellbibliotheken der zur Verfügung stehenden CAD-Softwares allerdings nicht sehr umfangreich. Auch bei der Lüftungsführung gab es Probleme, da die Software im IFC die Kanäle zwar in wahrer Länge anlegt, aber die echten praxiskonformen Bauteillängen von Lüftungskanalsegmenten nicht berücksichtigte. In Längen und Kubikmetern hätte man zwar später Massen aus dem Modell holen können, in den 400er Gewerken basieren die Angaben aber eher auf Stückzahlen. Wir schalteten unseren BIM-Experten in der Koordination ein, der sich mit der Produktentwicklung der CAD intensiv auseinandersetzte, um die Teilnahme am Projekt nicht zu gefährden und die eigene Content-Erstellung zu begleiten.

Die nächste Herausforderung sollte uns bei der Statik erwarten. Dort war es kein Softwarethema, sondern man ging nicht davon aus, für die Planung das Modell zu nutzen, sondern von der Planung ein Modell zu machen. Mittlerweile ist mir das häufiger begegnet. Mit dem Modell zu planen, statt von der Planung ein Modell zu machen, darin besteht ja gerade der große Kulturwandel. Der klassische Weg des sequenziellen Planens steckt nun einmal seit Jahrzehnten in den Köpfen der Architekten und Ingenieure. Der Statiker versuchte also zunächst, konventionell zu planen und kam der Aufforderung, uns bitte kurzfristig ein Modell zur Verfügung zu stellen, nicht nach. Schon wieder ein Missverständnis im Team! Die einen wollten BIM machen, die anderen hatten ein anderes Verständnis davon.

Fast wäre der Statiker aus dem Projekt ausgestiegen, wären die Kollegen vom Change-Management meiner Beratungsgesellschaft DEUBIM nicht direkt zu ihm ins Unternehmen gegangen. Gemeinsam konnten in der gewohnten Umgebung mit Hilfestellung und ohne Projektdruck und Lieferschuld die Workflows in drei Workshops trainiert werden. Heute ist der Statikkollege sehr experimentierfreudig und erprobt verschiedene Software-Lösungen zur Verknüpfung des Konstruktionsmodells mit der FE-Berechnung. Mittelfristig wird dafür ein Weg praktikabel sein, bei dem das geputzte Architekturmodell direkt zur Erstellung des Konstruktionsmodells der Statik herangezogen werden kann. In unserem Fall wurde das Konstruktionsmodell der Statik direkt aus der IFC-Datei in Scia eingelesen und für die FE-Berechnung vorbereitet. Ein wenig problematisch waren dabei gebogene Stahlträger aus Archicad, doch das war über den Umweg des Einlesens in Allplan und den Export von dort lösbar. Auch der Weg über Revit und Sofistik ist an dieser Stelle gangbar.

Dann stellten die Tragwerksplanung und die technische Gebäudeausrüstung ihre ersten Vorentwurfsmodelle auf der Plattform ein. Beim Auto heißt es Hochzeit, wenn Karosserie und Motor zusammenkommen, ähnlich spannend war der Moment der Erstellung des ersten Koordinierungsmodells für uns. Zwar lagen die Modelle nicht automatisch übereinander, aber dank des Betonkubus waren sie schnell miteinander referenziert. Es war beeindruckend zu sehen, wie sehr schon in einem so frühen Stadium sich alle Beteiligten planerisch angenähert hatten. Umso erschütternder dann das erste Ergebnis der Kollisionsprüfung. Doch Thomas Liebich beruhigte uns und betonte noch einmal seine Anforderung nach einer leistungsphasenadäquaten Kollisionsfreiheit. Jedes Rohr durch eine Gipskartonwand, jeder Lampenkörper in einer GK-Decke ist eine Kollision. Die BIM-Koordination muss entscheiden, welche Fehler sofort zu beheben sind und welche Punkte noch nicht zur Entscheidung anstehen. Für den Übergang in eine neue Leistungsphase entscheidet das BIM-Management über die Konsistenz des Modells. Vor dem Hintergrund, dass wir am Übergang zur Leistungsphase 3 standen, war dieses Ergebnis sogar sehr gut.

Die zu beseitigenden Kollisionen wurde als Prüfbericht (smc-Datei) eingestellt. Den Bericht kann man auch als Excel-Datei ausgeben, was im Workflow aber unhandlich ist. Daher nutzen wir nun die Möglichkeit der BIM Collaboration Format (bcf). An jeden Fehler bzw. an jede Kollision kann eine Nachricht mit Bild angehängt werden. Dabei kann einer oder mehrere Verantwortliche direkt angeschrieben werden. Diese Nachricht besteht aus einem Kurzbericht mit Arbeitsauftrag und kann beim Empfänger auf der eigenen BIM-Autorensoftware an den zu bearbeitenden Punkt im Modell führen. Das heißt, bei einer Kollision von einem Unterzug und einem Lüftungskanal wird die bcf-Nachricht direkt an die Kollision in den jeweiligen Fachmodellen führen. Es gibt entsprechende Plug-ins, die es in einigen CAD-Programmen möglich machen, direkt bcf zu verwerten. Wenn der Arbeitsauftrag bzw. die Beseitigung der Kollision erledigt ist, kann das direkt im Bericht mitgeteilt werden. Dadurch kann der Koordinator offene und geschlossene Änderungen und Arbeitsaufträge überblicken. Hilfreich ist dabei, die bcf-Dateien über eine geeignete Plattform (hier BIMcollab) zu senden, damit ein komplettes Protokoll gefertigt wird und zum Management herangezogen werden kann.

Durch unseren externen BIM-Berater (in der Rolle des Koordinators) erstellten wir zweiwöchentlich ein Koordinierungsmodell – bis zu dem Tage, als mir klar wurde, dass die Koordination nicht von der Planung und den Ausführenden in der Planung personell getrennt werden kann. Grund war ein „Modellschmuggel". Per E-Mail wurde ein Modell der technischen Gebäudeausrüstung auf kurzem Dienstweg an die Architektur versandt. Ein absolutes No-Go! Danach wurde im Koordinierungsmodell durch den externen Koordinator wieder der alte TGA-Stand referenziert. Da der Rest ja bereits fortgeschrieben war, war das Koordinierungsmodell nun inkonsistenter als vorher. Das wäre gleich aufgefallen, wenn die Koordination näher bei der Planung gelegen hätte, denn nur wenn Bearbeitungsstand des Entwurfs und Modellstand sich spiegeln, ist auch beides konsistent. Daher kann die Koordinierungsleistung schwerlich von Externen erbracht werden, da dies im Planerteam liegen muss, um sich tagesaktuell im Projekt zu bewegen.

Eine Ehrenrunde später war die Statik also schon in der Lage, mit dem Modell frühzeitig die Lastabträge zu berechnen und mit dem Bodengutachter eine Gründungsmaßnahme abzustimmen. In Kombination mit Probebohrungen deckte das sehr schnell ein Problem mit der Gründung infolge von Aufschüttungen auf, was uns später noch in viel größerem Maße in die Quere kommen sollte. Um der bestehenden Fundamentierung des Bestandes nicht zu nahe zu rücken, wählten wir eine andere Form des Kellergeschosses aus. Das Kinderbewegungsbecken war zu schwer, um es an einer Abtreppung der Bodenplatte platzieren zu können. Die Vergrößerung der Bodenplatte führte zwar zu einem größeren Volumen, sollte aber erhebliche Einsparungen in der Gründungsart bringen.

Dies zu erkennen, war nur dank der frühzeitigen Nutzung des Modells möglich und wir waren in Bezug auf die Gründung sensibilisiert. In dem neuen Technikkeller konnten nun auch alle Schwallwasserbehälter der Badewassertechnik als Betonbecken unter das Lehrschwimmbecken geschoben werden. Iterativ wurde die Lösung nach und nach verbessert. Es war unser praktischer Ansatz, die Massen und Mengen im Rahmen der Kostenberechnung in der Leistungsphase 3 aus dem Modell zu ziehen. Dazu eigneten sich die IFC-Modelle hervorragend, da sie dazu ganz pragmatisch im Model Checker dazu ausgelesen werden können. Denken Sie aber auch daran, dass sämtliche Bauteile wiederzufinden sein müssen! Grundsätzlich bringen die Bauteile ja ihre Geometrie mit, aber die Klassifizierung und IFC-Attribuierung müssen unmissverständlich erkannt werden können, um ein automatisches Auslesen des Modells zu ermöglichen. Beinahe wären wir in der Situation gewesen, eine neue IFC-Identität anzulegen: „IFC-Waterdrops" blockierte das Handling des Modells für einige Zeit, wie vorher schon angedeutet. Die in Archicad modellierten Fontänen der Badeattraktionen waren mühevoll einschließlich aller ihrer Oberflächen dargestellt worden und sprengten das Datenvolumen des Modells, ähnlich wie die zu stark detaillierten Sprinklerköpfe in mancher CAD-Software. Also raus damit!

Auf der Suche nach einer Alternative zur nativen Übernahme der Daten in eine 4D/5D-Software, die dem openBIM-Ansatz entspricht, testeten wir nun mehrere Wege aus. Wir stellten den einschlägigen Herstellern von 4D/5D-Software die IFC-Datei zur Verfügung und baten sie, uns einen Weg zur Kostenkalkulation und zum automatisierten Leistungsverzeichnis zu weisen. Das erwies sich als ein spannender Ansatz. Denn in fast jedem Bereich steckt im großen Ganzen auch ein kleines System X. Im Gegensatz zu den übrigen Industrien, die die Notwendigkeit von offenen Systemen und die Kooperation von Klein und Groß leben, hat sich in der deutschen Bau- und Immobilienwirtschaft, insbesondere bei den Generalunternehmern, eine monopolisierte Software-Landschaft entwickelt. Der Marktführer dominiert, und die dazu notwendigen Datengrundlagen werden eilig im closedBIM erzeugt, entgegen jeder Anforderung an Qualität, Markt oder gar Demokratie.

Die Niederländer waren von fünf Jahren in eine ähnliche Falle getappt. Die Generalunternehmer hatten zunehmend ein closedBIM gefordert. Nachdem sich die Planer einige Jahre lang auf eine Software am Markt abgesprochen hatten, standen die Planungspreise plötzlich nicht mehr im Verhältnis. Die Auftraggeber waren zunehmend abhängig geworden vom Auftragnehmer. Als Konsequenz musste der Markt wieder geöffnet werden. Offene Standards sind heute bei den großen Bauunternehmen der Niederlande ein Industriestandard. openBIM bedarf einer größeren Abstimmung, das ist wahr. Für das Einlesen auf der IFC-Schnittstelle war das Produkt des Marktführers nicht optimiert, wie wir nun feststellten, was bei den Formulierungen des Stufenplans in Bezug auf herstellerneutrale Formate doch sehr verwunderlich war.

Kleine Anbieter waren da einfach deutlich besser. Sie versuchten, mehrere Auslesevorgänge zu fahren, um möglichst auch über ergänzende Informationen am Bauteil ein entsprechendes Objekt in der Datenbank zu finden. Unsere „Finnische Rinne“, eine besondere Form des Beckenkopfes am Schwimmbecken, wurde aber auch hier nicht automatisch zugewiesen. Je nach Produkt wurden bis zu 75 Prozent der Bauteile korrekt zugewiesen. Der Rest ist durch manuelle Verknüpfung anzulegen und wird bei künftigen Kalkulationsdurchläufen oder weiteren Projekten dann erkannt. Ein großer Mehrwert liegt in der optischen Plausibilisierung der Massen und Bauteile, die ausgelesen wurden. Unsere Erfahrung zeigte, dass beim Fehlen dieser Komponente (einige AVA-Programme können nur die IFC-Schnittstelle bedienen) die Fehleranfälligkeit und Versäumnisse stark ansteigen. Bedenken Sie hier bitte, dass Sie in der eigenen BIM-Autorensoftware entsprechende Exporter verwenden sollten. Für erste Plausibilisierungen reichen auch die Information-Take-Offs des Checkers mit seinem Excel-Export oder die Listen aus den CAD-Programmen.

Die Planung im Entwurf war nun schon sehr detailliert und koordiniert. Auf dieser Grundlage wurde nun der Bauantrag gelayoutet, wobei die Referenzierung der Haustechnik und die Darstellung von Neubau, Umbau und Bestand für die Verwaltung eine sehr schnelle Orientierung boten. Der Planungsaustausch nunmehr im Wochentakt erwies sich im Projekt als sehr ökonomisch. Nicht jede Änderung ist ja auch gleich für die Allgemeinheit von Bedeutung. Bei weiteren Projekten versuchten wir es mit einer täglichen Ableitung aus dem Gesamtmodell, mussten aber feststellen, dass dies eher kontraproduktiv war.

Nun galt es, in der weiteren Planung die Schlitz- und Durchbruchsplanung automatisiert anzugehen. Die nächste Herausforderung lag darin, dieses aus der Kollision des durchdringenden Bauteils und des zu durchdringenden Bauteils abzuleiten. Unser Haustechnikplaner hatte ein CAD-Werkzeug verwendet, das noch nicht für den IFC-Export und -Import zertifiziert war. Während des Planungsprozesses war das nicht weiter aufgefallen. Es hätte uns ein Indikator dafür sein sollen, dass die Bauteile in frühen Leistungsphasen sehr detailliert waren und ihre Attribuierung nur unzureichend übermittelt wurde (IFC-Proxy). In der Vorbereitung der Durchbruchplanung für die Badewassertechnik stieß die CAD-Software der TGA bei der Durchdringung eines runden Durchbruchkörpers durch eine gebogene Beckenwand an ihre Grenzen. Das führte zu einer erneuten Auseinandersetzung des Haustechnikplaners mit der Produktentwicklung des CAD-Softwareherstellers. Das Management im beteiligten TGA-Planungsbüro war inzwischen so sensibilisiert, dass zusätzliche Soll-Stunden auf „BIM“ als nicht mehr akzeptabel angesehen wurden und die Zusammenarbeit auf eigenen Wunsch hin abgebrochen wurde. Sie denken nun vielleicht: was ist das für ein Haufen und für ein Projekt? Wie unprofessionell wird denn da gearbeitet? Ich bin menschlich eigentlich nicht so schwierig, dass ich mir meine Geschäftspartner vergraule, doch ich bin offen und ehrlich in der Schilderung. Das Am-Ball-Bleiben, Motivieren, Fortschritte-Haben, Durchhaltevermögen und auch Mut gehören genauso dazu wie der Spaß am Projekt und die unglaublich hohe Planungsqualität.

Beim nachfolgenden Haustechnikplaner funktionierte dann auf einer zertifizierten Software auch der automatisierte Workflow der Schlitz- und Durchbruchplanung zwischen TGA-Modell und Statikmodell auf Anhieb. Damit war die Ausführungsplanung abgeschlossen und das Projekt wurde für einen Generalunternehmer ausgeschrieben. Dieser sollte nun ein eigenes Konstruktionsmodell mit den Rückläufen aus der Werk- und Montageplanung anreichern und mit den notwendigen Informationen zu einem „As-built"-Modell führen. Mit fortschreitender Detaillierungstiefe näherten wir uns in der Ausschreibung den Positionen Herrichten des Grundstücks, Baugrubenerstellung und mögliche Abfangungen, Bodenaustausche und Wasserhaltungen. Der statische Entwurf hatte nochmals in Abstimmung mit dem Bodengutachter in Bezug auf die Auffüllungen zu Anpassungen der Bodenplattendimensionierung und einer Auskragung dieser über die Kelleraußenwände geführt. Dieses wiederum führte zu nun notwendigen Verbauten zum öffentlichen Straßenraum und Abfangungen der Bestandsfundamente der 40-Meterkuppel des Bestandes, was nur durch die Simulation am Modell geometrisch abzugreifen war. Die entstehenden Mehrkosten wurden den Bauherrn angezeigt und durch eine Marktabfrage leider bestätigt. Das Kostenziel war so nicht mehr zu halten. Eine schwerwiegende, aber verantwortungsvolle Entscheidung wurde getroffen, das Projekt sei zurückzustellen. Natürlich ist ein Projekt an dieser Stelle zu stoppen für alle Beteiligten nicht erfolgreich, aber hat den städtischen Haushalt vor einer finanziellen Katastrophe, in Form von immensen Nachträgen und Fristverlängerungen durch Umplanung, bewahrt. Erst virtuell Bauen kann real Bauen dann auch einmal verhindern, was eine nachhaltige, verantwortungsbewusste Alternative zu manch anderem öffentlichen Bauprojekt derzeit darstellt. Einige Jahre später sprach auch der Bauherr wieder mit mir und war dankbar für die Erfahrung und die frühe Erkenntnis.

Nehmen Sie sich die Zeit und das richtige Projekt und geben Sie sich realistisch erreichbare Ziele. Unterstützen Sie sich im Team gegenseitig. Stehen Sie im Management bitte immer hinter der Entscheidung für das BIM-Pilotprojekt. Bedienen Sie sich der Experten intern oder extern.

Doch wie sieht es heute aus, was haben wir vertiefen, verbessern oder auch beibehalten können? Lassen Sie uns ein aktuelleres Planungs- und Bauprojekt anschauen, welches im Rahmen einer Totalübernehmerschaft realisiert wurde. Gemeinsam im Bauteam mit der Firma Pellikaan aus den Niederlanden haben wir bereits in der Angebotsphase am Modell zusammengearbeitet. Die verschiedenen Vergabemodelle, die mit BIM harmonieren oder sogar die Anwendung der Methodik für ihr Bauprojekt argumentieren lassen, habe ich in unserem Buch „Das neue Bauen mit BIM und Lean" mit Unterstützung von Dr. Matthias Fink von Kapellmann & Partner detailliert beschrieben. Es ist aber natürlich so, dass herkömmliche Vergabemodelle mit einzelnen Planer- und bauausführenden Gewerken schwer zu besetzen sind, da die Projektanten kaum auf eine Datenanforderung zu verdingen sind. Daher die Form des Totalübernehmers und POS4-Architekten in Form des Objektplaners.

Die Kombination von BIM, Lean und Nachhaltigkeitsbetrachtung ist aktuell Aufgabe im Neubau des Blütenbades in Leichlingen, bei der die deutsche Gesellschaft für das Badewesen das Projektteam in der Planung und Ausführung in Bezug auf Nachhaltigkeitskriterien beraten hat. So steigern wir in den Projekten sukzessive die Anwendungsfälle und erproben auch in Partnering-Modellen mit Generalunternehmern digitale Anwendungen für das Planen, Bauen und Betreiben.

12 Selbstverständlich BIM!

Wie viel BIM verträgt ein Mittelstandsprojekt: Werkbericht eines mittelgroßen BIM-Projektes gefördert durch das Bundesinstitut für Bau-, Stadt- und Raumforschung (BBSR)

Vor einiger Zeit hatten wir die große Chance, an einem weiteren Pilotprojekt teilzunehmen, aber unter Beobachtung! Einer unserer Bauherren ist in einem Forschungsprojekt der bergischen Universität Wuppertal eingebunden, in dem insbesondere die Prozesse und die Mehrwerte für die Projektentwicklung mit BIM untersucht werden. Er stand am Anfang einer Handelsimmobilienentwicklung und sah im Zusammenhang mit der Forschungsarbeit die Chance, ein ganz normales Projekt von nebenan mit BIM sauber und mit dem Fokus auf der realistischen, maßstäblichen Anwendung der Methode abzuwickeln. Die mittelstandsorientierte Anwendung beschäftigt auch das BBSR und das BMI, da die meisten Akteure der Wertschöpfungskette Bau dem in Deutschland so starken Mittelstand zuzuordnen sind. Soll denn BIM wirklich nur etwas für große Planungsgesellschaften, Generalplaner und Generalunternehmer sein? BIM ist nicht exklusiv, wie ich im Kapitel 14 später noch beschreiben werden, und daher wollte der Auftraggeber ein Projekt mit durchschnittlichen Marktteilnehmern (nicht in Bezug auf Qualitäten) angehen. Nach der Bewilligung des Forschungsantrags um die Begleitung und Dokumentation des Projektes, konnte das Team um Anika Meins-Becker an der Fakultät von Prof. Helmus uns offiziell beobachten. Da es sich um einen privatwirtschaftlichen Bauherrn handelt (das sind nicht wenige in Deutschland), konnte der Auftraggeber, die RMA Real Estate Management, freihändig vergeben und ließ sich zunächst von der DEUBIM beraten und später von POS4-Architekten die Generalplanung erarbeiten. Sämtliche Erfahrungen und Ergebnisse des Projektes sind im Mittelstandsleitfaden dokumentiert, welchen ich Ihnen als Mitautor natürlich ans Herz legen möchte. Insbesondere die Schilderung des

Projektaufsatzes, der Downloadmöglichkeit der BIM-Dokumente wie AIA und BAP, sowie die dezidierte Schilderung der BIM-Anwendungen unter Betrachtung der notwendigen Rahmenbedingungen, der genutzten Technologien sowie der jeweiligen Fazitbetrachtungen macht diesen Leitfaden extrem praxisnah und nachvollziehbar, also selbstverständlich!

Die Pilotprojekte des BMVI, das BIMiD-Projekt, allesamt sind wertvolle Beiträge zur Erkennung von Chancen und Risiken der Methodik und fester Bestandteil des Stufenplanes. Man muss jedoch feststellen, dass die Größe und Komplexität dieser Projekte ein einfaches Übertragen auf die eigene Arbeit nur schwer ermöglicht. Was hat einen privatwirtschaftlichen Auftraggeber dazu bewogen, die Methode für sein anstehendes Projekt zu nutzen? Darauf gibt Christoph Röhr, Geschäftsführer der RMA Management folgende Antworten:

BIM-Erfahrungsbericht eines Bauherrn

Vorüberlegung zum Thema BIM

Mit dem Thema BIM hat sich die RMA Management erstmals im Jahr 2014 beschäftigt; die DEUBIM stellte im Rahmen einer Informationsveranstaltung die Methode vor und zeigte Möglichkeiten der Digitalisierung auf.

Da die RMA Management nicht nur Neubauten realisiert, sondern auch regelmäßig Bestandsgebäude revitalisiert, nimmt die technische Prüfung der Objekte im Rahmen der Akquisition einen großen Raum ein. Hierbei macht es keinen großen Unterschied, ob es sich um einen Kaufmannshof aus dem 16. Jahrhundert handelt, ein Bürohaus aus den 50er Jahren oder ein vergleichsweise junges Geschäftshaus, das komplett umgebaut werden muss. Die Dokumentation der Gebäudesubstanz und der technischen Ausrüstung ist in der Regel schlecht oder nicht vorhanden. Bauaktenarchive helfen teilweise, Umbauten sind jedoch auch dort nicht vollständig nachvollziehbar. Hinweise auf verwendete Baustoffe und damit verbundene Risiken fehlen, häufig sind entsprechende Untersuchungen nicht zerstörungsfrei durchzuführen und im Rahmen der Prüfung durch den Käufer zu tragen.

Vor diesem Hintergrund erklärt sich die Begeisterung für die Methode BIM. Die Idee, eine zentrale Informationsplattform zu haben, auf der originäre Informationen, Änderungsmanagement sowie weitere Dokumente zu finden sind – und im Falle einer Transaktion verlustfrei übertragen werden können –, wäre ein Quantensprung für die Due Diligence-Prüfung. Die Verknüpfung der Daten von Einzelobjekten (Liegenschaften/Assets) über ein Portfolio müsste auch für die

Kunden der RMA Management, institutionelle Investoren, von großem Interesse sein.

Erst im zweiten Schritt hat sich die RMA tiefer mit der Methode im Rahmen der Planungs- und Realisierungsphase beschäftigt. Für jedes unserer Bauprojekte – allesamt individuelle Vorhaben – müssen die Fragen nach Kosten, Terminen und Qualitäten neu beantwortet werden. Die Methode BIM unterstützt den Bauherrn hierbei durch die systematische Erfassung von Daten und Informationen. Bei der Arbeit am 3-D-Koordinierungsmodell steht die Visualisierung nicht im Vordergrund; vielmehr zeigt das gemeinsame Arbeiten mögliche Kollisionen auf und verbessert das Verständnis innerhalb des Planungsteams erheblich.

Aus Sicht des Bauherrn wird die Planungsphase daher insgesamt sehr viel effektiver. Die Überleitung vom Entwurf in die Realisierung erfolgt mit weniger Anpassungsschwierigkeiten. Dies bedeutet allerdings, dass in der Entwurfsphase bereits Aspekte der Ausführung antizipiert werden müssen. Ob dies zu einem Mehraufwand in der Leistungsphase 3 führt, bzw. zu einem geringeren Aufwand in der Leistungsphase 5, muss von Fall zu Fall entschieden werden.

Das Ziel des Bauherrn, bereits in einem frühen Projektstadium eine belastbare Kostenschätzung zu erhalten, wird mit der Methode BIM jedenfalls einfacher erreicht.

Es darf allerdings nicht unterschätzt werden, dass der Bauherr im Vorfeld Klarheit über seine Ziele erlangen muss. Ohne konkrete Vorgaben, was mit der Methode BIM erreicht werden soll, ist eine BIM-Beauftragung nicht sinnvoll möglich.

Projektvorbereitung

„Was kostet ein Auto?“ Bei dieser einfachen, wie auch naiven Frage erschließt sich jedem Besteller, dass der Händler weitere Informationen benötigt. Für das Planungsteam einer individuell zu konfigurierenden Immobilie gilt dasselbe. Also hat die RMA zunächst die unternehmenseigene BIM-Strategie formuliert. Mit Unterstützung der DEUBIM wurde beschrieben, wie sich das Unternehmen strategisch dem Thema Digitalisierung stellt, wo die RMA den Mehrwert beim Einsatz von BIM sieht, welche Ziele für das Pilotprojekt formuliert werden sollten und welche Ziele perspektivisch erreicht werden sollen.

Da es wenig standardisierte, allgemeingültige Orientierungshilfen gab, haben DEUBIM und RMA Management neben der BIM-Strategie und den Auftraggeber-Informations-Anforderungen (AIA) auch einen vorläufigen BIM-Abwicklungsplan (BAP) entworfen, der die Zusammenarbeit der Beteiligten und Koordination des Modells beschreibt. Sehr frühzeitig wurde durch das Team festgelegt, das anstehende Pilotprojekt als openBIM-Projekt zu realisieren. Wichtig war auch die Beschreibung einer Modellierungsrichtlinie, da diese den Grundstein für die spätere Modellnutzung legt und erst die erfolgreiche Kollaboration ermöglicht. Ohne die Hilfe eines Beraters oder Informationsmanagers (BIM-Managers) ist ein Bauherr jedoch mit diesen Aufgaben zur Erstellung der Dokumente überfordert. Die RMA Management befürwortet daher die Entwicklung branchenweiter Standards, die mittelständischen Marktteilnehmern den Einstieg erleichtern.

Bei der Erstellung der Dokumente und Beschreibungen wurde auch deutlich, dass ein kleiner Projektentwickler wie die RMA Management sehr straffe Prozesse und effiziente BIM-Strukturen einfordert, da mittelständische Projekte mit einem Volumen zwischen 10 Mio. EUR und 25 Mio. EUR keine zusätzlichen unangemessenen BIM-Strukturen oder Hierarchien vertragen. Gleichwohl war der Anspruch, auch ein mittelständisches Projekt im Sinne der BIM-Prozesse systematisch zu strukturieren und durchzuführen.

Das „Fachmarktzentrum Leinefelde“ als Pilotprojekt auszuwählen, folgt der Logik, mit einem vergleichsweise einfachen Bauprojekt die BIM-Prozesse und Koordinierung besser üben zu können.

Mit einer anspruchsvollen Statik und einer hohen Installationsdichte können zusammen mit der Architektur die Kollaboration und der Datenaustausch über .ifc anschaulich geübt werden, wie Koordination in der Praxis funktioniert, welche Software die Prozesse unterstützt, wie Daten generiert und genutzt werden können und nicht zuletzt wie der Bauherr eigene Analysen mit dem Modell und den daraus resultierenden Daten durchführen kann.

Um alle Beteiligten beim Pilotprojekt ins Boot zu holen und die Bereitschaft zu erzeugen, gemeinsam zu üben, wurde darauf verzichtet, die BIM-Leistungsbilder strikt als vertragliche Leistungen abzufordern. BIM-Leistungen wurden als Ziele formuliert, die im Team erreicht werden sollen, wobei Raum für Versuch und Irrtum gelassen wurde. Die BIM-Ziele und die Willensbekundung wurden auf Basis des „Leitbild Bau“ zu einem BIM-Manifest zusammengeführt und von allen Beteiligten akzeptiert.

Ein ganz wichtiges Ziel beim Pilotprojekt besteht darin, Erfahrungen zu sammeln und in einer offenen Lernkultur Prozesse oder Methoden zu testen, zu entwickeln oder auch zu verwerfen. Der offene Austausch über die gesammelten Erfahrungen sollte alle Beteiligten in die Lage versetzen, beim nächsten BIM-Projekt eine höhere Stufe auf der Lernkurve einzunehmen.

Bauherr – RMA

Die Anwendung der Methode BIM im Pilotprojekt FMZ Leinefelde hat der RMA Management aufgezeigt, wo Stärken und Schwächen bei der Anwendung liegen und an welchen Stellen bei zukünftigen Projekten die Vorbereitung noch detaillierter erfolgen sollte. Bei der BIM-Diskussion steht zurzeit die Planungsphase im Fokus, die Kollisions- und Fehlervermeidung funktioniert gut. Wesentliche Vorteile auf Bauherren- bzw. Betreiberseite werden darüber hinaus erst dann realisiert werden können, wenn die Ziele und konkreten Anwendungsfälle besser formuliert sind und in den Prozess integriert werden.

Die aktuell zur Verfügung stehenden Softwares lassen noch viel Spielraum nach oben. Während viel Know-how in Visualisierungen und 3D-, 4D- und 5D-Anwendungen gesteckt wird, werden kaufmännische Informationen bislang nur unzureichend verarbeitet. Dabei unterscheidet sich eine Kalkulation in der Bauphase drastisch von der kaufmännischen Betrachtung eines Projektentwicklers. Die Überleitung von Informationen in Drittanwendungen erfolgt nicht immer automatisch; das händische Einpflegen und Bedienen raubt wesentliche Einspar-Effekte oder bringt keinen Mehrwert gegenüber eine Excel-Kalkulation. Wenige Projektentwicklertools stellen sich dieser Aufgabe, entsprechen aber noch nicht den Praxisanforderungen.

Die RMA Management wird die Erfahrungen aus diesem Projekt bei der Überarbeitung der AIA einfließen lassen und auch die Modellierungsrichtlinie aktualisieren, sodass zukünftig eine noch bessere Informationsverarbeitung in den Leistungsphasen erfolgen kann. Aus Sicht des Bauherrn wäre es interessant, zusätzliche Informationen aus dem Projektmanagement mit dem Modell zu verknüpfen, damit diese auch beim Autor des jeweiligen Modells ankommen. Das gilt insbesondere für Mieterbaubeschreibungen und die darin enthaltenen Anforderungen. Da diese aber nicht strukturiert vorhanden sind, bedarf es noch einer Transformation.

Aus Sicht der RMA Management ist das Pilotprojekt sehr gut gelungen, da es innerhalb einer kurzen Projektlaufzeit einen großen Erkenntnisgewinn produziert hat. Die Empfehlung an andere Bauherren lautet daher, mit „Übungsprojekten“ in den BIM-Prozess zu starten, eigene Ziele und Anwendungen zu definieren, die Kollaboration zu proben und nicht darauf zu warten, dass Standards von Dritten gesetzt werden. Von den zukünftig veröffentlichten Standards darf jedenfalls nicht erwartet werden, dass diese einfach übernommen werden könnten.

Die Professionalisierung der Auftraggeber ist deswegen zwingend notwendig. Leider gibt es noch nicht so viele Auftraggeber, die wirklich wissen was sie wollen (Informationen). Für alle Beteiligten waren das aber extrem wertvolle Erfahrungen, die im nächsten Projekt sicher eine andere Betrachtung bekommen.

Christoph Röhr, Geschäftsführer der RMA Management

Das Pilotprojekt hat allen Beteiligten die Möglichkeiten und Optimierungspotenziale aufgezeigt. Insbesondere die Einbindung der Bauausführenden (bewusst wurde kein Generalunternehmer mit BIM-Erfahrung beauftragt), die Überlagerungen mit der Projektsteuerung und die Rückführung der Daten zu einem „As-built"-Modell sind hier zu benennen. Aber was bereits gut funktioniert hat, waren die Rollen des Informationsmanagements. Durch die klaren Projektstrukturen, das disziplinierte Abwickeln des Projektes und durch die freiwillige Bereitstellung der Planungsleistungen im BIM-Kontext haben wir uns im Jahr 2019 getraut, das Projekt bei dem renommierten openBIM-Award von buildingSMART international einzureichen. Schon seit langem waren unter den Preisträgern selten Beiträge aus Deutschland. Sollten wir denn wirklich noch nicht auf internationalem Parkett mitspielen können? Der Wettbewerb verlangt das dezidierte Beschreiben der openBIM-Anwendung unter Benennung des Mehrwertes, der Angabe der BIM-Anwendungsfälle, der Austauschformate und der Modell-View-Definitions sowie die Dokumentation der Prozesse. All das hatten wir bereits anschaulich über das Forschungsprojekt dokumentiert und konnten einen entsprechenden Beitrag form- und fristgerecht einreichen. Und unser Mut wurde belohnt! Die Nachvollziehbarkeit der kollaborativen Bearbeitung unter der Nutzung des IFC-Formates und die Vermittlung des Mehrwertes von guten Datenbestellungen über AIA und BAP überzeugte die internationale renommierte Jury nachhaltig. Das Fachmarktzentrum Leinefelde wurde in der Kategorie Design einer der drei Finalisten. Das wir dann in Beijing keinen Preis bekommen haben, war unerheblich, denn wir waren dabei und konnten ein bisschen die Art und Weise unserer Arbeit der großen weiten Welt berichten. Das Video zum Projektbeitrag finden Sie hier:

Sie sehen: Es spielen viele Beteiligte eine Rolle im BIM-Projekt. Auftraggeber, Auftragnehmer, Planer, Bauausführende und Betreiber. Allesamt agieren heute schon in Rollen, zukünftig wartet aber das Informationsmanagement mit weiteren auf. Welche, erfahren Sie im folgenden Kapitel.

13 Was bin ich?

BIM-Prozesse und BIM-Rollen: Was ist ein Informationsmanager, ein BIM-Manager, ein BIM-Koordinator, ein BIM-Autor – und was bin ich?

Einige von Ihnen werden noch den Journalisten und Fernsehmoderator Robert Lembke kennen, der in 337 Folgen die Frage stellte: „Was bin ich?“ Vielleicht sollten wir dieses Format für das neue Rollenverständnis in der BIM-Planungsmethodik wieder auferstehen lassen! Das Rateteam hatte damals mit geschickten Fragen den Beruf einer Person eingegrenzt, wobei diese nur mit Ja oder Nein antworten durfte.

Eine solche Eingrenzung brauchen jetzt auch wir sehr dringend, da in zahllosen „BIM-Standards“ so widersprüchliche Rollenbeschreibungen publiziert wurden, dass es schwerfällt, sich zu orientieren. Auch die juristischen Versuche der Eingrenzung über Leistungsbeschreibungen divergieren extrem. So ist der BIM-Manager in der Methodik derzeit das am meisten verkannte Wesen. Das liegt aber auch an der ungeschützten Terminologie. Während Sie in Südkorea beispielsweise zehn Jahre Berufserfahrung im Bau- und Planungswesen und drei Jahre als BIM-Koordinator vorweisen müssen, können Sie in Deutschland Ihren BIM-Manager in einem dreitägigen Modellierkurs bei einem BIM-CAD-Autorensoftwareanbieter absolvieren. Wenigstens hier könnten wir uns schnell wieder eine internationale Marktführung verschaffen: Dann kommt die ganze Welt zu uns, um BIM-Manager zu werden ... Das ist natürlich Humbug, denn die Inhalte des dort angebotenen Kurses haben mit den wirklichen Inhalten des BIM-Managements nicht viel zu tun. In den letzten Tagen kam mir der BIM-Manager sogar als Landing-Page eines Bauproduktteherstellers entgegen. Wollen Sie unsere Produkte auch als BIM-Objekte herunterladen, dann besuchen Sie unseren BIM-Manager ...

Eines der Merkmale eines BIM-Projektes ist das Vorhandensein von BIM-Rollen sowie die Abbildung und Anwendung von Prozessen. Was aber ist eine BIM-Rolle? Rollen beschreiben die Funktion eines Akteurs innerhalb eines Teams. Damit einher geht eine bestimmte Leistungsbeschreibung. Grundsätzlich sollte man sich die Frage stellen – und sie mithilfe von Experten oder Schulungen auch beantwortet bekommen –, in welcher der drei Kategorien man sich später im Prozess wiederfinden kann:

1. Ich erzeuge, erstelle, modelliere ein digitales Gebäudemodell mit grafischen und/oder alphanumerischen Informationen.
2. Ich verwerte, verknüpfe, deute oder analysiere ein digitales Gebäudemodell.
3. Ich koordiniere oder manage die dafür notwendigen Prozesse.

In den jeweiligen Branchen bauen sich nach diesen drei Kategorien die Prozesse und Rollen auf, die Ihnen Fertigkeiten, Fähigkeiten und BIM-Wissen abverlangen. Ich spreche in Bezug auf die Rollen zunächst ausschließlich über Rollen im Daten- und Informationsmanagement. Dabei bleiben die planerisch, inhaltlichen Leistungsbilder unberücksichtigt. Grundsätzlich gehen die Akteure mit unterschiedlichen Interessen in die BIM-Methodik. Kaum wird ein Bauherr oder Besteller 3D-Modelle erstellen oder das Handwerk das Koordinierungsmodell beisteuern. So hat jeder seine eigene Sicht auf das Datenmodell und seine eigenen Interessen daran. Ein großer, umfassender Blick auf das Modell wird jedoch im Bereich der Koordination und des Managements nötig sein. Erfahrungsgemäß ist ein gutes Informationsmanagement nicht möglich, ohne die Fähigkeiten der BIM-Koordination zu beherrschen. Die Koordination wiederum verlangt genaue Kenntnis des Modellaufbaus. Daher wird zunehmend erst einmal eine Ziel- und Anwendungsbetrachtung geführt, um die Handlungsfelder zu verifizieren und dann diesen verschiedene Rollen zuzuweisen. Auch in der Ausbildung, in Abstimmung mit buildingSMART International, wird die eigentliche Tätigkeit vor der Leistungsbeschreibung aus der Rolle heraus betrachtet. Wenn wir aber auch im internationalen Kontext versuchen, eine Rollendefinition zu finden, die uns nicht abkoppelt, können grob folgende 4 Rollen aufgefunden werden. Bei wem welche Rolle liegt, möchte ich dabei bewusst noch nicht definieren:

- Informationsmanager (umgangssprachlich auch BIM-Manager, bei DB-Projekten BIM-Berater, auch oft BIM-Leitung oder BIM-Champion)
- Informationskoordinator (umgangssprachlich auch BIM-Koordinator)
- Informationsautor (umgangssprachlich auch BIM-Autor, bei DB-Projekten BIM-Ersteller, auch oft BIM-Konstrukteur oder BIM-Modeler)
- Informationsnutzer

Die Rollen sind in der Richtlinie VDI-2552 Blatt 7 „BIM-Prozesse“ beschrieben und im Anhang der Richtlinie um eine Aufgabenbeschreibung ergänzt.

Diese Rollen ergänzen das bisherige Rollenverständnis des Bauherrn, der Bauherrenvertreter, der Planer und der Sonderfachleute. Die Planungsverantwortung bleibt weiterhin bei den Fachplanern und die planerische Koordinierungsaufgabe bei Generalplanern oder beim Architekten, da dieser nach der HOAI in der Koordinierungspflicht ist. Der Bauherr nimmt seine steuernde Bauherrenrolle auch in Bezug auf das digitale Bauen wahr, gemäß dem Motto „Zuerst digital, dann real bauen“. Die Größe und Komplexität eines Projektes bestimmt die Trennung von Informations- und Planungsmanagement und die Ausprägung des Rollenbildes. Die Rollen, Verantwortlichkeiten, Zuständigkeiten und Aufgaben sollten in den AIA und im BAP beschrieben sein. In unserer Beratungspraxis und Anwendung im Unternehmensverbund hat sich folgende Differenzierung bewährt:

Die Beschreibungen der einzelnen Rollen *stellen sich wie folgt dar:*

Informationsmanagement

Die Rolle des **strategischen Informationsmanagers (BIM-Manager)** ergänzt die strategische Gesamtverantwortung der Projektleitung. Die enge Zusammenarbeit mit dem operativen Informationsmanager gestaltet sich ähnlich der Projektsteuerungsleistung analog der AHO und ist keine Planungs- oder Koordinierungsleistung am Modell, sondern eine überprüfende Tätigkeit. Die Tätigkeit ist hauptsächlich in der Phase der Projektinitiierung zu sehen.

Die Aufgaben des strategischen Informationsmanagers umfassen:

- Aufsetzen einer BIM-Strategie,
- Erstellen der AIA (Auftraggeber-Informations-Anforderungen),
- Herleitung aus OIA, PIA und EIR oder LIA,
- Festlegung der BIM-Ziele für das Projekt gemäß den Projekt-Informations-Anforderungen,
- Erstellen vorläufiger BAP (nicht in allen Projekten),
- Erstellen einer Gesamtprozesslandkarte mit Eckdaten der Informationslieferung,
- Formulierung eines IDM,

- Unterstützung des Auftraggebers in Bezug auf die Kompetenzabfrage bei der Auswahl des Planungs- und Ausführungsteams und Vergabe,
- Definition vorgegebener Datenübergabepunkte oder Meilensteine,
- Prüfung der Einhaltung, Umsetzung und ggf. Korrektur des BAP in Abstimmung mit dem operativen Informationsmanager auf AG- und AN-Seite,
- Bewertung des Leistungsfortschritts und Freigabeempfehlung für den AG,
- Fortschreibung des BIM-Projektabwicklungsplans für die nächsten Phasen,
- Überwachung der Definition der BIM-Mindestqualitäten und Anforderungsdefinitionen (LOG, LOI nach Bauteilen und Leistungsphasen) und entsprechenden Prüfberichten,
- Definition von Informationsanforderungen an das Bauen und den Betrieb,
- Unterstützung bei der Werkvertragsgestaltung (z. B. bei den besonderen Vertragsbedingungen BVB),
- Unterstützung des AG zu Themen des Nutzungs- und Urheberrechtes (keine Rechtsberatung),
- Koordination, Einschätzung und Überwachung der Leistungen des operativen Informationsmanagers AG und AN,
- Unterstützung der Ausschreibung und Einrichten der zentralen Projektplattform und des gesamten CDE, sowie Vorgaben für Datenaustausch, Datenmanagement, Kommunikation und Archivierung,
- Erstellung weiterführender Dokumente wie Modellierungsrichtlinie oder Bauteil-Element-Matrix,
- Durchführung von BIM-Kick-off-Veranstaltungen.

Die Rolle des **operativen Informationsmanagers (BIM-Managers)** ist ähnlich der Rolle des strategischen Informationsmanagers zu sehen, ist jedoch aktiv steuernd in der Umsetzung der AIA tätig. Diese Rolle ist insbesondere auf Auftraggeberseite vorgesehen. Sollte die Größe oder Einsatzform (Generalübernehmer, Generalplaner) Subunternehmerverhältnisse vorsehen, ist auch auf Seiten des AG ein Informationsmanager sinnvoll.

Die Aufgaben des operativen Informationsmanagers umfassen:

- Überprüfung Konformität der Informationslieferungen mit den AIA,
- Umsetzung der BIM-Implementierung im Projekt auf Basis des vorläufigen BAP,
- Vorschläge zur Fortschreibung des BAP (in Abstimmung mit dem strategischen Informationsmanager),

- Erstellen des BAP (nur operativer Informationsmanager AN),
- Zentraler Ansprechpartner für alle operativen Fragen hinsichtlich der BIM-Umsetzung für Bauherrn, Planer, Bauausführende und Sonderfachleute,
- Entwicklung und Steuerung der BIM-Anwendungen im Projekt, insbesondere der Rechte und Pflichten der Planungsbeteiligten für die Mitwirkung bei der Erstellung, Weitergabe und Nutzung der Informationen,
- Unterstützung des AG bei Einrichtung und Aufbau der zentralen Projektplattform insbesondere zum Einstellen und Nutzen der BIM-Modelle und den damit verbundenen Auswertungen,
- Bewerten der eingesetzten Software in Bezug auf die Interoperabilität oder openBIM-Fähigkeit,
- Überwachung der Informationslieferungen des AN,
- Festlegen und Überprüfen der BIM-Prozesse und BIM-Datenanforderungen für die festgelegten BIM-Anwendungsfälle sowie Umsetzung der Leistungsbilder unter:
- Beachtung der Meilensteine (Datenübergabepunkte) für die Bereitstellung der Informationen und deren Freigabevoraussetzungen mit der Definition der Hol- und Bringschulden,
    - Festlegungen zum Intervall, Ablauf und Überprüfung der BIM-Modellprüfungen (BIM-basierte Planungskoordination, leistungsphasenadäquate Kollisionsprüfung, Abstimmung mit dem Bestand) und des Änderungsmanagements für Nacharbeitungen,
    - Abnahme, Freigabe, Dokumentation und Archivierung der geprüften Informationen, BIM-Koordinationsmodelle mit Prüfung der Datenqualität als Teil des Abnahmeprozesses,
    - Mitwirkung bei der Durchführung von Schulungen.
- Mitwirkung bei der Durchführung von BIM-Kick-off-Veranstaltungen

Eine Aufteilung in die beschriebenen Ausprägungen ist daher sinnvoll, da sonst ein Informationsmanager sich sein eigenes Leistungsbild und den Umfang selbst bestimmen kann. Da dieses in der Vergangenheit bereits zu völlig überzogenen Leistungsumfängen und wenig nützlichen Anwendungsfällen geführt hat, ist diese Vorgehensweise eine mögliche Abwicklung, insbesondere für öffentliche Auftraggeber sinnvoll. Privatwirtschaftlich obliegt es dem AG, die Leistungsbilder zusammenzufassen, was auch in den derzeitigen Projekten meistens der Fall ist.

Informationskoordinierung

Die Rolle des **Informationsgesamtkoordinators (BIM-Gesamtkoordinators)** wird bei Generalplanungen oder bei Generalübernehmern als separate Rolle eingesetzt. Ihr/ihm obliegt die ganzheitliche Koordination der Informationslieferungen aller Projektbeteiligten, als Teil der geschuldeten Koordinationsleistungen. Der Informationsgesamtkoordinator muss nicht unbedingt eine inhaltliche Planungsaufgabe erfüllen, übt aber oft juristisch gesehen eine Planungsleistung (Koordination) aus. Er bewertet die in der Koordination aufgetretenen fachlichen Konflikte in enger Abstimmung mit dem Gesamtplanungsverantwortlichen und den Planungsverantwortlichen der Fachdisziplinen. Die Koordination mehrerer Fachmodelle einer Disziplin, zum Beispiel beider TGA, liegt nicht im Aufgabengebiet des Gesamtkoordinators, sondern muss durch den jeweiligen Planer selbst erfolgen. Bei größeren Projekten ist der Einsatz eines TGA-Informationsgesamtkoordinators sinnvoll.

Die Aufgaben des Informationsgesamtkoordinators umfassen:

- Validierung der Informationslieferung gemäß der AIA,
- Aufsetzen des BAP in Abstimmung mit dem Informationsmanagement (oder auf Basis vorläufiger BAP),
- Zentraler Ansprechpartner bei der BIM-Koordination für die Fachplaner, Bauausführende und Sonderfachleute sowie das Informationsmanagement,
- Verantwortlich für die Nutzung der zentralen Projektplattform und den gesamten CDE bei der Koordination der Disziplinen,
- Koordination der Informationslieferungen und Lösung entstehender Konflikte mit den Projektverantwortlichen bei Planung und Bau,
- Leistungsphasenadäquate Kollisionsprüfung (automatisch und visuell) und virtuelle Baubegehung mit den Projektverantwortlichen,
- Festlegung und Durchführung der Koordinierungsbesprechungen in Bezug auf die Koordination der BIM-Fachmodelle in einem BIM-Koordinationsmodell,
- Verantwortlichkeit für den BIM-basierten Koordinierungsprozess, der Abnahme der bereitgestellten BIM-Fachmodelle sowie der Anwendung geeigneter openBIM-fähiger Koordinationssoftware,
- Dokumentation der am BIM-Koordinationsmodell (einschließlich der leistungsphasenadäquaten Kollisionsprüfung) festgestellten Konflikte mit Änderungsanforderungen und Nachverfolgung der notwendigen Änderungen,

- Steuerung und Koordination der Informationskoordinatoren hinsichtlich der BIM-Anwendungsfälle, der Datenübergaben und der Absprache der Modellkonventionen,
- Qualitätsüberprüfung der BIM-Fachmodelle gemäß den inhaltlichen und strukturellen Festlegungen der AIA und BAP,
- Qualitätsprüfung des BIM-Koordinationsmodells vor der Übergabe an den AG an den Datenübergabepunkten (in Abstimmung mit dem Informationsmanager),
- Durchführung von Datentests zur Prüfung von Schnittstellen unter Einsatz der Projektsoftware,
- Erstellung oder Berücksichtigung weiterführender Dokumente wie Modellierungsrichtlinie oder Bauteil-Element-Matrix,
- Bereitstellung von Projekttemplates (Einfügepunkt mit Nullpunkt, Geschossebenen und Konstruktionsrastern, Stammdaten),
- Erfassung von Schulungsbedarfen und Durchführung von Maßnahmen bei den AN in Abstimmung mit dem Informationsmanagement.

Die Rolle des **Informationskoordinators (BIM-Koordinators)** ist bei jedem Fachplaner und Bauausführenden zugeordnet, der in die BIM-Anwendungsfälle einbezogen wird. Der Informationskoordinator ist in Bezug auf seine Fachdisziplin für die Umsetzung des BAP und der Lieferung gemäß AIA verantwortlich. Er handhabt und überwacht die Erstellung und die Weitergabe der Fachmodelle der Fachdisziplin. Auch die Koordination mehrerer Fachmodelle einer Disziplin ist eigenverantwortlich zu erbringen (z. B. technische Gebäudeausrüstung). In der Praxis liegt bei kleineren und mittleren Projekten die Gesamtinformationskoordination mit der Informationskoordination der Architektur zusammen.

Die Aufgaben des Informationskoordinators umfassen:

- Sicherstellung der Informationslieferung gemäß AIA,
- Sicherstellung der Abwicklung der BIM-Anwendungsfälle gemäß BAP und gegebenenfalls Anmeldung von Ressourcenbedarfen (Schulung, Personal, Technologie),
- Ansprechpartner für die Informationsautoren seiner Fachdisziplin und den Informationsgesamtkoordinator,
- Verantwortlich für die Nutzung der Projektplattform für diese Fachdisziplin,
- Erstellung der BIM-Fachmodelle oder Anleitung der mit der Erstellung beauftragten Mitarbeiter (Informationsautoren), kontinuierliche Qualitätskontrolle, insbesondere bei der Übergabe an den Informationsgesamtkoordinator für die Koordination,

- Überprüfung des/r eigenen BIM-Fachmodell/e auf die Einhaltung der Mindeststandards (LOD, LOG; LOI) und der abgestimmten Konventionen,
- Durchführungen oder Anweisung von Änderungen (Behebung von Konflikten) gemäß dem Änderungsmanagement durch den Gesamtinformationskoordinator,
- Anweisungen zur Fortschreibung der Fachmodelle,
- Fristgerechte Bereitstellung der qualitätsgesicherten Fachmodelle,
- Meldung von Problemstellungen an den Gesamtinformationskoordinator oder Informationsmanager AN,
- Unterstützung der Informationsautoren bei Fragen der Modellierung,
- Verantwortlich für die Umsetzung der zugeordneten BIM-Anwendungsfälle und der dafür benötigten Teilleistungen (Fachmodelle), insbesondere für die korrekte 2D-Planableitung aus Fachmodellen,
- Teilnahme an Koordinierungsbesprechungen.

Informationsautorenschaft

Die Rolle des **Informationsautors (BIM-Autors)** ist eine Erweiterung der bisherigen Planungs- und Dokumentationsaufgaben der Architekten, Fachingenieure oder Bauzeichner sowie Bauausführender und bezieht sich auf die Erstellung der BIM-Fachmodelle oder der Beisteuerung und deren Auswertungen in der freigegebenen BIM-Software. Zunächst ist festzustellen, dass auch das Ergänzen von Informationen auf alphanumerischer Ebene auch eine Autorenschaft ist. Somit ist z. B. der Auftraggeber mit Erteilung einer Freigabe bereits auch ein Informationsautor.

Die Aufgaben der Informationsautoren umfassen:

- Sicherstellung der Informationslieferung gemäß AIA,
- Erstellung der BIM-Fachmodelle für die eigenen Planungs- und Bauaufgaben und für die abgestimmten BIM-Anwendungsfälle in direkter Absprache und Zusammenarbeit mit dem Informationskoordinator unter Beachtung des BAP und der weiteren Dokumente wie Modellierungsrichtlinie und Bauteil-Element-Matrix,
- Einpflegen der geforderten Informationen,
- Ableitung der 2D-Pläne aus dem BIM-Fachmodell für die herkömmliche Dokumentation der Planung gemäß den Zeichnungs- und Planableitungskonventionen,

- Generieren der Exportdateien für die BIM-Koordination, z. B. der Planungskoordination über das BIM-Koordinationsmodell mit ggf. adäquater Filterung des Inhalts,
- Übernahme der Informationen anderer in die eigene BIM-Softwareumgebung über Referenzmodelle,
- Bei Bedarf Teilnahme an den Koordinierungsbesprechungen.

Informationsnutzer

Der **Informationsnutzer (BIM-Nutzer)** nimmt streng genommen keine eigene BIM-Rolle ein. Stattdessen wird als BIM-Nutzung die Verwendung von BIM-Modellen durch weitere Planer, Sonderfachleute, Vertreter des Bauherrn und andere an Planung und Bau Mitwirkende bezeichnet. Diese BIM-Nutzer erhalten lesenden Zugang zu ausgewählten BIM-Modellen, bevorzugt über die Projektplattform. Die BIM-Nutzer müssen in eigener Verantwortung und Veranlassung über geeignete openBIM-Viewer verfügen, um die Informationen für ihre Aufgaben parallel über die BIM-Modelle einsehen, abrufen, visualisieren und plausibilisieren zu können. Parallel dazu werden weiterhin die traditionellen Planungsunterlagen zur Verfügung gestellt. Der Nutzer stellt keine Informationen bereit.

Aus den BIM-Leistungsbildern ergeben sich die konkreten Leistungsdefinitionen, insbesondere für den Informationsmanager und die Informationskoordinatoren. Diesen liegt der Ansatz zugrunde, dass der Informationsmanager grundsätzlich keine Planungsverantwortung übernimmt, sondern diese allein dem Generalplaner oder Einzelplaner zugeordnet ist. Die Informationskoordination verbleibt immer innerhalb der Organisation der Planung und der Bauausführung. Diese Grundaufteilung wahrt die in der Praxis eingeübten Leistungsschnittstellen; der Informationsmanager nimmt im Wesentlichen eine projektsteuerungsähnliche Beratungsfunktion wahr, während die Informationskoordination bezüglich der Erstellung und Zusammenführung der digitalen Planungsbeiträge und der Qualitätsprüfung bei den Planungsbeteiligten verbleibt[1].

Bei wem der Informationsmanager angesiedelt ist und ob es im Projekt überhaupt einen gibt, ist in der Praxis derzeit sehr unterschiedlich[2]. Es variieren wohl nur die Namen der Rollen. Denn die Leistungen sind eigentlich immer die glei-

1 Dieser Ansatz liegt auch dem Leistungsbild des BIM-Managers von Eschenbruch/Elixmann (veröffentlicht in der Zeitschrift Baurecht 2015, S. 745) zugrunde, die allerdings nicht zwischen BIM-Champion und BIM-Manager differenzieren.

2 Die Vor- und Nachteile unterschiedlicher Rollenzuweisungen zeigt auf: Elixmann, Der BIM-Manager. In: Eschenbruch/Leupertz, BIM und Recht, Werner Verlag 2016, Kap. 6 RN. 16 ff.

chen. Je nach Projektgröße kann die Verteilung der Rollen aber unterschiedlich sein.

Sie erinnern sich noch an das Orchester aus dem Kapitel „Miteinander“? Sehen Sie nun auch die Parallelen? Das BIM-Orchester spielt nun die Komposition. Ein Dirigent leitet das Orchester, das Informationsmanagement leitet das BIM-Projekt. Das Orchester besteht aus Musikern, die alle ihr Instrument beherrschen und auch alleine ein Stück spielen können. Die Informationsautoren beherrschen ihre Autoren- und Auswertungswerkzeuge und die Prozesse in ihrer Disziplin. Die Klanggewalt und Vielfältigkeit einer Sinfonie lassen sich aber nur mit einem Orchester hervorrufen. Das Gebäudedatenmodell besteht auch aus einzelnen Fach- und Teilmodellen, wozu jeder Akteur je nach Fachdisziplin beiträgt. Jeder trägt das Seine dazu bei, sodass sich im Prozess etwas Größeres ergibt. Gegenseitige Rücksichtnahme, Aufmerksamkeit und Unterstützung auf der einen Seite, Zeitplanung, Einsatz und auch Hierarchien mit Wertschätzungen auf der anderen Seite lassen unter der Koordination des Managements ein gemeinsames Werk entstehen.

Beim Erstellen der Partitur weiß der Komponist um die Einsatzmöglichkeiten der einzelnen Instrumente. Natürlich gibt es dabei Nuancen und Spielarten. Auch beim BIM-Projekt weiß das Informationsmanagement um die Anwendungsmöglichkeiten der BIM-Methodik. An dieser Stelle, beim Erstellen der Partitur, werden die einzelnen Stimmen und Instrumente in etwas Allgemeingültiges übersetzt; es werden Tonhöhen, Lautstärke, Geschwindigkeit, Spielweisen fixiert. Im BIM-Projekt entspricht das dem BAP, der das Wer, Wann, Was, Wie genau definiert. In der weiteren Ausarbeitung werden die Stimmen der einzelnen Werkzeuge in einem iterativen Prozess zusammengeführt. Dabei macht der Komponist auch mal Fehler. Oder erweitert das Klangspektrum um weitere Spieler und Instrumente. Auch diese Freiheiten der Fortschreibung des BAP sind im BIM-Projekt möglich und folgen dem agilen Projektmanagement.

Nach oft jahrelanger Arbeit ist am Ende ein Werk entstanden, das zur Uraufführung kommt. Das BIM-Projekt sollte natürlich rascher entstehen. Die Partitur wird gedruckt und der Dirigent übernimmt die Leitung des Orchesters, ohne der Verfasser des Stücks zu sein, genau wie der Informationsmanager. Für das Orchester ist der Dirigent aber ein extrem wichtiger Führer durch das Werk. Seine Mitarbeit besteht in der zeitgleichen Überprüfung des exakten Verlaufs und der Vorbereitung der nächsten Einsätze in seinem Team. Durch seine Körpersprache charakterisiert er sogar Nuancen der Ausführung. Im Informationsmanagement besteht ein ähnlicher Bedarf. Dabei sollte jedes Individuum in der Planung vom Management berücksichtigt werden, statt nur stupide einen Referenzprozess zu verfolgen. Sonst laufen wir Gefahr, dass die Gruppe nicht alle Potenziale entfalten kann. Dies alles bedeutet es, die neue Form des Wir zu leben. Damit geht auch das Leben im offenen System einher, von dem ich im nächsten Kapitel berichte.

14 BIM all inclusive

Haben Sie schon einmal versucht, bei Veranstaltungen, Veröffentlichungen oder den großen Akteuren des Marktes etwas über das Arbeiten mit BIM zu erfahren? Sicher haben Sie dann festgestellt: Das Wie bleibt strategisch gesteuert oft offen. BIM darf nicht exklusiv sein!

Leider ist BIM noch viel zu oft ein exklusives, geschlossenes System. Immer gleiche Marktakteure mit immer gleichen Planern zeigen dem neugierigen Publikum, was technisch möglich ist. Viel zu oft stieß ich selbst bei gezielten Fragen auf eine „Schau mir nicht in die Karten"-Mentalität. Dabei ist und kann BIM kein exklusives System sein. Das digitale Miteinander geht nur in einem inklusiven System. Diese falsche Haltung wird sich wohl nur kurze Zeit halten können – und dann kann aus Hochmut leicht ein Überholtwerden geworden sein.

In „Warum Nationen scheitern" beschreibt der Wirtschafts- und Politikwissenschaftler Daron Acemoglus eindrucksvoll, welche Faktoren für den wirtschaftlichen, politischen und gesellschaftlichen Erfolg und Misserfolg von Nationen verantwortlich sind. Dabei stellt er fest, dass entgegen der landläufigen Meinung nicht die wirtschaftspolitische Ausrichtung, das Klima, die Kultur, die Religion oder die geografische Lage ausschlaggebend sind, sondern das Vorhandensein von inklusiven Institutionen. Der einbeziehende, pluralistische Rechtsstaat und die Demokratie bieten die Chance, die Ideen und Talente in Bevölkerung, Gesellschaft und Industrien erfolgreich zu entfalten. Exklusive und extraktive Systeme bieten den Industrien, Unternehmern und Einzelpersonen langfristig nicht die notwendigen Anreize für Innovationen und sind Garanten für den Misserfolg einer Nation. Vor ähnlichen Institutionen in Deutschland möchte ich dringend warnen!

Weltweit haben sich offene Systeme durchgesetzt. Das wird bei der Digitalisierung der Bau- und Immobilienwirtschaft nicht anders sein und muss ein demokratisches Gut bleiben. Vor wenigen Jahren noch rief wieder ein Verein Deutscher Ingenieure – nicht der VDI – auf, sich der BIM-Implementierung zu widmen. Doch gleichzeitig wird empfohlen, Verkäufer eines Softwareunternehmens zur Implementierung zu bitten; außerdem bekommen Sie als Mitglied des Vereins 10 Prozent Rabatt auf die Autorensoftware. Ein Verein lädt ein wie zur Verkaufsveranstaltung im Wohnzimmer, wo ich mich über Tupperware informiere oder eine Küchenmaschine kaufe! Das ist dumm, unqualifiziert und nicht professionell. Wir dürfen uns von der Softwareindustrie nicht einlullen lassen, sodass gestandene Ingenieure und deren Interessenvertretungen wie kleine Kinder vor dem Lolli einknicken. Ich sehe mich da ein bisschen als den Robin Hood des openBIM und des demokratischen Wahlrechts der eigenen Werkzeuge angesichts einer so bunten Vielfalt von Ingenieuren, KMUs und deren Anwendungen.

In der Implementierungsphase kann ein closedBIM kurzfristig von Bedeutung sein. Der openBIM-Ansatz entspricht jedoch eher sowohl unserer Kultur in Deutschland als auch dem Gedanken eines inklusiven Systems. Der deutsche Mittelstand braucht die Wahlfreiheit über die einzusetzenden Werkzeuge, da sonst viele Unternehmen ausgegrenzt werden und in ihrer Marktexistenz bedroht sind. Die Innovationskraft durch Wettbewerb ist ein Faktor für den Erfolg der deutschen Industrie. Am Beispiel der Landwirte hatten wir ja schon gesehen, wie der deutsche offene Weg auch gegenüber einer starken Softwareindustrie behauptet werden kann. Ich möchte einzelne geschlossene Anwendungen zur Datenermittlung über native, direkte Informationsübertragungen gar nicht verteufeln, parallel muss das System jedoch auch offengehalten werden. Die heute unter closedBIM bekannten Werkzeuge lassen sich auch im openBIM bestens einsetzen. Mit diesen Werkzeugen lässt sich ein möglicher Einstieg oder die Übernahme von Planungs- oder Produktdaten zu jeder beliebigen Stelle im Projekt darstellen, sodass ein unabhängiges Qualitätsmanagement ermöglicht wird.

Ich spreche hier nicht nur von dem offenen Datenformat, sondern von einer neuen Dimension der Interoperabilität. Wenn das Planen, Bauen und Betreiben zu 4.0 werden soll, muss es auch einen Kulturwandel in Bezug auf die Zurverfügungstellung und das Mitnutzen von Daten, Softwares und Richtlinien, wie Protokollen und Prozessabbildungen vollziehen. Aufgabe der Industrien und des Qualitätsmanagements wird es dann sein, diese offenen Qualitätsmerkmale anzuerkennen und zu fordern. Es besteht jedoch die Gefahr, dass zu schnell geschossen wird. Nicht der erstbeste offen zugängliche BAP ist auch von allgemeingültiger Qualität. Der Ansatz, solche offenen Standards zu kommunizieren, ist zwar löblich, sie sollten jedoch einer Zielvereinbarung von mehreren Akteuren, wie den Arbeitsgruppen des buildingSMART, des VDI oder DIN entspringen. Das Ziel muss sein, möglichst viele aktuelle Daten zur Verfügung zu stellen und die gesamte Wertschöpfungskette damit zu bedienen. Die Interaktion und Interoperabilität aller Beteiligten durch alle Phasen der Immobilie müssen dazu in vielen Aspekten einer Regelung unterworfen werden. Ein Baustein dazu wäre schon ein einheitliches Datenformat als Industriestandard.

Das offene System zu leben, liegt auch im Aufgabengebiet der planen-bauen 4.0, von BIM Deutschland und der Mittelstandszentren und wird nun auch von den Kammern und Bauverbänden eingefordert.

BIM muss ein offenes System sein!

15 BIM-Aus- und Weiterbildung

Qualifikation, Zertifizierung und Ausbildung an den Hochschulen – privatwirtschaftliche Ausbildung – neue Formen des Lernens

Früher hatte man Bauingenieurwesen oder Architektur studiert, und dieses Studium reichte für ein ganzes Berufsleben. Heute müssen wir uns ständig weiterbilden, und bei dem rasanten Tempo der technischen Entwicklung wird das immer häufiger nötig sein. Gerade an einem so entscheidenden Wendepunkt in der Bau- und Immobilienwirtschaft ist der Bedarf an Ausbildung riesig. Die Veränderungen durch die Digitalisierung schaffen neue Jobs, andere wandeln sich, manche werden auch verschwinden. Das gleicht einer gigantischen Umschulung. Der deutlich höhere IT-Einsatz bedingt die Bereitschaft zu lebenslangem Lernen. Unabhängig von den verschiedenen Akteuren wie Planern und Bauherren kann grundsätzlich erst einmal zwischen Ausbildung und Fort- und Weiterbildung unterschieden werden. Bei der Ausbildung geht es um nicht weniger als das Einwerben des Nachwuchses in der Bau- und Immobilienbranche in Deutschland. Die Fort- und Weiterbildung richtet sich an die existierenden Marktteilnehmer, die in den kommenden Jahren ihre Geschäftsfelder neu sortieren und umstellen werden. Im Klartext bedeutet das: bei laufender Maschine und mit voller Kraft voraus die Antriebsart umstellen. Zwei große Aufgaben von immenser Bedeutung für den Markt.

Die akademische Ausbildung der Planer, aber auch die Ausbildung vieler Bauherren und (öffentlicher wie privater) Auftraggeber, also späterer Besteller, erfolgt in der Regel an staatlichen Hochschulen oder privaten Instituten. Die deutschen Hochschulen sind in der Immobilienwirtschaft und vor allem im Planungswesen weltweit renommiert. Nicht nur haben sie über die Jahrhunderte viele berühmte Töchter und Söhne hervorgebracht, nein, auch im Planungswesen gingen von Deutschland weltweit Impulse und Tendenzen aus, wie durch den Werkbund und das Bauhaus. In der Vergangenheit zumindest fehlte es uns an Innovationskraft nicht. Durch ihre Nähe zur Forschung sind die Hochschulen in der Regel beim Wissenstransfer innovativ und wirken als Initiator für ganz neue Branchen und Märkte. Einige Hochschulen haben das Thema Digitalisierung und BIM auch schon in ihre Lehrpläne aufgenommen. Seit vielen Jahren wirken Lehrstuhlinhaber als wertvolle Mitarbeiter in Gremien und Verbänden mit und befassen sich oft schon seit 25 Jahren mit der digitalen Bearbeitung von Bauwerksplanungen und deren Einfluss auf Realisierungen. Das betrifft vor allem die TU München, die Jadehochschule Oldenburg, das KIT Karlsruhe, die Ruhr-Universität Bochum, die Bergische Universität Wuppertal und die TU Dresden. Die Methodik BIM wird hier in ganz unterschiedlichen Fachbereichen untersucht, federführend sind oft Baubetriebslehre oder Bauinformatik.

Es ist an der Zeit, dass jede Universität einen „runden Tisch“ zur BIM-Methodik installiert. Weiterhin Insellösungen zu praktizieren, ist nutzlos. Es kann nicht angehen, dass jungen Architekten ans Herz gelegt wird, mit dem Erlernen von BIM doch lieber noch etwas zu warten, weil man noch nicht wisse, „ob es sich durchsetzt“, während ein paar Gebäude weiter bereits die IFC-Entitäten für Bauwerkzeuge und Kranhilfestellungen entwickelt werden. Dabei steht leider das Hochschulwesen der unterschiedlichen Fakultäten einem integralen Ansatz, wie BIM ihn verfolgt, etwas im Weg. Die verschiedenen Fakultäten müssen miteinander in den Dialog treten und gemeinsame Lehrinhalte verfolgen.

Jeder weiß, dass ein Lehrstuhl ein kleines Königreich ist und man stolz seine Hoheit im eigenen Sachgebiet verteidigt. Bitte, liebe Lehrstuhlinhaber, orientiert euch an der Weltpolitik. Kooperation und Offenheit, gepaart mit einer Strategie und qualitativ hochwertigen Inhalten haben schon vielen Politikern zu Ansehen verholfen. Verstehen Sie doch bitte BIM als etwas mehr als nur die „diplomatischen Beziehungen“ zwischen den Lehrstühlen und Hochschulen. Wir können den Nachwuchs nur ausbilden, wenn wir das, was in der Zukunft seine Praxis sein wird, selber leben. Es reicht nicht aus, theoretisch zu erfahren, was ein Statiker macht, wenn ich als Architekt eine Drachenabflugplattform an der Eigernordwand plane. Eine solche Aufgabe muss ich im Zusammenarbeiten gemeinsam lösen. Ein gelebtes Beispiel ist der jährliche Studentenwettbewerb „Integrale Planung“ des VDI e. V., der genau diese interdisziplinäre Zusammenarbeit fördert.

Der Artikel aus der Immobilienzeitung von 2016 ist aktueller denn je. Der Imagewert einer Branche bei Berufseinsteigern ist nicht zu verachten, insofern bedeuten die Inhalte und Publikationen auch Marketing für eine ganze Branche. Für die Digital Natives, die mit iPhone, Facebook, Instagram, Snapchat, Google, TikTok und Pokémon großgeworden sind, ist der Umgang mit digitalen Medien und die entsprechende Arbeitsweise etwas ganz Normales. Der Innovationsanspruch einer Branche und ihre Einschätzung der eigenen Zukunftsfähigkeit ist daher ein wichtiges Auswahlkriterium für die Berufswahl und steht stellvertretend auch für die Attraktivität der Branche. Dabei ist die Industrie, etwa im Bereich der Telekommunikation, des Automobil- oder Maschinenbaus, aber auch der Medienwirtschaft und Werbung der Bauwirtschaft an Innovationskraft um Längen voraus. Wenn Sie Jugendliche befragen, assoziieren diese die Bau- und Immobilienwirtschaft mit einem „Altherrenimage“. Die Vorstellung einer Kombination aus langweiligen Berechnungen, zweifelhaften Ausschreibungen und dem allzu häufigen Verfehlen von Projektzielen ist nicht gerade etwas Anzustrebendes. Im mittlerweile nicht mehr von der Hand zu weisenden Versagen deutscher Großprojekte wie dem Berliner Großflughafen BER, der Hamburger Elbphilharmonie oder der Kölner Oper wird eine jahrzehntelange Fehlentwicklung erkennbar. Die imageschädigende Ausstrahlung auf eine ganze Branche macht sich natürlich auch im zurückgehenden Interesse der Studierenden und Auszubildenden bemerkbar.

Für einen jungen Erwachsenen erscheint der Job in einem innovativen Start-up-Unternehmen in Marketing oder IT, mit legerer Arbeitswelt (Thinktank und Kicker), mit freier Platzwahl im Open-Space-Büro und der Option auf mobiles Arbeiten wesentlich attraktiver, als in einem Zellen-Büro auf braunen Corddrehstühlen an zwei übergroßen CAD-Monitoren als Haustechnik-Ingenieur Fallleitungen in einen Architektenplan einzuzeichnen. (Liebe Haustechniker, ich kenne natürlich auch Büros mit modernen Designerstühlen und hohem Innovationsanspruch. Für meinen jedoch nicht ganz aus der Luft gegriffenen Vergleich wollte ich aber ein bisschen schwarzmalen.)

BIM bietet nun auch die Chance, sämtliche Bereiche des Planungswesens mit mehr Zeitgeist zu versehen und uns von den Steintafeln und Rechenschiebern zu emanzipieren. Und da wir gerade vom Image von Berufsständen sprechen: Die Architektur war da schon immer etwas glamouröser und hat vermutlich nicht den gleichen Imagewandel nötig wie etwa der Bereich Tragwerksplanung oder die Technische Gebäudeausrüstung. Sehen wir BIM auch als Chance, unsere Zünfte in die Hände einer neuen Generation zu legen, die ganz selbstverständlich digital vernetzt ist.

„BIM in der Ausbildung – *oder die ungewohnte Nähe zum Fachingenieur*“

Die Verbreitung von BIM in der Immobilienbranche hängt stark von der Akzeptanz in den unterschiedlichen Nutzergruppen ab – vom Planer über den Bauherrn, den Generalunternehmer, den Handwerker bis zum späteren Betreiber und dem Facility-Management. All diesen Branchen müssen die Vorteile der BIM-Methodik frühzeitig vermittelt werden, um Vorbehalte abzubauen, die Mehrwerte zu vermitteln und eine nachhaltige BIM-Nachfrage am Markt zu erreichen. Hier muss die Aus- und Weiterbildung der Hochschulen und freien Institute in Deutschland mit interdisziplinären und unabhängigen Ausbildungsmodellen zur BIM-Implementierung in Planungs- und Bauunternehmen sowie im Betrieb ansetzen. Das Lehrangebot sollte gleichzeitig bewusst für alle Berufsgruppen geöffnet werden, da die gesamte Wertschöpfungskette Bau betroffen ist.

Doch die Nähe zu den anderen Disziplinen muss erst einmal gelernt werden. Interdisziplinäre Teamarbeit kann nur durch Training entstehen. Keine Software, keine Kollaborationsplattform und auch kein Planer allein kann das isoliert erledigen. Nur durch interdisziplinäre Schulungen lassen sich die Vorteile der Interaktion und ihre Ausprägungen gut erarbeiten. Die unterschiedlichen Nutzergruppen erkennen dann, wie die jeweils anderen Parteien mit BIM arbeiten und welchen Nutzen sie daraus ziehen. Mit dem Fokus auf diese Mehrwerte erkennen die Beteiligten, dass BIM Reibungsverluste ausschaltet, fehleranfällige Prozesse verbessert, die Konzentration auf das Wesentliche erlaubt und die Qualität der Planung erhöht. Die Kernkompetenzen der Architekten, Ingenieure, Fachplaner, Bauunternehmen usw. sind deshalb mehr denn je gefordert. Wird den Lernenden dieser Grundsatz erfolgreich vermittelt, weicht die anfängliche Skepsis einer großen Begeisterung.

Ich muss gestehen, dass ich mich eigentlich nie mit dem Leistungsbild des Statikers oder Haustechnikers beschäftigt hatte, außer bei der Kalkulation von Generalplanungsleistungen. Auch die der HOAI hinterlegten Prozesse habe ich in 20 Jahren Berufserfahrung nie nachvollzogen. Ich wusste immer, was ich vom Statiker erwarten kann, doch wie der dorthin kommt, habe ich nicht hinterfragt. Erst mit BIM habe ich verstanden, wie die Prozesse ineinandergreifen und wie wir uns gegenseitig helfen können, eine optimale Planung für den Bauherrn zu erreichen. Auch das gegenseitige Aufeinander-verlassen-Können fällt mit BIM deutlich leichter, da die Prozesse interdisziplinär viel transparenter sind!

Das Thema Ausbildung und Qualifizierung wird sich in den nächsten Jahren noch stark differenzieren. Derzeit gibt es viele unterschiedliche Ansätze, die bei der

Ausbildung zu berücksichtigen sind. Leider lässt sich in Deutschland derzeit schon ein Wildwuchs an Fortbildungen, Kursen und Schulungsprogrammen erkennen, was ein bisschen Goldgräberstimmung erahnen lässt. Eine sehr große Anzahl von Personen musste und muss sich in den kommenden Jahren einer BIM-Ausbildung widmen. Das ruft verschiedene Akteure auf die Bildfläche, die dabei behilflich sein wollen. Es sollte jedoch immer ihr Hintergrund bedacht werden. Wenn Ihnen teilweise kostenlose BIM-Grundkurse angeboten werden, könnte ein Verkaufsinteresse eines Softwaredistributors dahinterstehen. Die Qualität dieser Ausbildung ist in keiner Hinsicht vergleichbar. Grundsätzlich sind eine Methodenschulung und ein Softwaretraining etwas völlig Unterschiedliches.

Hier fällt mir ein wunderbares Beispiel ein, das mir eine Landrätin in den neuen Bundesländern nach einer Eröffnung eines Projektes in ihrem Kreis gestand. Kurz nach der Wiedervereinigung kamen Industrievertreter einer Firma für Public-Design-Objekte zu ihr, um von den modernen Bus- und Straßenbahnhaltestellen im Westen zu berichten: „Öffentliche Wartehäuschen mit punktgehaltenen Verglasungen und Überkopf-Verglasungen zeichnen eine moderne Stadt in den alten Bundesländern aus und werden von den Bürgern einfach verlangt." Wie Sie bereits ahnen, hatte auch der Landkreis im Osten bald eine Anzahl dieser Wartehäuschen installiert. Das Ergebnis waren überzogene Preise und ein aufwändiger Unterhalt als Folge von Unwissenheit und vorgegaukelten Qualitätsmerkmalen.

So ist es im Moment immer noch auch mit BIM in Deutschland. Viele wollen ein Stück vom Kuchen abbekommen, und in der Wertschöpfungskette Bau gibt es eine Menge Auftraggeber und Akteure, die noch kein fundiertes Fachwissen über die Methodik haben. Da liegt es nahe, dass es zu ähnlichen Situationen wie bei den Wartehäuschen kommen kann. Was wir hingegen brauchen, sind Qualitätsmerkmale und Mindestanforderungen an die Lehrinhalte, wie sie z. B. in der VDI/bS 2552 Blattsammlung beschrieben sind. Nur so lässt sich die Spreu vom Weizen trennen. Eine entscheidende Rolle wird dabei auch das Qualitätsmanagement auf Seiten des Auftraggebers spielen, wo man mittelfristig um eine Qualifizierung nicht herumkommt. Aber auch diese Qualifizierung darf kein Wildwuchs sein, sondern sollte sich international messen lassen.

Es gibt internationale Ausbildungsstandards, die bei der Entwicklung der Lehrinhalte in Deutschland bereits berücksichtigt werden. Dabei wird die Entwicklung des BIM-Curriculums, also die Mindestqualitätsanforderung an die Ausbildung, international in sehr unterschiedliche Hände gelegt. In einigen Ländern ist es ein Bestandteil der Regierungsinitiative, in anderen Ländern obliegt es Verbänden oder auch dem jeweiligen buildingSMART Chapter.

Drei internationale Beispiele der BIM-Ausbildung möchte ich hier beschreiben.

Im Vereinigten Königreich hat sich BIM in der Hochschullandschaft bereits fest verankert. Die Methodik wurde in bestehende Unterrichtsangebote integriert. Man kann den Master of Science z. B. in

- Building Information Modeling Management
- Building Design Management und Building Information Modeling
- Master of Science BIM and Integrated Design
- Master of Science Building Information Modeling and Sustainability

an unterschiedlichen Hochschulen erlangen. Der Schwerpunkt liegt dabei oft auf der Softwareanwendung und berührt durch den starren Aufbau der Hochschulen mit unterschiedlichen Fakultäten das interdisziplinäre Miteinander nur sehr wenig. Auch ist die Einflussnahme der Softwareanbieter auf die Hochschulen stark spürbar und schließt die notwendige Vielfalt und die Auswahl für die Studenten aus. In der Fort- und Weiterbildung haben sich dort folgende Kurse etabliert, die über ein Zertifikat auch für Auftraggeber und Arbeitgeber eine Personenqualifizierung ermöglichen:

- BIM-Champion – National Federation of Builders (NFB)
- BIM-Manager – Royal Institute of Chartered Surveyors (RICS)
- BIM Level 2 Certificated Practitioner – BRE
- BIM Level 2 Certificated Business System – BRE

In Norwegen hat buildingSMART ein BIM-Curriculum erarbeitet, das von den Ausbildungsinstituten und Hochschulen im Lehrangebot berücksichtigt wird. Es beschreibt die Mindestanforderungen an eine Ausbildung. Auch hier wird die Zertifizierung durch den Abschluss von Übungseinheiten und deren Kombination erreicht. Dieses Curriculum baut auf verschiedenen Modulen auf. Modul 1 beschreibt das fundamentale Grundwissen der Planungsmethode in einer BIM Basic Unit. Dieser Kurs ist bewusst interdisziplinär und für alle Stakeholder konzipiert. Bauherren, Architekten, Ingenieure und Betreiber sowie künftige Manager lernen die Mehrwerte und die übergreifenden Prozesse in einem kurzen, knackigen Ausbildungsangebot kennen. Als wäre es ein BIM-Führerschein, wird hier zuerst die Theorie vermittelt und in einer Prüfung abgefragt. Anschließend werden fachspezifische Workshops und Trainings angeboten, um sich zu professionalisieren.

In Südkorea wurde bereits 2008 die erste BIM-Ausbildung zum BIM-Professional etabliert. 2012 wurde mit dem PPS Special Course die Ausbildung zur Erfüllung öffentlicher Aufträge vorbereitet und trainiert. 2013 wurden die ersten Zertifikate ausgehändigt. Nachdem man erkannt hatte, dass weitere Anforderungen an bestimmte Rollen entstanden, wurde ab dem Jahr 2014 eine rollenspezifische Ausbildung verfolgt. Heute existiert eine aufeinander aufbauende Ausbildungsfolge, wobei der BIM Modeler den Einstieg bildet. Mit einer weiteren Ausbildung und Prüfung sowie einer relevanten Berufserfahrung von drei Jahren wird man BIM Technician. Mit zwei weiteren Jahren Berufserfahrung als BIM Technician kann man zum BIM Coordinator weitergebildet werden. Wiederum drei weitere Jahre Berufserfahrung und mindestens zehn Jahre relevanter Erfahrung im Bau- oder Planungswesen ermöglichen die Ausbildung und Prüfung zum BIM-Manager. Damit geht Korea einen ähnlichen Weg wie z. B. die Architektenkammern, die zur Aufnahme in die Kammer einen Praxisnachweis über alle Leistungsphasen samt einer Dauer von mindestens zwei Jahren verlangen.

In den kommenden Jahren werden sich die Hochschulen und Fortbildungsinstitute zunächst mit der Ausbildung von Architekten und Ingenieuren in den Bereichen des Planens, Bauens und Betreibens beschäftigen müssen. Doch auch die Bau- und technischen Zeichner wie auch die Bautechniker werden BIM erlernen müssen, um weiterhin an der Wertschöpfungskette Bau teilhaben zu können. Architekten, Hoch- und Tiefbauingenieure – teilweise mit konstruktiver Vertiefung oder mit dem Schwerpunkt auf der technischen Gebäudeausrüstung –, aber auch Stadtplaner, Immobilienökonomen, Immobilienfachwirte und Facility Manager sind jetzt aufgefordert, sich fortzubilden. Im Rahmen des Stufenplans des BMVI sowie durch den VDI sind bereits die ersten Grundlagen geschaffen, um eine Qualifizierung durch Qualitätssicherung auf den Weg zu bringen, und im buildingSMART Deutschland ist ein allgemeingültiges, international rückgekoppeltes BIM-Curriculum bereits Grundlage für die Zertifizierung der „BIM Professional Foundation“. Die ersten Qualifikationsrichtlinien, beginnend mit den BIM-Grundlagen, sind bereits eingeführt. Dabei werden die Lehrinhalte in den VDI/bS 2552 Blättern 8.1, 8.2 und 8.3 behandelt. Ein gemeinsames Programm von buildingSMART und dem VDI ermöglicht die Zertifizierung einer solchen Ausbildung, wobei die Inhalte der Ausbildungsrichtlinie auf dem Learning Outcome Framework (LOF) von buildingSMART International beruhen.

Zu groß ist mittlerweile schon die Unstimmigkeit in Bezug auf Prozessdefinitionen, Standards und Terminologien. Deshalb ist es wichtig, auch international dabei Einigkeit zu erzielen. BuildingSMART International hat daher das Ziel, durch die Ausbildung zum BIM-Professional ein gemeinsames Verständnis in Bezug auf Prozesse, Terminologien und Standards zu schaffen und so auch über die Qualifikationen eine messbare und für alle verlässliche BIM-Kompetenz des Individuums zu erreichen. Dabei wird die gesamte Wertschöpfungskette Bau berücksichtigt und so ein weltweiter Industriestandard in Bezug auf die Nutzung der openBIM-Methode geschaffen. Dazu steht insbesondere die Nähe zur Industrie und zur Praxis im Mittelpunkt des modularen Ausbildungsprogramms.

Zunächst möchte ich versuchen, ein einheitliches Bild einer Ausbildung zu vermitteln, gleichgültig, ob sie Bestandteil eines Hochschulstudiums, eine Fortbildung oder eine Ausbildung ist. Als ersten Schritt traditioneller Bildung erlernen wir die Geschichte des eigenen Kulturkreises, und daher ändert sich am Einstieg zunächst einmal nichts. Wir bleiben Architekten, Ingenieure und Zeichner. Die Aufgaben der Einzelnen vermitteln die Hochschulen auf ihre ganz eigene Art und Weise. Die Einführung in den jeweiligen Studiengang erfolgt meist über die Geschichte, die in die Grundzüge des Wirkens und Werken über praktische Übungen.

Dies ist ein wichtiger, ganz analoger erster Baustein der BIM-Methodik. Ich möchte Sie dafür sensibilisieren, das Handeln des anderen in einem gemeinsamen Prozess besser zu verstehen und Ihren Betrieb im Verhältnis zum großen Ganzen zu sehen. Vielleicht beobachten Sie sich in der nächsten Zeit einmal, ob Sie die Art und Weise der Arbeit eines beteiligten Ingenieurs nachvollziehen können oder ob es Ihnen plötzlich leichter fällt zu verstehen, warum der Architekt wieder mal eine Kurve in das statische System gezimmert hat. Die Nachvollziehbarkeit oder Plausibilisierung des gesamten Schaffensprozesses eines Bauwerks und die Planung bis dorthin sind von immenser Bedeutung für die Qualität. Nur wenn ich wirklich verstehe, was der andere macht, kann ich ihm im Prozess oder bei der Lösung einer Aufgabe helfen, frühzeitig eingreifen oder andere Ansätze diskutieren. Auch die bereits beschriebenen Mehrwerte der Interoperabilität von Daten schaffe ich nur durch das Verständnis des Bedarfs des anderen im Projekt, vielleicht sogar eines Projektpartners, den ich noch gar nicht kenne.

An dieser Stelle startet nun der Kulturwandel. Wir alle bleiben die Gleichen, haben bestimmte Rollen, aber künftig arbeiten wir viel enger zusammen. Dieser Kulturwandel stellt die größte Herausforderung dar und muss pädagogisch und didaktisch behutsam in die Lehrangebote integriert werden. Die stufenweise Annäherung an die BIM-Methodik ist daher ein wichtiger Bestandteil der Ausbildung. Die Rolle verlassen, sich an Randbereiche wagen, Neues entdecken und über den Tellerrand gucken, ist ausdrücklich erwünscht. Dafür ist wieder ein interdisziplinärer Kurs notwendig, in dem möglichst viele Akteure und somit auch Rollen vertreten sind.

„BIM geht nur gemeinsam." Nur miteinander kann man das „Miteinander" erlernen! Deswegen sollte auch in den Hochschulen ein solcher Baustein fachbereichsübergreifend installiert werden. Einige Hochschulen haben die zuvor beschriebenen Ausbildungsstandards bereits in die Lehre übernommen und bieten den

Studierenden sogar die Zertifizierungsmöglichkeit an. Private Institute schaffen das schon heute durch die direkte interdisziplinäre Ansprache und durch den Praxisbezug der Teilnehmer. Sie sind bei der Fort- und Weiterbildung flexibler und wendiger als die Hochschulen. Der Dialog der Hochschulen mit den praxisnahen Ausbildungsinstituten sollte daher gefördert werden, statt, wie einige Beispiele zeigen, ein exkludierendes System mit der Privatwirtschaft einzugehen. BIM ist inklusiv!

Eines vorab: Das Erlernen eines CAD-Programms oder einer sonstigen BIM-Software ist nicht Bestandteil einer BIM-Ausbildung, sondern Grundlage für spezielle Anwendungen. Daher sollten Kursangebote immer für sämtliche Beteiligten der Wertschöpfungskette Bau angeboten werden und in den Basisveranstaltungen die ganze Bandbreite der Methodik aufzeigen. Lernziel eines BIM-Basisanwenderkurses sollte es sein, dass man nach einem Basisbaustein seine eigene Rolle in der Methodik zu erkennen in der Lage ist. Bin ich aktiv an der Modellierung beteiligt oder nehme ich Modelle an? Was kann ich wann im Prozess beisteuern und was darf ich erwarten? Bei Planern sind bestenfalls in den Aufbaumodulen zum „BIM-Professional Practitioner" bereits 3D-Kenntnisse in der Modellierung von Bedeutung. Wichtig wird dann in den aufbauenden Kursen für Planer, dass sie auf gleichem Wissensstand aufbauen, da die anderen Kursteilnehmer sonst Gefahr laufen, durch die 3D-Einsteiger im Wissensaufbau gehemmt zu werden.

Bei der Vorbereitung auf Ihre Ausbildung sollten Sie sich zuerst die Frage stellen, wie Sie BIM im Unternehmen nutzen möchten. Bei der Auswahl der Ausbildung bzw. Fort- und Weiterbildung achten Sie dann bitte auf die Kursangebote in Hinblick auf die Adressaten. Achten Sie auch darauf, dass die BIM-Ausbildungen nicht gleichzusetzen sind mit CAD-Kursen der Software-Hersteller. Bereits im Curriculum des Anbieters oder dessen Beschreibung der Lernziele sollte auf die verschiedenen Akteure eingegangen werden. Es macht wenig Sinn, als Asset-Manager einen BIM-Kurs mit hohem Anteil an Modellierungsmethoden zu belegen, da Sie sicherlich einen anderen Blick auf die BIM-Methodik haben werden als ein Planer. Das Interesse eines Bau- und Generalunternehmers oder auch handwerklicher Betriebe ist ebenfalls ein anderes als das von Bauherren. Eine gute Hochschule bzw. ein gutes Bildungsinstitut sollte die Zielgruppe daher genau analysieren und ein entsprechendes Kursangebot aufstellen. Eine mögliche Auswahl an Kursen sollte sich an den folgenden Clustern orientieren:

- *Planen:* BIM für Planer (Architekten, Statiker, Haustechniker, sonstige Fachingenieure)
- *Bauen:* BIM für Bauunternehmer (Generalunternehmer, Bauunternehmer, Handwerksbetriebe), BIM für das Handwerk (Technische Zeichner, Bauzeichner, Bautechniker, Handwerksmeister)

- *Betreiben:* BIM für FM (Asset Management, Property Management, Facility Management)
- *Managen:* BIM-Management (BIM-Koordinatoren, BIM-Manager), BIM für Bauherren (Bauherren, Bauherrenvertreter, Projektsteuerer, Projektentwickler, kommunale Verwaltung)

Die entsprechenden Ausbildungen sollten die jeweiligen Bedürfnisse berücksichtigen und können modulweise zusammengestellt werden.

Aber wie bekommen wir denn jetzt Licht in den Zertifikats-Dschungel in Deutschland und wie schaffen wir den die internationale Zusammenarbeit? Sarah Merz berichtet in ihrem Beitrag über das Qualifikationsprogramm des buildingSMART und wie es dazu kam:

Was kann ich?
Und wie beweise ich es?

Erinnern Sie sich noch? Es war der Stufenplan Digitales Planen und Bauen, der erstmals in einem ministerialen Dokument BIM-Kompetenz als Eignungskriterium in Vergabeverfahren als eines der Muss-Kriterien zur Erreichung des Leistungsniveaus 1 vorgab. Dieses Niveau definierte die Mindestanforderungen, die spätestens seit 2020 in allen neu zu planenden Projekten mit Building Information Modeling erreicht werden sollen.

Nun sind der Stufenplan Digitales Planen und Bauen von 2015 und die darin enthaltene Forderung nach BIM-Kompetenz fast schon ein alter Hut. Doch wie genau ein Nachweis zur BIM-Kompetenz aussehen könnte, war zum Zeitpunkt der Veröffentlichung noch fernab jeglicher Definition.

So kam es, wie es kommen musste. Schon kurze Zeit nach der Veröffentlichung des Stufenplans versicherten mehr und mehr Beteiligte der gesamten Wertschöpfungskette Bau (an dieser Stelle insbesondere aus der Planung), sie wüssten bereits mit der BIM-Methodik umzugehen. Genauere Nachfragen ergaben allerdings zuweilen, dass der Weg zu einer belastbaren 3D-Planung zwar oftmals gegeben, der Schritt zu BIM jedoch noch nicht gegangen war. Dazu gesellte sich eine gewisse Unsicherheit, welche neuen Verantwortlichkeiten in der Zukunft mit BIM zu besetzen, welche methodenspezifischen Aufgaben zu erfüllen wären.

Mittlerweile haben sich „BIM-Autorenschaft“ für die Erstellenden der 3D-Modelle und der darin enthaltenen Informationen, „BIM Koordination“

für Prüfung und Unterstützung der Planungsleistung sowie „BIM-Management" für die auftraggeberseitige Steuerung, Prüfung und Überwachung der Informationen als gängige Bezeichnungen der neuen Rollenbilder durchgesetzt.

Um nun eine der genannten Rollen einnehmen zu können, sollte sich die BIM-Autorenschaft Kenntnisse im BIM-konformen Modellieren aneignen, Koordinator*innen das Wissen um ihre Hauptaufgabe, also das Koordinieren der Beteiligten und ihrer Teil- und Fachmodelle, besitzen und das BIM-Management über den ganzheitlichen Überblick hinsichtlich organisatorischer, rechtlicher und technischer Anforderungen verfügen. Darüber hinaus erfordert Building Information Modeling mit seinem ihm eigenen enormen Zuwachs der interdisziplinären Kollaboration auch methodenspezifisches Grundlagenwissen und intensive, professionsübergreifende Kommunikationsfähigkeiten. Schließlich fordert bereits der Stufenplan des BMVI nicht nur die reine Anwendungskompetenz, sondern auch „Bereitschaft und Fähigkeit zur partnerschaftlichen Zusammenarbeit". Aus diesem Grund ist es für jeden Beteiligten – egal ob aus dem Planen, Bauen oder Betreiben – relevant, auch die Erfordernisse anderer Disziplinen zu kennen sowie die innovative Form der Zusammenarbeit und ihre Voraussetzungen zu erlernen.

Diese neuen Entwicklungen, die das Building Information Modeling nun mit sich bringt, sind so umfassend, dass sie sich sicherlich nicht ausschließlich dem computeraffinen Teil der Belegschaft oder den jungen, aus Digital Natives bestehenden Absolventen zuspielen lassen. Laut einer Studie des Statistischen Bundesamtes aus dem Jahr 2021 sind 66 % der Architekten in Deutschland – um nur ein Kollektiv der an der Wertschöpfungskette Bau Beteiligten zu nennen – älter als 40 Jahre, werden also im Durchschnitt 15 Jahre in ihrem Beruf arbeiten. Greift nun also der sogenannte Paradigmenwandel hin zur einschneidenden Digitalisierung im Bauwesen mehr und mehr um sich, sollte auch ganzheitlich darauf eingegangen und alle Beteiligten eingeschlossen werden.

Um zukünftig – egal ob Digital Native oder Digital Immigrant – eines der neuen BIM-Leistungsbilder zu besetzen oder generell Building Information Modeling in Projekt und Unternehmen einführen zu können, benötigt jeder das umfängliche, methodenspezifische BIM-Wissen.

Doch damit dieses nicht nur erlangt, sondern auch glaubhaft belegt werden kann, zum Beispiel als gefordertes Eignungskriterium in Vergabeverfahren, müssen einheitliche und vergleichbare Weiterbildungen mit Qualifikationsnachweisen in Form eines Zertifikats zur Verfügung stehen

– wir erinnern uns an die Nachweisforderung des Stufenplans seit 2020 und kennen vielleicht auch die zunehmende Zahl an Projektausschreibungen, die im Hochbau BIM-Kompetenz verlangen.

Damit eine solche Zertifizierung und insbesondere die Anforderungen an eine solche möglichst zeitnah bereitgestellt werden können, haben sich Experten auf nationaler und internationaler Ebene bereits vor einigen Jahren zusammengefunden.

Schon Anfang 2015, wohlgemerkt vor Veröffentlichung des Stufenplans, kamen Experten zur Entwicklung eines internationalen Ausbildungsprogramms bei buildingSMART International zusammen. Mittlerweile erarbeiten Vertreter aus acht Nationen, darunter André Pilling und Sarah Kristina Merz als deutsche Delegierte, Rahmenlehrpläne für Basiskurse und weiterführende Inhalte. Die Inhalte für die erste Phase, also BIM-Basiswissen, wurden im Herbst 2017 veröffentlicht und damit der Startschuss für ein internationales BIM-Zertifikat gegeben.

Doch was sehen acht weltweit verstreute Nationen, diverse Nord-, Mittel- und Südeuropäer bis hin zu Kanada, Japan und Südkorea, als einheitliches Mindestwissen für alle Beteiligten der Wertschöpfungskette Bau an? Demnach sollen Absolventen nach einem ersten „BIM-Basiskurs" (vergleichbar mit einem BIM-Sprachkurs, schließlich geht es um einen gemeinsamen BIM-Wortschatz) wissen, was BIM überhaupt kennzeichnet, woher es kommt und was die allgegenwärtigen Drei-Buchstaben-Abkürzungen (AIA, BAP, IDM etc.) bedeuten. Wer mit BIM arbeiten wird, erfährt die Unterschiede zwischen BIM-Projekten und traditionellen Vorgehensweisen – und damit auch Vorteile der Methode allgemein und für das eigene Berufsbild und Unternehmen im Speziellen. Ebenfalls einig waren sich die Mitglieder des Arbeitskreises darüber, dass Teilnehmer eines BIM-Seminars das Basiswissen über ein BIM-Projekt-Set-up erhalten und Modellbestandteile, -analysen und -prüfungen kennen sollten.

Die Einbindung nationaler Spezifika als Stärkung des Zertifikats im nationalen Kontext wurde möglich aufgrund des intensiven Austauschs zwischen buildingSMART und VDI. In einem deutschen Standard, der VDI/buildingSMART-Richtlinie 2552 Blatt 8 „BIM-Qualifikationen" werden die Mindestkenntnisse beschrieben, die ein BIM-Anwender zwecks eines vergleichbaren Nachweises besitzen sollte. Der erste Teil der Richtlinie, Blatt 8.1, ist im Januar 2019 erschienen. Seitdem wurden zahlreiche Weiterbilder seitens Kammern, Hochschulen und der freien Wirtschaft anerkannt, Zertifizierungskurse gemäß des buildingSMART-Rahmenlehrplans und der Richtlinie VDI/bS-MT 2552-8.1 sowie anschließender Prüfung durchzuführen. Auch knapp 6.000 Individuen sind Stand Juli 2022 allein in Deutschland bereits zertifiziert, verfügen dementsprechend also über ihren ersten BIM-Qualifikationsnachweis.

Wir schließen daraus: Um die BIM-Sprache zu lernen und darüber hinaus ein international anerkanntes Zertifikat zum Nachweis der eigenen BIM-Kenntnisse zu erlangen, gibt es eine eindeutige Antwort – das buildingSMART/VDI-BIM-Zertifikat.

Doch vielleicht haben Sie bereits einen solchen Kurs absolviert und fragen sich, wie es weitergeht? Auch dafür gibt es eine Lösung.

Denn Kenntnisse, die man sich beispielsweise durch wissens-, also vortragsbasiertes Lernen aneignet, sind das eine. Was wir darüber hinaus in unserem Arbeitsalltag benötigen, sind Fertigkeiten. Der Unterschied wird treffend in einer internationalen Norm, ISO 17024, beschrieben: Kompetenz bedeutet demnach, „Wissen und Fertigkeiten anzuwenden, um beabsichtigte Ergebnisse zu erzielen“. Ein beabsichtigtes Ergebnis bedeutet in unserem Fall einfach nur die Umsetzung der durch uns zu erfüllenden Aufgaben.

Welche Aufgaben im BIM-Kontext auf uns zukommen können, beschreibt Anhang A der VDI-Richtlinie 2552 Blatt 7. Zum Beispiel:

- Erstellung von AIA
- Überwachung und Freigabe von Leistungen
- Ausschreibung, Auswahl und Betreuung der CDE
- Sicherstellung der Konformität von Informationslieferungen mit AIA
- Erstellung und Veröffentlichung der Koordinationsmodelle

Diese Aufgaben wurden, sowohl vom nationalen als auch vom internationalen buildingSMART-Expertenteam mit den für ihre Erfüllung erforderlichen Kenntnissen und Fertigkeiten belegt, welche wiederum an den VDI weitergegeben wurden.

Das Zusammenspiel zwischen VDI und buildingSMART führte zu den Richtlinien VDI/bS-MT 2552 Blatt 8.2 Vertiefende Kenntnisse und 8.3. Fertigkeiten und darüber hinaus den Rahmenlehrplänen – also Curricula – zu Phase 2 der internationalen Zertifizierung: Professional Certification Practitioner.

Seit Juli 2022 können sich Weiterbilder für die Programme BIM Coordination und BIM Management listen lassen, mit Beginn 2023 haben Individuen die Option, die Vertiefungsseminare zu besuchen. Diese nehmen insgesamt fünf Tage ein und sind geprägt von praktischer Anwendung –

beispielsweise dem Erstellen von AIA im Bereich Management oder aber Modellprüfung und der Entwicklung von BAP im Bereich Koordination – sowie einer Hausarbeit als Prüfungsvoraussetzung. Die Prüfung selbst, diesmal ebenso praktisch wie die ihr zugrunde liegenden Seminare, wird von unabhängigen Prüfern durchgeführt – schließlich geht es jetzt um den BIM Professional Practitioner!

Spätestens im Jahr 2023 sind die Vorgaben seitens der Ministerien und öffentlichen Hand wie auch privaten Auftraggebern beantwortet: Ein Qualifikationsnachweis in Form zweier aufeinander aufbauender Zertifikate liegt vor!

Sarah Merz, Head of Academy, DEUBIM

Das derzeit konzipierte Ausbildungsprogramm von buildingSMART und VDI sieht folgende, aufeinander aufbauende Module vor:

- „Professional Certification FoundationIndividual Qualification“ (knowledge based learning) BIM-Basiswissen
- „Professional Certification Practitioner“ (applied learning).

Dabei orientiert sich der Basiskurs „Individual Qualification“ in der ersten Phase stark an dem in Norwegen bereits praktizierten Learning Outcome Framework, wie es oben beschrieben wurde. Ähnlich einem BIM-Führerschein geht es um die Theorie des Building Information Modelings mit abschließender Online-Prüfung. Dieser „Sprachkurs“ ermöglicht es, sich über einheitliches Wording, Terminologien und Standards zu orientieren und zu verständigen und zeigt die Bandbreite der BIM-Nutzung interdisziplinär und interoperabel auf. Zeitlich soll ein solcher, als zwingend softwareunabhängig festgelegter, interdisziplinärer Basiskurs zwei bis drei Tage dauern und ist bewusst für alle Berufsgruppen geöffnet. Bis heute haben ca. 6000 Individuen eine solche Zertifizierung bei den über 40 gelisteten Ausbildungsunternehmen und Hochschulen durchlaufen. International erhielten sogar mehrere 10.000 Personen das Zertifikat.

Phase 2 der Ausbildung erfolgt, nach einem interdisziplinären Erweiterungsmodul, in der jeweiligen eigenen Disziplin im Planen, Bauen, Betreiben oder Managen. Dabei werden praktische Trainings und Übungen durch Mentoren und Referenten über einen längeren Zeitraum begleitet, was eine deutlich höhere Komplexität gegenüber dem Basiskurs aufweist. Inhaltlich werden die notwendigen Fertigkeiten und Fähigkeiten der Rollenbilder gemäß dem Anhang zur VDI 2552 Blatt 7 „Prozesse" vermittelt. Bei der abschließenden Prüfung müssen die Teilnehmer zeigen, dass sie ein fundiertes BIM-Wissen erworben haben und dieses auch praktisch in Projekten einsetzen können. Für die branchenspezifischen Workshops und Ausbildungsmodule ist ein Zeitrahmen von etwa zehn Monaten (ca. 200 Lernstunden) vorgesehen.

Das LOF sowie die dazugehörige Prüfung wurden vom internationalen Arbeitskreis „Professional Certification" bei buildingSMART International entwickelt, in dem ich zunächst als deutscher Vertreter eingebunden bin. Sarah Merz hat 2017 diese Aufgabe übernommen und ist mittlerweile stellvertretende Leiterin des internationalen Arbeitskreises. Und endlich sind die Deutschen mal wieder am Zug! Wir sind das erste Land, welches das Programm offiziell gelaunched hat. Die Schweiz ist nun nachgezogen und es folgen in Kürze Norwegen, Spanien, Italien, Benelux, Frankreich, Österreich, Japan und Südkorea, Russland und Kanada. China und die USA haben in Aussicht gestellt, das Programm ebenfalls zu adaptieren. Damit existiert nun eine weltweite Benchmark für die Qualität der BIM-Ausbildung. buildingSMART oder VDI werden also nicht selbst ausbilden, aber als Standardgeber für die Ausbildung bereitstehen. Die Zertifizierung der Professionals muss über ein gelistetes Fort- und Weiterbildungsinstitut erfolgen, die „akkreditiert" wurden, die entsprechenden Zertifikate vergeben zu dürfen. Dabei werden buildingSMART und VDI einen Überblick über die gelisteten Ausbildungsanbieter geben und für einheitliche Standards bei der Auswahl, der Unterhaltung und Qualifizierung der Institute sorgen. Dem Industry Advisory Panel, welches für die Akzeptanz der Standards, als auch für Feedback und entsprechende praxisnahe Anpassungen sorgt, darf ich beiwohnen und leite die Fachgruppe „Zertifizierung" in Deutschland.

Lernziele des Basis-Kurses sollen sein:

1. mit BIM vertraut zu sein, spezifische Begriffe und Terminologien zu kennen und zu verstehen, warum es benötigt wird. Wer sind die Treiber, was sind BIM-Reifegrade, was sind Informationsmodelle?
2. Die Mehrwerte der Methodik gegenüber der herkömmlichen Projektabwicklung zu erkennen und künftigen, auch staatlichen, gesetzlichen und standardisierten Anforderungen begegnen zu können. Was bedeutet kollaborative

Zusammenarbeit, wie erfolgt die Qualitätssicherung von Informationsmanagement, was sind die Vorteile für den Auftraggeber?

3. Die Bedeutung der Planung von Informationsflüssen zu erkennen und um die Erstellung, den Austausch und die Pflege von Daten Bescheid zu wissen. Was sind AIA, BAP, CDE, wie kann ich Datenqualität und BIM-Kompetenzen der Zulieferer sicherstellen?
4. Den Bedarf von offenen Schnittstellen und deren Funktionalität zu kennen, buildingSMART kennenzulernen, openBIM und dessen Vorteile zu verstehen, die IFC-Struktur, MVD, IDM und BCF kennenzulernen.
5. Das Potenzial und die Mehrwerte der BIM-Anwendung innerhalb der eigenen Organisation zu identifizieren. Wie sieht es mit meinem BIM-Reifegrad aus, wofür benötige ich BIM-Ziele und welche können diese sein, was ist bei der Implementierung zu beachten, wie steht es um Datensicherheit?

So sind die wichtigsten Grundsteine für die Qualifikation in Deutschland gelegt. Zu den gelisteten Instituten gehören nicht nur private Fort- und Weiterbilder. Die ersten Hochschulen haben ebenfalls erkannt, dass Absolventen das international anerkannte Zertifikat für den Arbeitsmarkt nutzen können und ergänzen die Hochschulausbildung um die Inhalte des Programms. Auch eine Ingenieurkammer hat die Mehrwerte bereits festgestellt und zertifiziert entsprechend ihren Mitgliedern. Da sich aber fast jeder der Wertschöpfungskette Bau mit der Qualifizierung auseinandersetzen muss, werden weitere Ausprägungen der Ausbildungsprogramme in den nächsten Jahren folgen.

Ein anderer Aspekt des Lernens ist die Form des Lernens an sich. Wie die digitale Projektbearbeitung neue Formen der Zusammenarbeit ermöglicht, so gibt es auch bereits neue Lernarchitekturen für eine standort- und zeitenunabhängige Lernform. Innovative Learning-Management-Systeme und entsprechend attraktiv gestalteter Content ermöglichen, den Gesamtüberblick und das Basiswissen auch als eLearning zu vermitteln. Außerdem sind bestimmte BIM-Anwendungen für spezielle Zielgruppen auch firmenspezifisch (z. B. für Abteilungen, Vertriebsmitarbeiter oder für Autoren und Koordinatoren) als anschauliche interaktive Tutorials abbildbar. Wissensvermittlung aus Weitergabe von Wissen sind entscheidende Erfolgsfaktoren in der Implementierung!

16 Qualitätsmanagement und Qualifikation

Wie kommen wir zur Qualitätssicherung im Planen, Bauen und Betreiben von Bauwerken?

Schaut man sich in Deutschland um, stellt man gravierende qualitative Unterschiede in der Anwendung von BIM fest. Nicht nur die divergierenden Begrifflichkeiten und die Vielzahl vermeintlicher Standards, auch das unterschiedliche Verständnis führen bei der BIM-Implementierung zu einem gewissen Wildwuchs. Fest steht, dass mehrere Millionen Menschen im Bauhauptgewerbe, in der Immobilienwirtschaft, im Planungswesen und im Betrieb von Immobilien durch die Digitalisierung vor einem gewaltigen Kulturwandel stehen. Eine der wichtigsten Methoden ist dabei das Building Information Modeling, bei dem die Kenntnisse und das notwendige Know-how noch nicht flächendeckend vorhanden sind. Eine große wissbegierige Masse trifft auf Ausbildungsangebote und auf Beratungsexperten zur Implementierung. Bei der Vielzahl von „BIM-Auszubildenden“ ist das ein gutes Geschäftsmodell, bei dem die Qualität der Angebote allerdings drastisch variiert. Diesen Wildwuchs können nur eine Qualitätssicherung und ein entsprechendes Qualitätsmanagement eindämmen. Es sind aber weder die Auszubildenden, noch die Berater und Ausbilder, die dabei einen Konsens finden können oder überhaupt suchen. Die Qualitätssicherung kann nur durch den Besteller erreicht werden. Sind erst einmal die Auftraggeber professionell, wird ein Sicherungssystem als Industriestandard auch die Beziehung zwischen Leistungserbringern und deren Ausbildern und Beratern regeln.

Wie könnte ein Qualitätsmanagementsystem für das Planen, Bauen und Betreiben von Gebäuden aussehen? Hier lohnt wiederum der Blick auf andere Industrien, die sich bereits Standards für ihre Prozesse auferlegt haben. Eines unserer früheren Bauvorhaben war das Produktions- und Verwaltungsgebäude eines Pharmaunternehmens. Dort werden Pharmagrundstoffe entweder in Großhandelsgebinden oder in Liefereinheiten für Apotheken abgefüllt. In diesem Zusammenhang haben wir den GMP-Standard kennengelernt: Good Manufacturing Practice heißt ins Deutsche übersetzt „Gute Herstellungspraxis“ und ist in der Pharmaindustrie ein internationaler Industriestandard. Dieses Qualitätssicherungssystem in Form einer Richtlinie dient der Gewährleistung einer Produktqualität unter Beachtung verbindlicher Auflagen von Behörden. Für unser Projekt bedeutet dies, dass durch die Einhaltung des Standards einem externen Auftraggeber unseres Kunden eine GMP-konforme Abfüllung seiner Stoffe zugesagt wird. Vor allem in den notwendigen Reinräumen müssen Kreuzkontaminationen von Wirkstoffen ausgeschlossen werden. Der Besteller einer Abfüllung kann sich so auf die Qualitätsstandards verlassen, die außerdem von der Bezirksregierung behördlich geprüft werden. In dem notwendigen System werden Anforderungen an Prozesse, Prozessausrüstungen, Personalien, Infrastrukturen, Dokumentationen und Protokolle sowie Prüfungen kontrolliert.

Hier sind große Ähnlichkeiten mit unseren BIM-Faktoren und den Merkmalen des Leistungsniveaus 1 des Stufenplans des BMVI zu erkennen. Ein derartiges Qualitätsmanagement könnte auch bei der Anwendung von BIM funktionieren.

Welche Chance habe ich schon heute, als Besteller von BIM-Leistungen des Planens, Bauens und Betreibens wirklich ein qualifiziertes BIM zu bekommen? Wie kann ich als BIM-Dienstleister mein Können nach außen zeigen und einem Besteller verlässlich anbieten? Das geht nur mit einem Eignungs- und Kompetenznachweis, der den Aufbau, die Erhaltung und den Ausbau von Fähigkeiten, Fertigkeiten oder BIM-Kenntnissen aufzeigt. Schon heute stellt die Verfügbarkeit von Fachleuten und Experten den künftigen Anwender bei der Implementierung vor große Probleme. Ein verlässliches Qualifizierungssystem wie GMP in der Pharmaindustrie existiert im BIM-Kontext in Deutschland bisher nicht. Für Besteller von BIM-basierten Planungs-, Bau- und Betriebsleistungen bedeutet dies, dass sie auf eine unabhängige Einschätzung des Wissens von Unternehmen oder Personen noch nicht vertrauen können. Da es noch keine Regeln und Richtlinien gibt, werden in den nächsten Jahren projektspezifische und unternehmensinterne Kompetenzabfragen individuell zu treffen sein. Aber nicht nur das Know-how von Personen wird im Zusammenhang mit BIM bereits international qualifiziert, auch Datenübergaben, Programme oder Prozesse.

buildingSMART International benennt beispielsweise folgende Möglichkeiten der Zertifizierung:

- Zertifizierung von Daten, die im Rahmen eines Projekts zwischen den Akteuren in der Lieferkette und dem Kunden zu erbringen sind
- Software-Zertifizierung der IFC-Schnittstelle
- BIM-Personen-Zertifizierung
- BIM-Unternehmens-Zertifizierung
- Zertifizierung von Daten-Austauschformaten
- Zertifizierung von Dokumenten-Austauschformaten
- Zertifizierung von Daten, die von Bauprodukt-Herstellern zu ihren Produkten vorzuhalten sind

Versucht man, die Möglichkeiten zu kategorisieren, lassen sich grob die folgenden Schwerpunkte einer Qualifikation ableiten:

- Planungsdaten/Technologie
- Produktdaten/Technologie
- BIM-Kompetenz Unternehmen/Prozesse
- BIM-Kompetenz Personen/Rollen

In Großbritannien beispielsweise greifen die BIM-Personen-Zertifizierung und die BIM-Business-Zertifizierung stark ineinander und bedingen sich gegenseitig. Die BIM-Business-Zertifizierung bietet im Detail eine Qualifikationsmöglichkeit für Unternehmen und Prozesse. BRE – die Operators of buildingSMART UK – haben ein Zertifizierungssystem für Unternehmen entwickelt, das auf den UK BIM Standards PAS 91 und PAS 1192/2 basiert. Es testet die Fähigkeit eines Unternehmens, die Bedürfnisse des Kunden in Bezug auf BIM zu erfüllen. Die Regelung ist mit dem Format ISO 9000 (Qualitätsmanagementsystem) zu vergleichen. Das Unternehmen oder die Organisation muss nachweisen, welche Strategien, Prozesse und Infrastrukturen eingesetzt werden, um die Standards zu erreichen. Die britischen BIM-Zertifikationsdokumente werden zurzeit in ISO- und CEN-Normen überführt. Die ISO 19650-1 wird in 2019 rechtskräftig. Auch

Checks für die Erfüllung von Merkmalskriterien einer BIM-Planung lassen sich so abfragen. Dieses Zertifizierungsverfahren mit einem angeschlossenen Verzeichnis der zertifizierten Unternehmen bedeutet für den Besteller eine Vereinfachung der Marktanfrage und für die Unternehmen auch eine Vertriebserleichterung.

Parallel zur Entwicklung von Business-Zertifizierung hat die BRE mit building SMART International eine Einzelzertifizierung (BIM-Personen-Zertifizierung) auf der Basis von PAS 1192/2/3 entwickelt. Die oben beschriebenen Standards weisen Projektrollen auf, die in BIM-Projekten zu besetzen sind. Dafür müssen zertifizierte Ausbildungen angeboten werden, um die individuelle Kompetenz bei der Erfüllung der Projektrollen abbilden zu können, wie sie bei den Standards definiert sind.

Auch in Deutschland wird mit Hochdruck an einem Qualifizierungssystem gearbeitet, wie im vorherigen Kapitel dargestellt. Der Stufenplan des ehemaligen Ministers Dobrindt beschreibt den Einstieg in ein BIM-Projekt mit einer Kompetenzabfrage. Dabei war schon vor Inkrafttreten des Stufenplans mit dem Leistungsniveau 1 im Jahr 2020 die Personenzertifizierung ein zuverlässiges Qualitätsversprechen. Welche Auswirkungen hat BIM nun damit auf unsere Berufe?

17 Digital-HR: BIM im Personalwesen

Verändert BIM das Personalwesen in der Wertschöpfungskette Bau? – Führungsverantwortung, Personalentwicklung und Schulungen von neuen Rollen und Berufsgruppen

Wenn Sie derzeit in den einschlägigen Gruppen von LinkedIn oder Xing verfolgen, wie die wenigen BIM-versierten Mitarbeiter hin- und hergeschoben werden und Nachschub am Arbeitsmarkt nur zögerlich zu erwarten ist, wenn Sie sehen, wie große Unternehmen und Konzerne den Markt an BIM-Modelern, BIM-Koordinatoren und BIM-Managern leerfegen, macht es doch Sinn, eine Strategie zur Personalentwicklung mit einem kritischen Blick auf das vorhandene Personalwesen zu entwickeln. Aber werden die Berufe in einigen Jahren noch in der heutigen Form existieren oder sind sie dann schon der digitalen Disruption zum Opfer gefallen?

Wie sehen das denn die ganz großen Profis des Personalwesens und wie sollte ein Change begleitet werden? Dazu habe ich je ein Interview mit der Geschäftsführerin eines Personaldienstleisters und mit dem ehemaligen Personalvorstand einer deutschen Großbank geführt.

Vor einigen Jahren wurden wir von einem Personaldienstleistungsunternehmen nach einer Mitarbeiterschulung zum Thema BIM angefragt. Eine Schulungsanfrage zum Thema BIM von einer Personalberatung hatten wir bis dahin noch nicht erhalten und konnten uns zu diesem Zeitpunkt auch gar nicht vorstellen, welchen Nutzen das Thema BIM für Mitarbeiter eines Unternehmens dieser Branche haben sollte.

Erst nach dem ersten Kontakttermin wurde mir der strategische Ansatz klar: Seit nunmehr über 20 Jahren vertrauen mittelständische Unternehmen und Kandidaten auf die Leistung von ARINA®. Der systemische Ansatz und die Spezialisierung auf die Bau- und Immobilienbranche macht ARINA® daher besonders und einzigartig. Dienstleistungsschwerpunkte sind insbesondere die Personalvermittlung, die Direktansprache in definierten Berufsbildern der Bau- und Immobilienbranche sowie kaufmännische Anstellungen und die Beratung in übergeordneten HR-Bereichen. Zudem werden die Menschen systemisch und methodisch in Prozessen der Organisationsentwicklung und des generativen Wandels geführt. Da die Bau- und Immobilienbranche ein Schwerpunkt des deutschlandweit agierenden Personalberaters ist, beschäftigt sich das Unternehmen seit einiger Zeit mit der Veränderung verschiedener Berufsbilder durch die digitale Transformation. So schloss sich der Kreis zur Schulungsanfrage. Im Verlauf der Schulung wurde dann klar, dass es hier einige spannende Ansatzpunkte für eine weiterführende Zusammenarbeit zum Thema BIM gibt.

Katharina Schumacher ist geschäftsführende Gesellschafterin der ARINA GmbH. Die Wirtschaftswissenschaftlerin hat in Fribourg in der Schweiz sowie in Dijon im Burgund ihren Master of Arts in Management absolviert. Sie bat mich um meine Fachmeinung zu unserer Fragestellung: Wie verändert die Digitalisierung und insbesondere die BIM-Methodik wohl die Berufsbilder der Baubranche? Für Katharina Schumacher gilt die Formel: Digitalisierung = Entwicklung.

Durch BIM würden die kaufmännischen wie die technischen Berufsbilder der Bau- und Immobilienbranche durchgreifend verwandelt, modernisiert und transformiert, war Katharina Schumachers erste Anmerkung. Der Prozess der digitalen Transformation ist im Bauhandwerk und in der Immobilienbranche in vollem Gange, wie in vielen anderen Branchen auch; Maschinen, Roboter und Algorithmen werden weitere Aufgaben ab-/übernehmen. Klar ist, dass es dabei nur eine Richtung gibt: Vorwärts!

Den Ist-Zustand umreißt Katharina Schumacher so: Seit ungefähr 2013 ist das Thema BIM aufgrund von Reformen der Bundesregierung und durch Fachvorträge beispielsweise von Softwareanbietern und Digitalisierungssymposien im Allgemeinen, durch Artikel in der Fachpresse und durch diverse Kampagnen ins Bewusstsein aller Beteiligten gerückt und steht somit offiziell auf der Tagesordnung. Das Thema Personal/Human Resources wird dabei in Bezug auf BIM häufig als Herausforderung benannt, aber kaum tiefer untersucht. Cyber Security reiht sich gleich dahinter ein. Persönlich hat sie hier schon frühzeitig ein Handlungsfeld identifiziert und sich als Personalkompetenzlerin intensiv auf die Bau- und Immobilienwirtschaft bezogen.

Durch die Agenda 2030 des Bundesministeriums für wirtschaftliche Zusammenarbeit und Entwicklung – Ziele für nachhaltige Entwicklung – werden auch Nachhaltigkeits-Aspekte mit der Digitalisierung verknüpft. Dazu später mehr.

Die größte Herausforderung für die Unternehmen sei es zu erkennen, dass es BIM nicht zu kaufen gibt, sondern innerhalb der Unternehmen für sich selbst erarbeitet werden muss. Hier sieht Katharina Schumacher Parallelen zu anderen Branchen. Die Automobilindustrie durchläuft diesen Prozess bereits seit langer Zeit, ist digital und wird weiter digitalisiert. Auch die Personalarbeit selbst steckt mitten in diesem Prozess und auch die Anforderungen an die Recruiter-/ Active Sourcer-/Personalreferenten-/Talent Attraction-Spezialisten erfahren ein „Update". Was ist passiert?

Als Analogie zieht Schumacher die Smart Creatives von Google heran. Diese kombinieren technische Kenntnisse mit Kreativität und Know-how im Business. Wenn Smart Creatives dazu die heutigen technologischen Werkzeuge in die Hand bekommen und man ihnen genügend Freiraum lässt, können sie erstaunliche Dinge leisten, und das mit hoher Geschwindigkeit. Und genau diesen Gedankenprozess wünscht sie sich für die Bau- und Immobilienbranche!

Die Entwicklungstendenzen des Marktes sprechen für BIM. Aus Personalersicht ist dabei kaum ein Berufsbild „in Gefahr". Das bedeutet, dass keine Zunft weichen muss. Aber wir modifizieren und kreieren die Berufsbilder teilweise neu. Wo nötig, bedingt dies auch eine Anpassung, Optimierung oder Ergänzung der Arbeitsinhalte und Leistungsbilder. Die Lehrinhalte müssen daher regelmäßig an den Puls der Zeit angepasst werden. Es ist unabdingbar, die BIM-Module in die Grundausbildung sämtlicher Berufsbilder der Bau- und Immobilienwelt zu integrieren. Existierende Prozessabläufe müssen berücksichtigt und alle Prozessbeteiligten rechtzeitig einbezogen werden. Dies schafft auch berufsübergreifend die notwendige Transparenz und Kollaboration. Programmieren, Maschinen und Roboter anlernen und mit diesen umgehen, sind Themen für die Anforderungsprofile der Zukunft.

Die zwischenmenschliche Komponente, also das digitale Miteinander, wird insbesondere in der Personalarbeit auch in diesem Entwicklungsschritt ihre Intensität steigern!

Für die klassische Personalarbeit ergeben sich daraus die folgenden Handlungsfelder:

- Jedes Anforderungsprofil einer Arbeitsstelle enthält die mittel- (drei Monate bis zwei Jahre) und langfristigen (zwei bis fünf Jahre) Anforderungen und Entwicklungsschwerpunkte, die mit den Visionen, Botschaften und Orientierungen des jeweiligen Unternehmens korrespondieren. (Siehe H. Marx, Mensch in der Arbeitswelt.)
- Die Anforderungen können sich dabei nach innen (ins Unternehmen, ins Planungsbüro) sowie nach außen (Behörden, Kooperationspartner, Kommunen etc.) richten.
- Neben den Anforderungen (Anforderungsprofil des Unternehmens) stehen die entsprechenden Qualifikationen, Fertigkeiten und Tugenden, die ein Arbeitnehmer (Eignungsprofil) mitbringen sollte, damit das Anforderungsprofil und das Eignungsprofil in Annäherung an die Anforderung für die jeweilige Stelle bestmöglich übereinstimmen. Im Bauprozess selbst haben wir zahlreiche beteiligte Fach-, Führungs- und Leitungskräfte.

Der BIM-Fortschritt ist zu differenzieren

a) in den einzelnen Disziplinen (siehe untenstehende beispielhafte Auflistung) des Planens, Bauens und Betreibens,
b) bezüglich der Projektgrößen (nicht jedes Bauvorhaben ist für BIM geeignet) und
c) auf die verschiedenen Bundesländer und Regionen.

Für die gängigsten Disziplinen und Sparten bedeutet dies:

PLANEN

- Architekturbüro (Objektplanung), Ingenieurbüro für technische Gebäudeausrüstung, Ingenieurbüro für Tragwerksplanung, Ingenieurbüro für Infrastrukturplanung

BAUEN

- Hochbau (Rohbau, Industrie- und Gewerbebau, Wohnbau, Sozialbau, SF-Bau, Bauen im Bestand, Fertighausbau, Stahlbau, Städtebau etc.)
- Ingenieurbau/Brückenbau
- Tief- und Straßenbau (Erdbau, Spezialtiefbau, Rohrleitungsbau, Steine/Erden-Industrie etc.)
- Betonfertigteilindustrie und Betonwaren/-Werk
- modulares Bauen mit allen unterschiedlichen Wertstoffen (Holzbau, Holz-Hybrid etc.)
- Bauträgergeschäft, Baudienstleistungen
- Bauproduktehersteller
- zirkuläres Bauen/klimaschonendes und nachhaltiges Bauen/C2C – Cradle to cradle

BETREIBEN

- Vertrieb
- Immobiliendienstleistung, Facility Management
- Asset- & Property Management
- Immobilien-Projektentwicklung (Real Estate Development)
- Corporate/Public Estate Management etc.

Der „BIM-Skill" ist und wird laut Katharina Schumacher auch zukünftig Teil der Anforderungsprofile aller am Bau und dann an der Immobilie Beteiligten sein. Um diese neuen Voraussetzungen und notwendigen Kenntnisse, Kompetenzen, Fertigkeiten und Fähigkeiten zu meistern, bedarf es einer dringenden Optimierung bzw. Ergänzung der Lehrpläne der verschiedenen Ausbildungen und Ausbildungsberufe. Nur damit kann der künftige Bedarf gedeckt werden.

In einigen Disziplinen wird diese Anpassung sehr leichtfallen. Andere wiederum erleben eine Art Revolution. Aufgabe der Führungskräfte und Personaler ist es daher, ihre Mitarbeiter passgenau zu begleiten und Maßnahmen anzubieten (siehe hierzu auch Kapitel 14), um die Eignungsprofile den Anforderungsprofilen anzunähern!

Es ist eine Tatsache, dass BIM besonders auf individuelle Bauvorhaben mit standardisierten Bauteilen, wie im Kapitel 12 am Beispiel FMZ Leinefelde beschrieben, positive Einflüsse hat. Überträgt man das auf die Prozessbeteiligten, so ist ein positiver Einfluss auf die Baukostenminimierung, Aufmaß usw. die folgerichtige Konsequenz und somit sicher. Deshalb treiben Hersteller von Produkten für die Bauwirtschaft den BIM-Prozess bereits voran, weil sie unmittelbar davon profitieren.

Der Tiefbau scheint noch immer nicht im BIM-Fokus zu stehen – dies wurde Schumacher sowohl von Softwareanbietern als auch von ausführenden Unternehmen bestätigt. Der Prozess findet hier also bisher eher weniger statt. Die Bearbeitung von Stromtrassen und Pipelines ist aber ein erster Ansatz der Implementierung in diesem Bereich.

Betrachtet man die Lehr- und Ausbildungsinhalte der Bauberufe im Einzelnen, sei hier auf die Ausbildung zum **Bauzeichner** (Schwerpunkte Ingenieurbau, Architektur, Tief-, Straßen- und Landschaftsbau) hingewiesen, weil dort im Ausbildungsrahmenplan nur zweidimensionales Zeichnen vorgesehen ist. Die Formulierungen sind so offengehalten, dass dreidimensionales Zeichnen oder BIM-Module zwar integriert sein kann, in der Praxis aber nicht der Standard ist. Nach wie vor ist die Haltung in den Ausbildungsbetrieben bezüglich ≥3D verhalten. Ein Teil der Betriebe legt hohe Priorität auf das Thema 3D und mehr, der andere Teil ist noch bei 2D. Argumente, welche Betriebe im 2D verweilen lassen, sind einerseits die fehlenden hausinternen Digital-Ausbilder, welche benötigt werden, um Azubis a an Bord zu holen und anzulernen, und andererseits die Kostenintensivität bzgl. IT-Infrastruktur. Möglichweise kann man ab Herbst 2022 Änderungen erwarten. Wir werden sehen, was man den Betrieben empfehlen oder aber auch zumuten wird. Dies wurde Katharina Schumacher von einem Verantwortlichen der Industrie- und Handelskammer Nürnberg für Mittelfranken bestätigt.

Ob und in welchem Maße BIM als wichtiges Thema erkannt und vorangetrieben wird, hängt auch stark von den jeweiligen Ausbildungsbetrieben ab. Im Bereich des Planens hat Katharina Schumacher eine eigene Hypothese: Eine Anpassung der Prüfungsfragestellungen an BIM-Themen kann zielführend für einen Aufbruch in Richtung BIM sein. Auf jeden Fall würden dadurch Modellierungsrichtlinien weiter vorangetrieben und die Fachkräfte lernen die Methodik kennen und setzen sich mit spezifischen Themen auseinander.

Durch Effizienz in der Planung/Bauzeichnung werden beim Bauzeichner Ressourcen zur Unterstützung anderer Aufgabenfelder wie der Koordination, der Kalkulation oder des klassischen Bauleiters frei. Und diese wiederum gewinnen Zeit, da man Dokumentationen, Abrechnungen von Nachunternehmerleistungen (etwa ein Stockwerk als „Bauabschnitt" abrechnen) usw. deutlich schneller und vor allem effizienter erstellen kann. Das Berufsbild des Bauzeichners entwickelt sich dann hin zum BIM-Autor oder BIM-Konstrukteur, Modellierer oder BIM-Zeichner.

Der **Vermesser** erfährt weiterführende Unterstützung beispielsweise durch Photogrammetrie.

Luftbild- und UAV(unmanned airborne vehicle)-Photogrammetrie, Mobile Mapping mit Multisensorsystemen oder Nahbereichsphotogrammetrie/Industrievermessung, insbesondere im Bereich BIM bzw. AR/VR, sind längst Lehrinhalte von eigenen Photogrammetrie-Lehrstühlen an technischen Hochschulen und Technischen Universitäten.

Die **Massenermittlung** erfährt als Ergebnis von BIM-Prozessen ebenfalls eine enorme Arbeitserleichterung. Dadurch können Daten und Angaben für den **Einkauf** schneller und vor allem genauer übergeben werden. Gleiches gilt für die **Kalkulation**. Für die Baukostenkontrolle ist das ein wegweisender Schritt. Die **Arbeitsvorbereitung** kann sich über eine neuartige Baustellenvorbereitung und Baustelleneinrichtungsplanung (inkl. Containeranzahl, Containerstandort, Autokranplätze, Baustraßen usw.) freuen, die dann nahezu „greifbar" in der 4D-Simulation auf dem Bildschirm erscheint.

Der **Maurer** erfährt in den kommenden Jahren einen natürlichen Entwicklungsschritt hin zum **Fahrzeugführer Maurerroboter/Betonbauer der Zukunft**. Der Fokus liegt hier auf der Qualitätssicherung und dem Kundensupport. Der 3D-Druck wird auch bei diesem Berufsbild greifbarer (hier sei beispielsweise auf das chinesische Bauunternehmen Winsu, das deutsche Unternehmen PERI oder das dänische Start-up 3DCP Group hingewiesen).

Auch für **Beton- und Stahlbetonbauer** ist somit zu prüfen, **in welcher Tiefe und in welchem Umfang die Thematik BIM zukünftig in die Ausbildung implementiert werden kann.** Der Blick kann auch hier in Richtung intelligenter und/oder nachhaltiger/recycelter Beton gehen.

Bautechniker (oder evtl. zukünftig ein 3D-Herstellungstechniker) und **Bauingenieure** (oder evtl. zukünftig 3D-Druck-Ingenieure) erlernen die BIM-Methodik nach Fortschritt der Ausbildungsstätte, angefangen bei der Berufsschule bis zur Universität. Auch im Jahr 2018 war der Ingenieur des Bauwesens der am häufigsten nachgefragte Ingenieur, gerne auch ergänzend mit kaufmännischen Spezialisierungen. Für die „Manager der Bauvorhaben“ sieht Katharina Schumacher einen bedeutenden Wandel im Arbeitsalltag, denn dieser wird immer digitaler, z.B. werden Bauleiter mit einem Tablet (oder Ähnlichem) auf die Baustelle gehen/führen und dabei den Baufortschritt im Prozess dokumentieren etc. Die Tiefe des fachbezogenen Know-hows der Informationstechnologie wird ein Leistungs-Parameter sein. Dies trifft branchenübergreifend auf alle Berufsbilder zu. Ein weiterführender Gedanke liegt in der Verknüpfung von BIM und Lean Construction sowie darin, BIM mit der KAIZEN-Methode aus der Automotive kombiniert in das produzierende Bauhandwerk einzubringen. Könnte diese Kombination nicht vielleicht ein hocheffizienter und effektiver Zukunftsbauprozess sein?

Nun betrachten wir die Verknüpfung der Bau- mit der Immobilienbranche. Der **Vertrieb** erhält aufgrund der durch BIM entstandenen Visualisierungen und repräsentativen Unterlagen wie Simulationen bessere Möglichkeiten, seine Objekte am Markt zu platzieren. Gleiches gilt für Maklerbüros usw.

Dass die Digitalisierung bzw. die Entwicklungen auch in der Immobilienwirtschaft rasant vor sich gehen, sieht man an der Vielzahl der innovativen PropTech(Property Technology)- oder auch RE Tech(Real Estate Technology)-Unternehmen.

Asset und **Property Management** werden sich noch mehr zu **BIM-Analysten** (ein mögliches neues und/oder modifiziertes Berufsbild) wandeln. Die Analogie liegt hier in der Finanzbranche oder im Nachrichtendienst. BIM-Analysten werden BIM-Immobilien betreuen, relevante Informationen sammeln (aus dem Datenportfolio) und analysieren. Sie sind u. a. verantwortlich für die Weiterentwicklung der Software und bilden die Brücke zwischen dem betreuten Fachbereich und den Dienstleistungsabteilungen (z. B. der IT-Abteilung). Sie können nationale wie internationale Immobilien von einem Arbeitsplatz aus „sichten“. Als Hilfsmittel neben diversen Softwarelösungen der PropTechs sei an dieser Stelle beispielsweise auch die AR/VR-Anwendung benannt.

Das **Facility-Management** erfährt eine Entwicklung hin zum Multitalent für die Bewirtschaftung der Immobilie. Der Facility Manager wirkt bereits an der Erstellung des Datenmodells mit, ändert und ergänzt es und wird somit zum **BIM-Autor.** Koordinierende Aufgaben im BIM-Projekt (Leistungen nach HOAI) sind Teil des Leistungsbildes vom **BIM-Koordinator**, im Planen wie auch im Bauen. Wer BIM-Projekte steuert und managt, insbesondere die Informationsqualität verantwortet, ist möglicherweise zukünftig ein **BIM-Manager** im Planen, Bauen und Betreiben.

Was bedeutet dies alles nun für die Arbeit des Personalers/Personalentwicklers oder des Organisationsentwicklers? Katharina Schumacher skizziert dies wie folgt:

- Die Digitalisierung (beispielsweise durch die BIM-Methodik) ist auch ein Aufruf für die Personalarbeit der Bau- und Immobilienwelt.
- Ziel ist es, Nutzen aus der Digitalisierung zu ziehen und Bewusstsein bei internen und externen Kunden zu schaffen.
- Der digitale Aufbruch verändert die Anforderungsprofile, Karrierewege und Entwicklungstendenzen des Marktes und passt sich damit dem Bedarf an; der Markt fordert hierfür Lösungen von der Politik, den Organisationen und der Wirtschaft.
- Die Führungs- und Leitungsebene sollte BIM verinnerlicht haben und Entscheidungen treffen, inwieweit das jeweilige Unternehmen/Büro zukünftig die BIM-Methode einsetzt, und entsprechende Maßnahmen unterstützen.
- Die Mitarbeiter sollten über diese Entscheidung informiert und eingebunden werden.
- Es finden Kompetenzverschiebungen innerhalb der Anforderungsprofile statt.
- Führungsverantwortung verteilt sich, alle sind beteiligt und verantwortlich, alle tragen die Konsequenzen (beachte: diese Thematik wirkt bei den jeweiligen Generationen unterschiedlich).
- Schulungen, Trainings und Qualifizierungen auch in Kombination mit „systemischem Gedankengut“ sind erforderlich und unabdingbar.
- Lehrbetriebe sollen differenziert betrachtet werden:
  - Praxisbeispiele beweisen, dass es mehr BIM- und Innovationsmanagement bedarf, aber an der Untermauerung der Basis fehlt es noch. Wir müssen an der Basis arbeiten und uns um die Lehre kümmern. Kreative Lösungen, am Puls der Zeit ausgerichtete Ausbildungsbetriebe sind die Gewinner. Der Mehrheit der klein- und mittelständischen Betriebe fehlt (leider) noch die BIM-Brille.
  - Einige wenige „Satelliten“ sind sehr erfinderisch: Hier sei die Bauhaus-Universität Weimar genannt, die ein BIM-Forschungs- und Entwicklungsprojekt durchführt zu BIM und Arbeitssicherheit. Zudem gelten die TU Dresden, RWTH Aachen und die TU München als Digitalisierungsvorreiter für unsere Branche.
- Es wird eine enorme Transparenz innerhalb der verschiedenen Berufsdisziplinen geschaffen.

- Für die Rekrutierung bedeutet es u. a., dass dispositionsbereite Bewerber an Marktchancen verlieren, sollten sie lediglich über herkömmliche Kompetenzen verfügen.
- Es werden sich neue Wertschöpfungsnetzwerke bilden.
- Hochqualifiziertes Fachwissen von Experten aus dem Bau- und Immobilienbereich und der Informationstechnologie ist die Zukunft und bestimmt den Markt.
- Weitere neue Tätigkeitsfelder können entstehen, beispielsweise:
  - BIM Controller
  - Marktforscher für die Bauwirtschaft/BIM-Marktforscher: Beleuchtung verschiedener Bau-Märkte (länderübergreifend national wie international), Analyse der Aktivitäten aus unterschiedlichen Blickwinkeln (Performance der jeweiligen Immobilie, Rückschlüsse zu Material-Effizienzen sind dadurch möglich (Hersteller-Transparenz)). Eventuell wird man auch hier zwischen quantitativer und qualitativer Marktforschung unterscheiden. Dies ist auch die Chance für BIM-Marktforschungsinstitute der Bau- und Immobilienwirtschaft. Mehr als pure Datenauswertung und Rückschlüsse sind damit möglich, auf nationalem wie auf internationalem Parkett.
  - BIM-Jurist
  - Qualitätssicherung und -prüfung, insbesondere in Bezug auf Datenqualität und Prozesse, ist ein Entwicklungsgebiet hinsichtlich der Berufsmodifikation
- Der „Service-Gedanke“ wird in unserer Branche besonderen Raum erhalten.
- Bitte mehr davon:
  - Projekte wie eWorkBau (BIM-Schulungen für das Handwerk)
  - BIM@work (ein handwerksgerechtes multimediales Lehr- und Lernkonzept zur arbeitsplatznahen BIM-Qualifizierung)
- Unmögliches ist möglich. Oder wer hätte gedacht, dass man seine Visualisierung mittels Google Earth® in der Baulücke platzieren kann? 360°-Visualisierungen und virtuelle Realität sind heute Wirklichkeit. Dies sind nur einige wenige der genannten Vorteile, die alle Berufsbilder beeinflussen und auch nach außen in den Städten, Gemeinden, Kommunen wirksam sind.
- Smart Creatives, die BIM-Generation der Bau- und Immobilienbranche, sind die Fach- und Führungskräfte der Zukunft.
- Trends außerhalb der Bau- und Immobilienbranche dienen nach wie vor als Ideen- und Impulsgeber.

Sind es nun die bereits beschriebenen neuartigen Berufsbilder, die die Bauwirtschaft wirklich voranbringen?

Dies beantwortet Katharina Schumacher ganz klar mit **NEIN**.

Der Skill der Nachhaltigkeit muss zwingend mit betrachtet werden.

Nachhaltigkeit beschreibt Schumacher u. a. mit der Verwendung von ökologisch nachhaltigen Baustoffen, Kreislauffähigkeit von Baustoffen, Abriss vermeiden, Sanierungen fördern. Nimmt man sich diesen Aspekt vor, so ergeben sich weitere Berufsbilder.

Der Urban-Miner, *Bergbauer im städtischen Bereich* bzw. **Stadtschürfer**, nutzt und profitiert von der Tatsache, dass eine dicht besiedelte Stadt als riesige Rohstofflagerstätte anzusehen ist.

Der Bauteiljäger findet wiederverwendbare Materialien (siehe dazu auch Zirkular GmbH).

Der Circular Consultant berät zu Second-Life-Material und nachhaltigen Baustoffen (siehe Concular GmbH).

Dann wird es noch den Re-Use- oder Vintage-Experten für Bauelemente geben – vielleicht wird dies eine neuartige Spezialisierung im Bereich der Architektur?

Und der Fachplaner für zirkuläres Bauen, der Bauleiter für kreislaufgerechtes Bauen und der Bauingenieur für den Rückbau zur Wiederverwendung runden das Portfolio der nachhaltigen Bau-Berufsbilder ab. Diese neue Art von Bauingenieuren stellt dabei u. a. sicher, dass das Objekt sicher ist – selbst wenn dem Bau statische Elemente entnommen werden.

Im Immobiliensektor ergibt sich der ESG-/Sustainability Consultant Real Estate. Hier werden die Immobilienportfolios mit einem anderen Blick betrachtet und bearbeitet.

Kombiniert man nun diese nachhaltigen, neu entstandenen Berufsbilder mit dem Grundgedanken von BIM, so steht dies nach Meinung von Schumacher für eine sinnstiftende, klimaschonende Zukunft der Bau- und Immobilienbranche. Eine Vermessung der Bauelemente, die Bauelement-Katalogisierung, Materialpässe, die Lagerung, Logistik etc. kann mithilfe einer BIM-Software digital abgebildet werden, um auch so bei der Wiederverwendung möglichst viele Daten vorrätig zu haben. Der Fachplaner hat das Know-how der Kreislaufwirtschaft und von BIM – welch ein Gewinn für unsere Branche! Ist der ESG Consultant im Bilde, welche Materialien in seinen Gebäuden verwendet wurden und sind diese digital abgebildet, so kann auch dieser einen besseren Beitrag zur CO_2-Bilanz leisten.

Der Skill der Nachhaltigkeit könnte nach Meinung von Katharina Schumacher bei dem ein oder anderen Unternehmen sogar vorrangig zu BIM behandelt werden.

Es bleibt auf jeden Fall spannend, wie sich die Welt der Berufsbilder in der Bau- und Immobilienbranche weiter wandelt.

(Die in diesem Beitrag verwendeten geschlechterspezifischen Bezeichnungen dienen ausschließlich der besseren Lesbarkeit und gelten für alle Geschlechter.)

Der/die Bauzeichner(in)

Dead or Alive?

Im Beitrag von Katharina Schumacher haben wir gesehen, dass sich die Berufsbilder wandeln, neu Berufe entstehen und andere werden erweitert um Rollen und Verantwortlichkeiten. Dabei hat sie besonders den Beruf des Bauzeichners hervorgehoben. Ich bin bereits seit vielen Jahren Ausbilder für Bauzeichner und durfte bereits mehrfach erfolgreich Bauzeichner in ihr Berufsleben entsenden. Dabei konnte ich zunehmend über die letzten Jahre den Beruf als Sprungbrett feststellen. Bautechnikerausbildung oder ein anschließendes Studium waren oft die Folge auf die Ausbildung in unserem Unternehmen. Das hatte sicherlich auch etwas mit der Attraktivität des Berufs zu tun. In den Jahren, wo wir durch die Konjunkturlage sehr viele Architekten auf dem Arbeitsmarkt verfügbar hatten, war es einfacher, einen Architekten einzustellen als einen Bauzeichner bei gleicher Vergütung. Daher wurde suggeriert, der Bauzeichner bedarf eines Zusatzes wie der Bautechniker, um am Markt eine Chance zu haben. Wie ich bereits in einem früheren Kapitel berichtete, ist BIM auch die Chance, den Beruf wieder sexy zu machen. Dazu möchte ich aus dem Alltag berichten und was mir diesbezüglich in 2018 widerfahren ist:

Wir bekamen eine Anfrage bezüglich eines Ausbildungsplatzes bei unseren POS4 Architekten. Mit den zuvor beschriebenen Erfahrungen der letzten Jahre war das für mich derzeit keine Option. Doch meine damalige Geschäftsführungskollegin ermutigte mich zu einem Bewerbungsgespräch, zumal wir der 153. Betrieb in der

Ansprache waren. Das tat mir auch ein bisschen leid! Heute bin ich so froh, dass es sich so zugetragen hatte. Der junge Mann stellte sich ein bisschen schüchtern vor und wir baten ihn, bis Freitag ein Kurzreferat zum Thema BIM vorzubereiten, womit er sich noch nicht beschäftigt hatte. Am Freitag überraschte er uns dann mit einem ganzheitlichen Bild zum Thema BIM, mit Anwendungen und mit dem .ifc-Format und der openBIM-Kollaboration. Er hatte das so gemacht, wie digital natives heute ihre Fragen beantwortet: Youtube, Google und Co. geben Hilfestellung bei der Lösungsfindung. Insofern war der Ausbildungsplatz ihm nun sicher. Wir machten keine großen Umwege über klassische Dreitafelprojektionen und setzten in direkt an die Autorensoftware. Und da kam sein „Gamer"-Herz ins Spiel. Sich seine eigene virtuelle Realität bauen und damit Geld verdienen, ist doch total sexy! Wir bekamen den großen Auftrag einer internationalen Systemgastronomiekette, die Expansion in Deutschland zu begleiten. Schnell war uns klar, dass bei wiederkehrenden Bauteilen eine 3D-Bearbeitung mit parametrischen Bauteilen sinnvoll erschien. 95 Einrichtungsgegenstände von der Fritteuse bis zum Cola-Automaten, vom 4er Tisch bis zum Counter sind nun in einer Bauteilbibliothek verankert und Bestandteil einer Startdatei mit angelegten Favoriten, wie Wand- und Bodenaufbauten (Abdichtung ist ein großes Thema). Jedes Bibliothekselement hat bereits Eigenschaften wie Equinummer, Bestellnummer und Material und ermöglicht uns in schlanker Bearbeitungsweise die Planung und Erstellung der Filialen. Derzeit erweitern wir im Büroalltag den Rahmenlehrplan um die notwendigen BIM-Kompetenzen und hoffen, so einen Beitrag leisten zu können, die notwendigen Kurskorrekturen bei den IHKs anzustoßen. Die Lehre ist nun abgeschlossen und er ist fester Bestandteil unseres Teams. Die positive Erfahrung hat uns nun auch schon den nächsten Auszubildenden zum Bauzeichner beschert.

Was ist es denn jetzt, was der Bereich Human Resource zu erwarten hat? Schauen wir einmal wieder in andere Branchen:

INTERVIEW Oliver Maassen, Mitglied des Vorstands und CHRO der TRUMPF SE + Co. KG

Herr Maassen, können Sie sich vorstellen, warum ich gerade Sie auf mögliche Perspektiven der Personalentwicklung einer jungen, alten Branche anspreche?

Da fallen mir mehrere Möglichkeiten ein: Zunächst, weil die Digitalisierung das Arbeitsumfeld radikal verändert und es Experten gibt, die sich mit dieser Transformation intensiv beschäftigen. Sodann könnte eine Rolle spielen, dass die Werkzeugmaschinenindustrie und die Bankenwelt, aus der ich ursprünglich komme, schon früh – zumindest früher als die Bau- und Immobilienbranche – die Digitalisierung als Chance erkannt hat. Bei TRUMPF sehen wir uns daher schon lange nicht mehr nur als reinen Werkzeugmaschinenhersteller, sondern mit Softwarelösungen und Equipment as a Service (EaaS), als Lösungsanbieter der Prozesskette Blech. Und schließlich ist ja der Blick eines „Beraters“ von außen auf die eigene Branche immer ein Mehrwert.

Was verstehen Sie persönlich unter Digitalisierung? Sind Sie im HR-Bereich schon lange digital?

Für mich ist Digitalisierung weit mehr als die Verkürzung auf „Industrie 4.0“, weil dieser – übrigens rein deutsche – Begriff sich ausschließlich auf Technologie beschränkt. Die großen Chancen der sogenannten 4. Revolution liegen jedoch in der Verknüpfung von technischen, digitalen und sozialen Innovationen. Für mich einfach eine Tatsache unseres heutigen Lebens und Arbeitens. Der HR-Bereich glaubt, ähnlich wie Ihr Statiker am Anfang dieses Buches, leider noch zu oft, dass er in der digitalen Welt angekommen ist, wenn er ein Data Warehouse für seine Personaldaten hat und Bewerbungen über eine Software vorsortieren lässt. Hier ist viel Handlungsbedarf. Es gibt aber natürlich auch viele digitale Vorreiter in der HR-Szene: Unternehmen, die Big Data zur Ansprache von Bewerbern nutzen, Personalentwickler, die auf digitales Lernen setzen, und nicht zuletzt natürlich viele Konzerne, die mithilfe neuer Methoden ihren Mitarbeitern echten Mehrwert bieten können. Ein konkretes Beispiel ist das mobile Cockpit einer Führungskraft, das tagesaktuell auf dem Smartphone alle wichtigen Informationen zu Team, Auslastungen, Projektportfolios etc. liefert. Auch bei TRUMPF sind wir dabei, den HR-Bereich noch digitaler zu gestalten und mithilfe eines Ticketsystems für HR-Anfragen oder einem neuen Bewerbermanagementsystem unsere Effizienz zu steigern. Für mich war Corona die letzten Jahre ein wahnsinniger Digitalisierungstreiber, der uns quasi gezwungen hat, in vielen Bereichen noch digitaler zu werden. So setzen wir in der Personalentwicklung heute verstärkt auf digitale oder hybride Lernangebote.

Sie haben viele Jahre als Bereichsvorstand für das Personalwesen eine Bank mit geleitet und schon einmal die Digitalisierung mitgemacht. Was hat sich dadurch geändert? Gerade die Banken haben ja durch das Onlinebanking eine „neue Schnittstelle" zum Kunden bekommen. Was hatte das für Einflüsse auf die Fähigkeiten der Mitarbeiter, die Leistungsbilder, Qualifizierung, ja vielleicht sogar auf die Notwendigkeit einzelner Rollen?

Wie bei jeder Transformation stand am Anfang die Verunsicherung. Was heißt Digitalisierung für mich? Ist mein Arbeitsplatz in Gefahr? Muss ich mich ändern? Das sind die häufigsten Fragen, die sich Mitarbeiter stellen. Und natürlich sind diese Fragen berechtigt und müssen ernst genommen werden. Hier sehe ich übrigens eine große Gefahrenquelle für das Miteinander in den Betrieben: eine Geschäftsleitung, die sich entscheidet, Digitalisierung umzusetzen, aber die Mitarbeiter erst viel zu spät einbindet und mitnimmt. Dadurch entstehen Ängste und die heute zu beobachtende weitgehende Ablehnung von Veränderung.

In den Banken haben sich durch die Digitalisierung viele neue Rollen ergeben und quasi jeder Job ist zumindest in Facetten anders geworden. Wir haben viele Lernprogramme ins Leben gerufen und immer wieder in Workshops, Trainings oder anderen Formaten die Mitarbeiter auf die neuen Kompetenzen vorbereitet. Da muss jedes Unternehmen und jede Branche ihren ganz individuellen Lernpfad finden.

Eine kritische Anmerkung in Richtung Schule und Hochschule muss in diesem Zusammenhang erlaubt sein: Es dauert viel zu lange, bis sich unsere Bildungsinstitutionen auf neue Felder begeben und diese in ihre Curricula integrieren. Das gilt auch und besonders für das Thema Digitalisierung. Mir wurde kürzlich vom Fall eines Gymnasiums in einer deutschen Großstadt berichtet, das ein Fach Digitalisierung in der Oberstufe anbietet. Da die Schule aber nicht über ausreichend Computer verfügt, zeigt der Lehrer Folien auf dem Overhead-Projektor mit Screenshots, wie es denn auf dem Computer aussehen würde. Ausnahme oder Regelfall der deutschen Bildungsmisere? Wer weiß!

Jedenfalls sehe ich Unternehmen hier zunehmend in der Pflicht, sich um die Bildung unserer nachwachsenden Generationen zu kümmern. Ob durch Bereitstellung von Computern oder durch Menschen, die etwas aus ihrem Berufsalltag erzählen, ob durch vermehrte Praktikumsmöglichkeiten oder Praxisbeispiele für Schulen und Hochschulen – jede Initiative zählt. Wir brauchen einen neuen sozialen Kontrakt zwischen Unternehmen und Gesellschaft, zwischen Industrie und Bildungsträgern, das ist sozusagen die – nicht negativ gemeinte – Kehrseite der Digitalisierungs-Medaille.

Herr Maassen, Sie waren einige Jahre bei der Unternehmensberatung Pawlik, in der Sie durch Ihre Beratungen auch neue Einblicke in die Personalentwicklung anderer Branchen erhalten haben. Ist die Digitalisierung in den deutschen Schlüsselbranchen aktuell noch ein Thema im Bereich des Personalwesens und sehen Sie noch Optimierungspotenziale?

Ein klares Ja! Was wir heute an Digitalisierung sehen und umsetzen, ist ja nur die Spitze eines Eisbergs, der noch ganz ungeahnte neue Möglichkeiten für uns bereithält. Meine Lieblingsfrage bei Veranstaltungen ist immer: „Was war die meistgenutzte App zu Zeiten des Sommermärchens im Jahre 2006?“ Die Antworten variieren von Wetter über Pizzaservice bis zu Spielergebnissen. Dass es aber im Sommer 2006 gar keine Smartphones und damit keine Apps gab, ist uns kaum noch bewusst. Das zeigt doch, in welch schnellen Veränderungszyklen wir denken und handeln müssen. Und damit ist die Aufgabe für HR klar umrissen: Die Menschen fit zu machen für diese Transformation. Dazu gehört das oben schon beschriebene angstfreie Abholen und Mitnehmen auf den Weg – die am meisten unterschätzte Komponente mit klarem Optimierungsbedarf. Ebenso wichtig ist das fachliche Fitmachen für die Digitalisierung, hier kann HR über neue, digitalisierte Tools das Lernen unterstützen. Und im Bereich der Methoden und Sozialkompetenzen sollte mehr Wert auf die von mir als Zukunftskompetenzen beschriebenen Themen Wert gelegt werden, dazu zähle ich u. a. das Managen von Ambiguität, Resilienz als Erfolgsfaktor in der Veränderung und nicht zuletzt Selbstmanagement als gerade in der digitalen Arbeitswelt entscheidenden Überlebensfaktor.

Wir alle kennen die Diagramme, die aufzeigen, welche Berufe durch Digitalisierung und Automatisierung bald entfallen könnten. Kennen Sie eine Branche, die eine solche Tendenz schon real abbilden kann? Wenn

ja, welche gravierenden Änderungen im HR waren zu beobachten und wie wurde gegen- oder mitgewirkt?

Es ist schon spannend, zu beobachten, dass diejenigen, die vom Untergang ganzer Berufsbilder und Branchen schwadroniert haben, mittlerweile in ihren Prognosen vorsichtiger geworden sind. Bleiben wir kurz in der Finanzdienstleistung: Natürlich besuchen die Menschen nicht mehr so häufig eine Bankfiliale wie früher, übrigens gilt das nicht nur für junge Kunden. Der Kundenberater hinter den großen Schaufenstern der Bankfiliale in bester Lauflage verschwindet also augenscheinlich. Im ersten Stock desselben Gebäudes entstehen aber neue Beratungsangebote, von der Video- oder mobilen Beratung bis zu Online-Kundenchats, die andere, aber nicht weniger anspruchsvolle Kompetenzen benötigen. Generell kann man sagen, dass derjenige, der lebenslanges Lernen für sich selbst als Anspruch formuliert, die deutlich besseren Chancen hat, in den neuen Arbeitswelten erfolgreich zu sein. Vogel-Strauß-Politik im Sinne des Wegduckens und Abwartens ist sicher ein schlechter Ratgeber.

Die Bau- und Immobilienwirtschaft ist mit einer Digitalisierungsziffer von 3,33 vor der Schlüsselbranche Gas & Öl fast Schlusslicht in Deutschland. Ist Ihnen überhaupt bewusst, dass es in Deutschland noch eine Schlüsselbranche gibt, die so unterdurchschnittlich digital arbeitet?

Ich bin ziemlich sicher, dass Ihre Branche mittlerweile die rote Laterne hat. Denn die Energiewirtschaft durchläuft ja gerade jetzt in einem Affentempo einen Wandel, der tiefe Einschnitte mit sich bringt. Das Thema Digitalisierung ist dort auf der Agenda nach oben geschossen. Vielleicht fehlt der Bau- und Immobilienbranche ja der Druck, der das Thema befeuern kann. Ohne „sense of urgency“, also ohne Einsicht der Notwendigkeit der Veränderung, sind Transformationen kaum möglich.

Im Ausland wurden bereits Personenqualifizierungen etabliert, um Standards abzubilden und Daten-, Richtlinien-, Technologie- und Prozesssicherheit auch für Besteller zu gewährleisten. Wären bei ähnlichen Konzepten in Deutschland Konsequenzen zu erwarten?

Mir graut immer sehr, wenn Standards, Richtlinien und Prozesse als Erstes genannt werden, wenn es um Veränderung geht. Das muss alles sein, aber doch bitte erst, wenn ich das „Buy-in“, also die Bereitschaft zum Mitmachen meiner Mitarbeiter habe. Insofern muss Qualifizierung erst einmal hier ansetzen: Was bedeutet Digitalisierung für mich? Was verändert sich zum Guten? Und mit welchen negativen Dingen werde ich konfrontiert? Wenn das – lassen Sie mich es einmal die Sinnfrage nennen – geklärt ist, dann kann man sich auch um die Qualifizierung im oben beschriebenen Sinne kümmern. Da wir Deutschen uns aber gerne überregulieren, bin ich sicher, dass Standards und Richtlinien sicher nicht zu kurz kommen werden.

In einer Zweistufigkeit zwischen Grundlagen- und Spezialistenwissen könnten dann Aus- und Weiterbildungsakzente gesetzt werden. Mit einer ersten Orientierung im Rahmen der Grundlagen kann ich für mich selbst entdecken, ob und in welcher Form ich mich mit dem Thema intensiver beschäftigen will. Eine Spezialisierung, die idealerweise auch zertifiziert wird oder akademisch mit ECTS-Punkten unterlegt ist, stellt dann die Aufbaustufen zum Spezialistentum her.

BIM bedeutet, zusammenzuarbeiten auf offenen Standards. Das funktioniert z. B. über internationale Datenstandards. Wir neigen ja in Deutschland zu eigenen Lösungen, Normen und Richtlinien. Wie kann man dann den Arbeitsmarkt hier lokal sichern und trotzdem europäisch und global agieren?

Die Frage müssen Sie an unsere Politiker stellen. Ich kann nur immer wieder vor deutschen Alleingängen warnen. Und auf die Gefahr hin, für diese Meinung gegeißelt zu werden: Um wettbewerbsfähig zu bleiben, kaufe ich mir gern ein paar Prozent Restrisiko ein. Natürlich nicht, wenn es um die Sicherheit geht, gerne aber bei bürokratischen und technokratischen Umtrieben. Sollten deutsche Politiker oder Lobbyisten also meinen, ein internationaler Datenstandard wäre nicht ausreichend für unsere deutschen Belange, so würde ich erst einmal unterstellen, dass es ihnen oft zunächst um die eigene Machterhaltung geht.

BIM ist eine kollaborative Arbeitsmethode; sind Ihnen ähnliche Branchen bekannt?

Wir kommen ja aus einer Welt der klar geteilten Verantwortlichkeiten und der sequenziellen Abarbeitung von Aufgaben. Jetzt bauen wir eine Welt, in der gemeinsam, parallel und in offenen Umgebungen gearbeitet werden kann und soll. Die Automobilbauer, vielleicht sogar noch mehr deren Zulieferindustrie, sind Vorreiter in diesem Bereich. Hier wird, zeitgleich und auf den Ablieferzeitpunkt ausgerichtet, die komplette Prozesskette von der Kette zum Prozessnetz, in dem jeder sofort sehen und eingreifen kann, wenn es zu Abweichungen kommt. Das fördert die Zusammenarbeit, insbesondere dann, wenn es gelingt, die Spiele der Schuldzuweisungen und des Fingerzeigens zwischen einzelnen Einheiten zu überwinden – ein spannender Lernprozess.

Motivation und Mobilisierung zur BIM-Implementierung stehen derzeit auf der Agenda auch im Stufenplan des BMVI. Wie kann eine Motivationsförderung aufgebaut sein? Wie schaffe ich es, für eine Branche zu begeistern? Der Beruf des Ingenieurs oder Architekten und auch der gesamte Bausektor ist für viele junge Leute einfach nicht sexy genug. Denken Sie, dass die Digitalisierung das Image eines Berufsfeldes oder einer ganzen Branche verändern kann?

Einen ausgeprägten Einfluss sehe ich nicht. Wie gesagt, hinkt die Baubranche der Digitalisierung hinterher. Bloßes Aufholen in einem Feld hat noch nie zu einem entscheidenden Wettbewerbsvorteil geführt. Warum sollte sich ein junger Mensch für einen Baukonzern statt für Google entscheiden? Der Digitalisierungsgrad ist da sicher nicht allein entscheidend.

Einen Seiteneffekt, den Ihre Branche nutzen könnte, sehe ich beim Thema Sinnstiftung. Die digitale Welt ermöglicht jedem Beteiligten am Gewerk, sich mit dem großen Ganzen genauso vertraut zu machen wie mit dem kleinsten Detail. Dieses bessere Verständnis für meinen – vielleicht kleinen – Beitrag zum Gesamten könnte ein Baustein sein für ein besseres Branchenimage. Das war die Perspektive aus Branchen- und Unternehmenssicht. Aus der Bewerber- oder Mitarbeiterperspektive sieht das Ganze schon wieder anders aus. Dort ist es nämlich so, dass Spezialkenntnisse – also z. B. eine Zusatzausbildung BIM – den eigenen Marktwert erhöhen können. So werde ich im Unternehmen oder für einen neuen Arbeitgeber attraktiver. Dieser Bezug ist nicht zu vernachlässigen, allerdings schwer messbar und auf Branchenebene kaum belegbar.

Erfahrungen im Ausland zeigen, dass dort mittlerweile die ersten M. Sc. mit BIM-Ausbildung in die Wirtschaft kommen. Die Unternehmen, die sich schon einen Namen gemacht haben, bekommen die besten neuen Mitarbeiter ab, da dort eine Praxis für das Erlernte gesehen wird. Ist das dann nicht doch auch ein Imagegewinn?

Wie sehen Sie die Chancen, aus einer Streitkultur in eine kollaborative Arbeitsmethode mit dem Willen zum kooperativen Arbeiten zu wechseln?

Widerspruch: Streitkultur und Kollaboration sind keine Gegensätze. Das Problem mit der Streitkultur in Deutschland ist doch, dass wir diese als Fingerzeige-Kultur leben, also immer den schwarzen Peter jemand anderem zuschustern wollen. Das zerstört Kollaboration im Kern. Eine Streitkultur mit offenem Visier und ohne Hintergedanken ist hingegen geradezu eine Grundvoraussetzung für ein kooperatives Arbeitsumfeld. Zu erwarten, dass eine Methode wie BIM quasi automatisch zu Kollaboration führt, ist naiv. Die Menschen müssen auf dieses neue Arbeiten gut vorbereitet werden. Dazu gehören Themen wie der Umgang mit Fehlern, das Erlernen einer neuen Feedback-Kultur oder der Kompetenzen der Selbststeuerung. Ich sah in vielen meiner Kundenprojekten bei Pawlik große Erfolge bei der Digitalisierung, wenn dieses – eher weiche – Lernprogramm vorgeschaltet wurde.

Herr Maassen, Sie sehen die Zukunft des Lernens neural und digital. Erste Ansätze in der BIM-Ausbildung in Deutschland nutzen insbesondere das „blended learning", also die Kombination aus Präsenzveranstaltungen und digitalen, webbasierten Veranstaltungen. Ähnlich einer Besprechung am Modell eines Bauwerks werden bereits Prozesse und Workflows simuliert. Das kollaborative Arbeiten und die Transparenz führen beispielsweise zu einem anderen Umgang mit Fehlern des anderen. Wir sind hier bei einigen Übungen auf sehr tiefgreifende zwischenmenschliche Aspekte gestoßen, die die Effizienz der Zusammenarbeit hemmen. Kann uns nun eventuell auch ein Mitleidstraining oder das Sich-selber-Spüren helfen, sich auch digital besser zu verstehen?

Ich möchte zunächst davor warnen, blindlings jeder neuen Masche, die uns die Gurus des Trainings und Lernens verkaufen, hinterherzulaufen. Worauf ich unter dem Stichwort „Lernen 5.0" allerdings hinweisen möchte, ist die neue Dimension, die aus der Verschaltung der Digitalisierung mit den Erkenntnissen der Neuropsychologie entstehen kann. Dabei geht es um die Frage, welche Impulse braucht unser Gehirn, um Lernen und Veränderung verankern zu können? Professor Julius Kuhl hat in jahrelangen Studien nachgewiesen, wie ein Mensch von der Absicht zur Tat kommt. Er beantwortet durch Diagnostik auch die Frage, wie ein bestimmtes Individuum sich unter bestimmten Rahmenbedingungen (z. B. Veränderungsdruck) verhält. Bei Pawlik haben wir diese Erkenntnisse in nahezu allen Veränderungsprozessen eingesetzt, um die heiklen Punkte bei Veränderungen klarer adressieren zu können. Und über die digitale Komponente können solche Lernprogramme dann eben in soziale Netzwerke und über Smartphone und Tablet in das Arbeitsleben integriert werden. Hier stehen wir aber noch ganz am Anfang, vielleicht eine Parallele zum BIM.

Und zu Ihrer Frage nach Mitleidstraining: Ja, aktuelle Forschungsprojekte von Tania Singer vom Max-Planck-Institut belegen in der Tat, dass Achtsamkeit und Mitleid Schlüsselkompetenzen für die Zukunft und – jetzt kommt das Spannende – gut trainierbar sind. Dann verstehen wir uns zumindest schon mal analog ein ganzes Stück besser.

Durch die anstehenden Veränderungen und einen kompletten Kulturwandel im Bau- und Immobilienbereich könnte nun, 25 Jahre nach dem goldenen Osten, eine neue Goldgräberstimmung in Deutschland einen gefährlichen Aktionismus auslösen. Der Stufenplan des Ministeriums setzt eine Frist zur Umstellung auf die BIM-Methode. Insbesondere die Beratungs-, Planungs- und Ausführungsqualität hängt bei einer derartigen Implementierung aber zwangsläufig von Fachwissen und Erfahrung ab. Fachkräfte werden Mangelware sein, zweifelhafte Ausbildungsangebote überschwemmen den Markt. Die Hochschulen beginnen jetzt erst mit interdisziplinären Studiengängen, sodass mit BIM-Mastern frühestens in fünf Jahren zu rechnen ist. Was raten Sie uns kurz-, mittel- und langfristig in Bezug auf Personalrekrutierung, Ausbildung und Motivation?

Ohne BIM kleinreden zu wollen, aber ob es wirklich richtig ist, eigene BIM-Masterprogramme anzubieten, da melde ich doch Skepsis an. Ich bin gar kein Freund von allzu großer Spezialisierung in den Studiengängen, vor allem nicht beim Bachelor, aber auch beim Master warne ich vor zu großer Fokussierung. Die Vorstellung von Schwerpunkten in Sachen BIM, die natürlich mit ECTS-Punkten hinterlegt sein müssen, ist mir deutlich angenehmer.

Dazu ist es wichtig, dass Experten wie Sie sich jetzt in den Prozess einbringen, in der Ausgestaltung der Studiengänge, dem Zur-Verfügung-Stellen von Expertise, dem Angebot von Praktika etc. Daneben muss aber auch die Immobilien- und Baubranche insgesamt mehr Ressourcen zur Verfügung stellen, um schnell auch private Weiterbildung zu ermöglichen und zu finanzieren. Die vielen kleinen Schritte auf dem Weg, ein – wie ich es nenne – „Innovation Valley Deutschland“ zu kreieren, sind mindestens so wichtig, wie den Blick aufs große Ganze nicht zu verlieren.

Herr Maassen, ich danke Ihnen für das Gespräch!

18 BIM, Gesellschaft und unser Planet

Wie kann uns denn die BIM-Methodik bei den gesellschaftspolitisch relevanten Aufgabenstellungen wie Wohnungsknappheit, Energiewende und die Herausforderungen des Klimawandels helfen?

Mit dem, was wir in den vorangegangenen Kapiteln erfahren konnten: Haben Sie nun schon eine Idee, wie uns das bauteilorientierte, modellbasierte Arbeiten bei den aktuellen gesellschaftspolitischen Herausforderungen helfen kann? Lassen Sie uns zunächst überlegen, wo in der Wertschöpfungskette Bau gerade Lösungen gefragt sind.

Das Bauen an sich ist energieaufwendig und umweltbelastend. Die Baubranche gilt mit rund 39 Prozent der CO_2-Emissionen weltweit als der größte Umweltsünder und mit einem Anteil von über 30 Prozent als der größte Abfallproduzent. In Deutschland macht allein der Bauschutt mehr als die Hälfte des Gesamtmüllaufkommens aus. Müll, der weder verwertet noch recycelt werden kann und zu Sondermüll verkommt.

Dennoch wird die Bauindustrie in vielen Umweltberichten nur am Rande thematisiert, sind wir doch gleichzeitig mit einem signifikanten Mangel an bezahlbarem Wohnraum in den Städten konfrontiert. Kaum eine Metropolregion, nicht nur in Deutschland, die vom Problem Wohnungsnot verschont ist. Gleichzeitig zeigt uns die geopolitische Situation, dass wir allein mit fossilen Energien kaum eine Energiewende schaffen können, wobei uns die Ressourcenvorkommnisse in autoritär geführten Ländern in eine Abhängigkeit gebracht haben, die es dringend aufzulösen gilt. All das sind Aufgaben, denen sich Stadtplaner, Architekten und Ingenieure sowie die Gebäudebetreiber und Eigentümer stellen müssen. In den letzten Jahren ist das Thema Nachhaltigkeit bereits in unser aller Leben eingeflossen. Doch wenn wir wirklich etwas verändern wollen, müssen wir gerade in der Wertschöpfungskette Bau andere Wege gehen. ESG (Environmental, Social & Governance) in der Immobilienwirtschaft reicht heute schon von regulatorischen und rechtlichen Themen bis hin zur strategischen Planung und Unternehmenssteuerung, wobei gerade der Finanzierung und der Transaktion bereits eine große Bedeutung beigemessen wird. Die EU-Taxonomie, das Regelwerk der EU-Kommission, legt bereits verbindliche Standards für nachhaltiges Wirtschaften fest. Zunächst lassen Sie uns auf die nachhaltige Informationshaltung im und für den gesamten Lebenszyklus werfen und einen wirklichen Pionier in der Kreislaufwirtschaft:

Ob Fachmagazin, Blog oder Veranstaltung – das Thema Nachhaltigkeit ist in der Immobilienwelt omnipräsent. Maßnahmen zur Verbesserung der Ökobilanz von Gebäuden und Quartieren gibt es daher inzwischen einige. Branchenumfassende Recyclingkonzepte sind allerdings selbst angesichts drohender Ressourcenknappheit und steigendenden Rohstoffpreisen immer noch spärlich gesät. Bei einem Blick auf andere Wirtschaftszweige und Länder wird jedoch deutlich: Das muss nicht so sein. Ein effektives Mittel, um Rohstoffmangel und Preisexplosionen entgegenzuwirken, ist Kreislaufwirtschaft. Wie die aussehen kann und welche Vorteile sie mit sich bringt, zeigt Madaster. Recycling statt Ressourcenverschwendung! Der klassische Lebenszyklus einer Immobilie hat sich seit Jahrzehnten kaum verändert. Und dass, trotz zunehmender Anforderungen an Nachhaltigkeit und Umweltschutz. In der Regel folgt auf Konzeption und Planung der Bau inklusive anschließender Bewirtschaftung, bis das Gebäude am Ende abgerissen wird und der Schutt als undefinierter Sondermüll auf einer Deponie landet. Die entscheidende Frage ist: Muss das so sein? Madaster sagt ganz klar Nein. Die Vision des 2017 in den Niederlanden als gemeinnützige Stiftung gegründeten Unternehmens ist eine Welt ohne Abfall. Oder anders gesagt, die Etablierung einer perfekten Kreislaufwirtschaft. Die Idee dahinter ist schnell erklärt: Da es nur eine begrenzte Menge an natürlichen Rohstoffen gibt, sollten diese stets recycelt und dem Materialkreislauf wieder zugeführt werden. Das entlastet nicht nur die Deponien, sondern senkt die CO_2-Emissionen und schont die natürlichen Rohstoffvorkommen, was sich wiederum positiv auf die Ressourcenverfügbarkeit sowie die Preisentwicklung auswirkt. Materialien mit Identität! Entscheidend für den Erfolg des Konzeptes ist das Wissen, welche Stoffe in welcher Menge wo in einer Immobilie verbaut sind. Hier kommt Madaster ins Spiel. Das digitale Materialkataster bietet Eigentümern, Planern und Entwicklern die Möglichkeit, bereits vom Beginn der Planungsphase an alle Gebäudedaten im Sinne von Materialinformationen auf einer Onlineplattform zu speichern und zu verwalten. Der Upload ist dabei in Form von BIM-Modellen oder Excel-Tabellen möglich. Einmal eingepflegt, bietet Madaster den Nutzenden einen kompletten Überblick über Gewicht und Menge aller verbauten Rohstoffe und Bauteile sowie deren Verortung im Gebäude. Auf Basis detaillierter Herstellerinformationen werden zudem relevante Daten rund um die Recyclingfähigkeit, Toxizität und graue Energie der Materialien dargestellt. Die gesammelten Gebäudedaten werden anschließend in einem Materialpass zusammengefasst. So können bei Sanierung oder Abriss alle Materialien identifiziert und damit leicht recycelt und dem Rohstoffkreislauf erneut zugeführt werden.

Was im ersten Moment nach einer simplen Datenbank klingt, ist bei genauem Hinsehen deutlich komplexer. Neben der Erstellung von Gebäudematerialpässen bietet Madaster weitere Funktionen. So erhalten die Nutzenden dank digitaler

Verknüpfung mit internationalen Rohstoffbörsen zu jeder Zeit den tagesaktuellen Wert je Material. Dies ermöglicht eine exaktere Bewertung einer Immobilie, da nun der reine Materialwert in die Berechnung einbezogen werden kann. Zudem gibt es weitere Verknüpfungen zu Dienstleistern mit Lösungen rund um die Berechnung des CO_2-Fußabdrucks, der Emissionsoptimierung bei Planung und Bewirtschaftung und dem Rückbau.

Kennedy-Netzwerk – gemeinsam stark

Eine weitere Besonderheit von Madaster ist das Kennedy-Netzwerk, bestehend aus 33 Unternehmen entlang der Wertschöpfungskette. Diese Gemeinschaft aus Visionären arbeitet gemeinsam daran, Madaster als Materialkataster zu etablieren und die Kreislaufwirtschaft in Deutschland voranzutreiben. Unterstützt wird Madaster zudem von einer Vielzahl an weiteren Partnern entlang der gesamten Wertschöpfungskette sowie der öffentlichen Hand.

Im zweiten Teil möchte ich Ihnen von meinem Beitrag zu dem Thema berichten und unser Start-up Imti (Intelligent MODULTECTURE® Industries) vorstellen, welches als Gamechanger digital, industriell und ökologisch das Bauen verändern wird. Pünktlich zum ersten Lockdown 2020 sprachen mich vier befreundete Unternehmer auf diese Beteiligung an, die ich in den letzten Jahren mit viel Passion und der Zuarbeit unserer Architekten von POS4 und der Informationsmanager von DEUBIM vorangetrieben habe.

Das Vorhaben von Imti ist es, eine neue Generation von klimafreundlichen, erschwinglichen und lebenswerten Wohngebäuden zu entwickeln. Dabei denkt Imti vom Nutzer aus, viel zu oft folgen Architekten den Anforderungen des Auftraggebers, vielleicht einer Wohnungsbaugesellschaft, ohne in den Bedarfen des Nutzers zu denken, da er ja im Mietwohnungsbau nicht ihr Kunde ist. Grundlage von MODULTECTURE® ist eine zum Patent angemeldete, voll digitalisierte und industrialisierte Methode zur Holzsegmentbauweise. Unter Anwendung von künstlicher Intelligenz auf der eigens kreierten Plattform können die Planungs-, Produktions- und Erstellungszeiten auf wenige Monate verkürzt werden, was die Bauwerke schneller verfügbar macht und für den Entwickler schnell zum Ertrag führt. Ziel dabei ist es, durch die Skalierungseffekte der Industrialisierung die Gebäude auch mindestens 20 Prozent günstiger als in konventioneller Bauweise und trotzdem nachhaltig realisieren zu können. Dabei setzt Imti Enterprises auf den Wert- und Werkstoff Holz, also ein nachwachsendes Material. „Unser innovatives Verfahren ermöglicht es uns, riesige Mengen von CO_2 zu speichern", so die Vision von Ulf Bohne, dem die Idee zu Imti Enterprises auf hoher See beim Durchfahren eines riesigen Plastikmüllteppichs kam. Der passionierte Segler, Architekt und mein erster Arbeitgeber während des Studiums war mit dem

Stillstand und der Unbeweglichkeit der Baubranche schon längst nicht mehr einverstanden. Zu langwierige Planungs- und Bauprozesse, eine noch immer nicht kollaborativ denkende Bauindustrie und zu viele involvierte Parteien – Planung, Bauausführung, Betrieb, Eigentümer, die Bewohner:innen. „All das hat zu dem jetzigen dramatischen Mangel an Wohnraum und den ‚völlig überteuerten' Baupreisen geführt", sagt Ulf Bohne.

MODULTECTURE® – BIM extended

Generatives Design, automatisierte und parametrisierte Baukörperstudien ziehen parallel mit der Implementierung von BIM sukzessive in den Arbeitsalltag von zeitgemäß arbeitenden Planer:innen und Entwickler:innen ein. Doch wie wir unsere Projekte starten, also mit städtebaulichen Verfahren wie Planerwettbewerben, Mehrfachbeauftragungen oder VgV-Verfahren, wird sich auch in Zukunft nicht ändern und wie gewohnt durchgeführt werden müssen. Denn das ist Bestandteil einer demokratischen Planungs- und Beteiligungskultur. Hier setzt nun Imti mit seiner offenen Plattform an. Fertige Entwürfe von Architekten, Bauherren oder Bauwilligen können in Form von Grundrissen über die Planungsplattform einfach als PDF-Datei eingelesen werden. Mithilfe des MODULTECTURE®-Verfahrens entsteht aus den eingelesenen Daten ein digitaler, dreidimensionaler Zwilling – schließlich ist die BIM-Methode, als bauteilorientierte, modellbasierte, simulationsgestützte Entwicklungsmethode, Kernstück der zum Patent angemeldete Design-, Form- und Funktionssprache von Imti. Das Verfahren bildet die eingelesenen Gebäude unter Anwendung von KI in unterschiedlichen Segmenten unter Berücksichtigung der lernenden Segment- und Regelwerkbibliothek ab und stellt diese im IFC-Format bereit. Die Segmente werden später in Partnerbetrieben produziert und von Imti und Imti-Systempartnern in der Montage zu Gebäuden zusammengefügt. Jedes Segment weiß, was es ist, woraus es besteht und was es kann. Sämtliche Informationen liegen geometrisch und alphanumerisch jedem Bauteil zugeordnet vor und ermöglichen Simulationen in Bezug auf CO_2-Einsparung, Kosten und Verfügbarkeit. Die nach der Imti-Modellierungsrichtlinie automatisiert auf der Plattform erzeugten Daten können als IFC-Datei zur Arbeitsvorbereitung in den meisten CAD-CAM Softwares eingelesen und weiterverarbeitet werden. Die Plattform steht dabei für offene Prozesse, Teilhabe und Dynamik durch künstliche Intelligenz mit lernenden Einheiten: Alle Entwürfe fließen dort ein und so entsteht ein ständig wachsendes Gedächtnis, aus dessen Archiv sich immer neue Kombinationen zusammenstellen lassen. Durch das Einlesen von Grundrissen wird der Bedarf neuer Bauteile und Segmente notwendig, welche sukzessive in der Bibliothek durch Einbindung der Community ergänzt werden. Dabei überprüfen fortlaufend lernende Algorithmen, ob z. B. Bauvorschriften und Normen eingehalten sind, und machen gegebenenfalls einen entsprechenden Änderungsvorschlag. Nach Finalisierung des Planungsprozesses und Auftragserteilung werden sämtliche Daten in Echtzeit in Prozessdaten verwandelt und an die hochautomatisierte Fabrik überspielt. MODULTECTURE® ist also eine eigene Sprache und steht für ein komplexes System an Kommunikation mit einer Hierarchie. Das bedeutet übersetzt, ein Buchstabe steht für ein Bauteil, ein Wort für ein Segment und ein Satz für ein Modul, ein Absatz für eine Wohneinheit, das Kapitel für ein Bauwerk und die Geschichte oder Legende steht entsprechend für das Quartier, die Stadt und die Agglomeration.

Dabei orientieren sich die verlinkten Daten am IFC-Schema mit seinen Hierarchien. Um den ersten Sprachwortschatz der Imti-Sprache anzulegen, haben wir ein prototypisches Gebäude entwickelt und lieferten mit ca. 500 Bauteilen so die erste inhaltliche Grundlage auf der Plattform. Der durch die POS4-Architekten konzipierte Wohnungsbau mit 32 Wohneinheiten auf vier Geschossen, welche barrierefreie, förderfähige 1- bis 4-Zimmerwohnungen vorsehen, ist der erste Wortschatz (Segmentbibliothek) von MODULTECTURE® und stellt somit eine Konfigurationsmöglichkeit dar.

Als „I'm living" ist er Bestandteil der industriell gefertigten Imti-Produktreihe in der Assetklasse Wohnen, welche bis zur Gebäudeklasse 4 in reiner Holzbauweise unter Verzicht auf zementgebundene Bauteile bereits in vielen Bundesländern in Deutschland zu realisieren ist. Die meisten Landesbauordnungen bieten bereits diesbezügliche Erleichterungen. Die Maße der Module, welche der Aggregatzustand von Segmenten auf dem Weg zur Aufstellung sind, wurden zugeschnitten auf den umweltschonenden Bahn-Transport oder Lkw mit Biodiesel. Übergrößen über 2,50-m-Breite wurden deshalb weitestgehend ausgeschlossen. Die Fassaden sind frei konfigurierbar, in der Basisausführung bereits mit einer Holzfassade, in RAL-Farben lackierbaren Holzfenstern und einer begrünten Gebäudehülle zur Entlastung des Mikroklimas in der Stadt. Hierbei sind die Fassaden des Aufzugschachtes und der übereinanderliegenden Abstellräume, welche den offenen Treppenraum seitlich rahmen, außenseitig mit einem vertikalen Begrünungssystem vorgesehen. Das Wohnraumförderungsprogramm des Landes Nordrhein-Westfalen begünstigt diese Maßnahmen beispielsweise mit 50 % Tilgungsnachlass. Auf der Rückseite des Gebäudes liegt eine membranartige Zone zwischen innen und außen. Stabförmige Bauteile sind Rankhilfe für Bepflanzung, nehmen Balkone und Loggien auf und sind in verglaster Variante als Wintergartenanlage auch eine Möglichkeit, Lärmschutzanforderungen zu genügen. Auf dem intensiv begrünten Dach versorgt hocheffiziente Photovoltaik nicht nur das Gebäude autark, sondern speist Ladestellen für E-Autos und Fahrräder in den Eingangsgebäuden, sobald sie Energie im Überfluss produziert.

V2G, also Vehicle-to-grid, ist Bestandteil der Energiebilanz und wird zukünftig mit der Vielzahl an E-Autos eine feste Größe für die temporäre Speicherung von Strom. Die nicht unterkellerten Häuser fußen auf unterschiedlichen Gründungsarten, wie beispielsweise Fertigteilrosten aus Upcycling-Beton, schaffen so Retentionsflächen gemäß der Idee einer Schwammstadt und versiegeln weniger Fläche. Durch ihre flexible Bauweise bieten sie auch für Baulücken und Verdichtung eine nachhaltige und günstige Option, bezahlbaren Wohnraum in den Metropolen zu schaffen und sich ganz selbstverständlich mit dem städtischen Kontext zu verbinden. Das Treppenhaus ist als offenes Treppenhaus aus stabförmigen Bauteilen konstruktiv unabhängig von den Modulbaukörpern ausgelegt, was sich positiv auf das Verhältnis von Wohnfläche zu BGF auswirkt und die brandschutztechnische Anforderung an die Treppenhauswände vereinfacht. Die mittleren Wohnungen haben durch den offenen Treppenraum Belichtungsmöglichkeiten und erlauben Durchwohnkonzepte.

„I'm One“ heißt der bereits realisierte Prototyp der MODULTECTURE® Bauweise – eine lichte, flexible und förderfähige 1-Personen-Wohneinheit sowie ein „Studio“ als wohnortnahe Arbeitsumgebung (Co-Working, Co-Living) von jeweils 47 Quadratmetern, die wie bei einem bekannten Klemmsteinsystem aus Skandinavien mit anderen Modulen zu ganzen Wohngebäuden und Quartieren kombinierbar sind. Das Demonstrationsgebäude wurde unter anderem auch für bautechnische und bauphysikalische Untersuchungen realisiert, trägt aber im Innenraum bereits den vollen Imti-Charme und zeigt lebenswerte Räume auf. Die Community in Quartieren wird zukünftig durch die Integration von „Studios“ gefördert. Diese im Wohngebäude integrierten Gemeinschaftsflächen wurden gemeinsam mit einem renommierten Schweizer Büromöbelhersteller entwickelt und ermöglichen sozialverträgliches Home-Office-Arbeiten im Co-Working oder sind Gemeinschaftsfläche für Begegnung. Im Innenraum strahlen naturbelassen oder auch weiß gekalkte Holzwände und Decken eine Natürlichkeit und Wärme aus und zeigen den Wert- und Werkstoff offen. Jeder Besucher des „I'm One“ beschreibt ein angenehmes Raumgefühl, was vielleicht auch auf den Wunsch des Menschen zurück geht, sich geborgen zu fühlen. Die Module lassen sich an der Decke in Form von Unterzügen ablesen, was bei größeren Räumen eine „Raum im Raum“- Wirkung erzeugt und dem Maßstab der Bewohner:innen entspricht.

Die Wandqualitäten sind je nach Wunsch vielfältig, gehen von Industriesichtqualität über Wohnsichtqualität auch zu konventionellen malerfertigen Oberflächen. Die Grundausstattung beinhaltet einen Linoleumbelag als natürliches und zugleich belastbares Material für den Fußboden. Schon heute sind weitere Assetklassen wie Bürogebäude, Kindergärten und größere Wohnkomplexe konzipiert und angelegt. Die Markennamen orientieren sich allesamt an der Hauptnutzung: Wohngebäude – I'm living, Bürogebäude – I'm working, Kita – I'm happy. Alle zusammen sind Bestandteile von We are together – der Imti Town. So geben schon die Namen zu verstehen, dass das Miteinander im Zentrum steht, so wie bei Imti gesamt die Mission für ein Miteinander von Mensch und Natur treibende Kraft ist.

Und weil sie modular und intelligent konzipiert sind, kann jedes Imti-Gebäude umgebaut oder das Material sogar für andere Assetklassen wiederverwendet werden, ganz im Sinne der Kreislaufwirtschaft.

„Simplicity" als Design- und Technologieideologie

Die geopolitischen Auseinandersetzungen und nun auch die Politik verlangen nach einem Ende der Abhängigkeit von fossilen Brennstoffen. Imti geht hier schon einen eigenen Weg. Haustechnikingenieure haben mit der PV-Abteilung eines großen deutschen Heizsystemanbieters ein energieautarkes Konzept entwickelt. Die Primärenergie bezieht der „I'm living" aus der natürlichen Kraft der Sonne. Mit der hocheffizienten Photovoltaikanlage wird nicht nur die Heizlast nachgewiesen und über angenehme Infrarotheizungen verteilt, sondern auch eine dezentrale Lüftungsanlage in jeder Wohneinheit betrieben. Zukünftig wird ein Heizsystem bereits in den Lamellenlagen des CLT integriert werden können und die Wärmeabgabe unauffällig über die Wand ermöglichen. Alternativ steht ein BEG 55-Standard bereit, welcher mit einer wasserführenden Heizung die Grundlage zur Förderfähigkeit von sozialem Wohnraum ist. An dieser Stelle sei angemerkt, dass Innovation leider oft durch nicht praxisgerechte Bürokratie und Förderbedingungen sowie Gesetzgebungen maßgeblich verhindert wird. So ist in der Überarbeitung der Förderrichtlinien Anfang 2022 in vielen Bundesländern der ehemalige KFW 55-Standard als BEG 55-Standard eingeflossen und erzwingt eine wasserführende Heizung. Imti steht im Austausch mit den Ministerien in NRW und Niedersachsen und erarbeitet derzeit Einzelfallregelungen, um auch das energieautarke Haus förderfähig zu realisieren. Die Bilanzierung des Wohngebäudes in der segmentbasierten Modulbauweise entspricht den Anforderungen an das GEG 2020 in Bezug auf die wärmeübertragende Hüllfläche sowie die Anlagentechnik. Das GEG sieht eine Speicherung der Solarerträge zur Nutzung in den Wintermonaten leider nicht vor. Die Erträge sind den Verbräuchen in den jeweiligen Monaten gegenübergestellt. Über die KI-gesteuerte Automation der dezentralen Lüftungsanlage ist ein ständiger Luftaustausch gewährleistet, was in Pandemiezeiten nicht nur eine Vermeidung von zu hohen Aerosolkonzentrationen bedeutet, sondern auch im Sommer eine Nachtauskühlung ermöglicht. Die Lüftungsbauteile ermöglichen über ihre Keramikbauteile eine 90%-ige Wärmerückgewinnung. Sämtliche Nasszellen liegen übereinander und sind modular konzipiert inkl. der Steigepunkte. Durch vorgefertigte Badsegmente werden die Nasszellen bereits in der Produktion in die entsprechenden Raummodule eingefügt. Die Installationen werden geschossweise in der CLT-Decke mit zugelassenen Systembauteilen geschottet. Sensorik, auch in Bezug auf Feuchtedetektion und Systemintegrität, wird bereits in der Produktion verbaut und kann je nach gewünschtem Service über die Plattform aktiviert werden. Das Beleuchtungskonzept, welches eine erfahrene, kreative Lichtplanung verantwortet, sieht bereits installierte Stromschienenstrahler mit eigens für Imti im Lichtton entwickelten energiesparenden LED-Platinen vor. Das ermöglicht dem Nutzer große Variabilität für die eigene Möblierung und eine Ansteuerung über die myImti-App und inszeniert den Werkstoff Holz im Innenraum. Bewegungs- und Präsenzmelder helfen bei dem ressourcenschonenden Umgang mit Licht und Energie.

Sie sehen, es ist unsere Aufgabe, die Methode zu neuen Ansätzen zu führen! Einfach machen, ausprobieren, kombinieren und von hinten denken ist die Aufgabe der Stunde, insbesondere für uns Planer. Doch was kann sonst noch kommen und was darf ich in der Zukunft erwarten?

19 Fazit & Ausblick

Digitale Agenda 2020 – BIM in der Transaktion – Verknüpfung mit Gebäudeautomation und Sensorik – Kommt der Entwurfsroboter?

Als ich in der Erstausgabe 2016 ein Fazit zog, glaubte ich noch, dass wir die politisch gesetzten Ziele der damaligen Bundesregierung schaffen würden und der digitalen Erschließung Tür und Tor offensteht. Wir müssen eingestehen, es dauert doch ein bisschen länger! Ich denke, auch zum Ende des Buches hin macht die Betrachtung entlang der 5 BIM-Faktoren Sinn: Was erwartet uns in Bezug auf Technologie, Daten, Rahmenbedingung sowie Prozess und Mensch? Sie merken schon, es ist etwas anders sortiert als im Kapitel 7. Gerade die drei zuerst beschriebenen Faktoren entwickeln sich stetig weiter und es mangelt nicht an fehlenden Technologien im Planen, Bauen und Betreiben. Jedoch diese sinnvoll und handlungssicher einzuführen und zu nutzen, stellt eine große Herausforderung dar. Sich verändernde Prozesse und der Nutzer der Technologien sind die Erfolgsfaktoren, die zu oft unterschätzt werden. Als Jurymitglied des internationalen openBIM-Awards von buildingSMART kann ich tagesaktuell eine ähnliche Tendenz erkennen. Die Technologien und Daten, auch das IFC-Format, sind umfänglich und leistungsfähig, jedoch der innovative Einsatz der Möglichkeiten hat ein gesundes Maß an Anwendung erreicht, innovative Projektabwicklungsansätze unter Nutzung der Technologien sind aber eine Seltenheit. Da geht zukünftig einfach noch mehr!

Der heutige Stand der Technologie im Ausland, vor allem in den Ländern, die BIM deutlich länger einsetzen, erlaubt einen mittelfristigen Ausblick auf die Vielzahl von künftigen Anwendungsfällen. Die Variantenbetrachtung ist ein wichtiges Ziel zur Effizienzsteigerung im Planungsprozess. Die Simulation von Fassadenverhältnissen, wie Wandflächen zu Öffnungsflächen, der Einsatz alternativer Energien, die Rückbau- und Wiederverwertungsmöglichkeit kann, frühzeitig digitalgestützt, eine Entscheidungshilfe sein. Wir werden uns in weiteren Etappen einer immer komplexeren Verknüpfung unserer Daten und Immobilien widmen, wobei sich die Grenzen zwischen dem physischen Bauwerk und dem Modell samt den zugehörigen Datenbanken weiter verwischen.

Schon heute ermöglichen Gebäude wie „The Edge“ in Amsterdam (bis 2020 galt es als das digitalste Gebäude der Welt, in Deutschland zu benennen sind das „Cube“ in Berlin, „the Ship“ in Köln und das „DSTRCT“ in Berlin) durch das Zusammenspiel von künstlicher, vorausschauender Intelligenz, den Betrieb effizienter zu machen und Ressourcen zu schonen. Vergleichbar mit unserem Such- und Einkaufsverhalten im Internet und der damit verbundenen digitalen Spur, können die Immobilie und die Gebäudeautomation und -sensorik aktiv in Echtzeit mit den Gebäudedaten interagieren und steuern. Wenn der Außendienstler Müller Donnerstag und Freitag nicht anwesend ist, kann sein Arbeitsplatz anderweitig belegt werden. Sollte kein Bedarf für den Platz vorhanden sein, muss dieser weder belüftet und geheizt noch gereinigt oder beleuchtet werden. Bei der flexiblen Belegung einer Immobilie heißt das, dass ganze Etagen oder Abschnitte im Betrieb eingekürzt werden können. Intelligente Vernetzung bedeutet dabei auch, dass alleine durch die Kenntnis und Vernetzung der Terminplanung der Mitarbeiter in Kombination mit Wetterdaten, Verkehrsdaten, Statistiken zu Grippewellen und dergleichen mehr Beleuchtungsszenarien und ein hocheffizientes Room-sharing nach tagesaktuellem Bedarf ermöglichen.

Die großen Innovationsthemen neben oder im Zusammenhang mit BIM in der Bau- und Immobilienwirtschaft sind:

- Wearables (VR/AR, Tracking, Sensorik, Navigation, Kommunikation)
- Prosumer (Erzeugung, Speicherung und Einspeisung von Energie)
- Geoinformationssysteme (Übergeordnete Struktur BIM)
- IoT (Smart Home, Handelsplattform, Arbeitsplatz)
- Virtual Marketplace (Finanzierung, Vermietung und Verkauf, Planungs- und Bauleistungen)
- Smart Data/Sensorik (Kooperation Eigentümer/Nutzer, Einbindung Wertschöpfungskette prädiktive Unterhaltung)
- Blockchain (Gebäudebrief, Finanzierung und Transaktion, Datenhaushalt Planen, Bauen)
- Smart Grid (Intelligente Stromnetze)
- Ecosysteme (Vernetzung von Systemen, cloud to cloud)
- Data Analytics (Nutzung für Big Data für KI)
- Robotics

Bei all der Vernetzung und den Diskussionen über flexible Arbeitsplätze, Homeoffices und Mobilität bei der Arbeit sollten wir allerdings nicht den Menschen und seine Gewohnheiten vergessen. Einer Umfrage zufolge ist der Vorgesetzte eine feste Bezugsgröße im Leben eines Menschen, die Person, der man sogar mehr vertraut als dem eigenen Partner. Das Ganze ergibt ein System aus physischem Arbeitsplatz (Pflanze, Bild der Familie) und Vorgesetztem. Diese Konstellation infrage zu stellen, widerspricht unserer Natur. Man muss ein gesundes Mittelmaß finden. Auch das ist ein Stück des Moralverständnisses, das wir in unserer Digitalkultur noch aufbauen müssen.

Die Technologie geht in so großen Schritten voran, dass man sich bezüglich der Schnittstellen doch möglichst flexibel halten sollte. Man muss Entwicklungen und Tendenzen beobachten und sie ständig in Bezug auf die eigenen Bedürfnisse hinterfragen. Digitales Handeln hat auch immer mit Wandel zu tun. Wir müssen offen sein für neue Methoden, für lebenslanges Lernen und den Versuch, kompatibel zu bleiben.

An Bedeutung gewinnen wird auch das parametrische Entwerfen. Die Deutsche Bahn, einer der größten Bauherren des Landes, gibt schon heute einen Ausblick auf diese Methodik. Durch die Eingabe von Parametern werden zunehmend durch Algorithmen wiederkehrende Lösungen automatisiert. Wenn Sie sich die Digitalisierungsoffensive der DB Station & Service ansehen, werden Sie feststellen, dass der gesamte Referenzprozess des Planens, Bauens und Betreibens der über 5000 Verkehrsstationen schon genau definiert ist. Entsteht der Bedarf nach einer neuen Verkehrsstation, kann zur konkreten Anfrage bei ausführenden Planern und Gewerken bereits ein Modell zur Simulation von 4D-/5D-Daten herangezogen werden. Über die Eingabe von nutzungsspezifischen Faktoren wie die Anzahl der Aus- und Einsteiger, die Durchfahrtsgeschwindigkeit der Züge usw. werden automatisch Lösungen angeboten. Die Frequenz hat Auswirkung auf die Anzahl der Wartehäuschen, Beleuchtungsmasten und Fahrkartenautomaten, die Geschwindigkeit auf das gewählte Profil der Bahnsteige. Der vorgeschlagene Geometriekörper kann nun entlang der Bahntrasse (die Lage ist bundesweit exakt eingemessen) abgesetzt werden. Gleich einem Baukastensystem wird anschließend das vorgeschlagene Inventar abgesetzt. Im Hintergrund wird über die semantischen Informationen automatisch eine Kostenrechnung und die Erstellung des Leistungsverzeichnisses angestoßen. Dann wird eine unmissverständliche Planung durch den AG am Markt abgefragt.

Wenn wir diese Methodik weiterführen, kann das sogar Auswirkungen auf den Städtebau haben. Doch keine Angst, liebe Planer, ihr werdet nicht durch den berühmten Knopf wegrationalisiert, auch wenn wir mit unserem Start-up Imti gesehen haben, dass KI eine zunehmend große Rolle spielt. Aber ein Auftraggeber, der weiß, was er will, ist doch nicht unangenehm! Unsere Liegenschaften sind in Deutschland durch bestimmte Kennziffern belegt. Beim Vorhandensein eines Bebauungsplans wird beispielsweise die Geometrie (Grundstücksflächen, Topographie) mit semantischen Informationen (GRZ GFZ, mögliche BGF-Nutzungsart, Geschossigkeit, Höhe) in Abhängigkeit gebracht. Beim Nichtvorhandensein eines Bebauungsplans ist nach § 34 die umgebende Bebauung in Bezug auf die Faktoren heranzuziehen. Durch die Überfliegung und Aufnahme der Bebauungen (Drohnen sind zunehmend ein interdisziplinäres Planungswerkzeug) ist dieses Verhältnis mess- und verwertbar. So steht der Verknüpfung dieser Daten nichts im Wege.

Unter Beachtung der Abstandsflächenregelungen auf dem eigenen Grundstück und der Nachbarbebauungen sind mögliche Baumassen automatisch zu generieren, wie erste Start-ups uns bereits eindrucksvoll erschlossen haben. Unter Beachtung der Himmelsrichtung und unter Hinzugabe von Faktoren der Neubebauung (Art der Nutzung, Ausnutzung, Charakter der Ausnutzung, Mindestnutzflächen) sind städtebauliche Varianten und Baumassenstudien zur Abstimmung mit der Verwaltung auf Auftraggeberseite bedarfsgerecht automatisiert aufbereitet und somit eine große Hilfe in der Projektentwicklung. Das Spielen mit digitalen Entwurfsmethoden ist dabei sehr reizvoll. Wir kommen in der Architektur zu einer neuen digitalen Kreativität, die ein ergänzendes Miteinander von Planungs- und Baukultur verbindet mit Informationsgenerierung. Die Architektur wird so keineswegs austauschbar und kommerzialisiert durch gebaute Produktkataloge.

Gleichzeitig ist die professionelle Bearbeitung nun deutlich bedarfsgerechter und wird auch für die Behörden prüfbar. Eine Bauvoranfrage ist mittels Abgleiches im Rahmen eines Modelchecks möglich und erleichtert den Arbeitsaufwand und erhöht die Datenqualität der städtischen Dokumentation. Verwaltungsintern können diese Daten weiter verknüpft werden – von der Berechnung der Regenspende und Hochwassersimulationen bis hin zu Flächensanierungsprogrammen oder Leitsystemen unter Echtzeitverknüpfung. Die ersten Verwaltungen nutzen schon Modelle für schnellere Prüfprozesse und entsprechend schnellere Investitionsentscheidungen in der Immobilienentwicklung. Der BIM-basierte Bauantrag ist Realität und wird sukzessive in die Verwaltung einziehen. Jeder Neubau erhöht so die Chance, über die Gebäude unserer Städte besser Bescheid zu wissen. Die Gebäudeaufnahmen und die Dokumentation werden die fehlenden Daten der vielen Bauwerksbestände ergänzen.

In den Smart Cities im Nahen Osten und in China sind auch die Infrastrukturen Bestandteil der digitalen Städtemodelle. Jede Revitalisierung oder Instandsetzung von Versorgungsanlagen und Erschließungssystemen sollte daher anhand von Bauwerksmodellen geplant und dokumentiert sein, um sukzessiv ein Gesamtmodell der Stadt zu erhalten. Heute schon ist die Versorgung mit Breitbandinternet ein Faktor bei der Wirtschaftsentwicklung ganzer Regionen. In ein paar Jahren wird die Qualität der Dokumentation und das Vorhandensein von Daten über Standorte (kommunale Aufgabe), über Transaktionen und Standortwahlen entscheiden. Vergleichbar den Nachhaltigkeitseinstufungen gem. DGNB wird es ein standardisiertes Qualitätsmerkmal für die Datenkonsistenz eines Bauwerks geben müssen, das wichtiger Bestandteil eines Gebäudebriefes oder

Objektbriefes ist. In Bezug auf die Bewertung der Nachhaltigkeit haben wir ein solches Kataster im vorangegangenen Kapitel bei Madaster ja bereits kennengelernt. Dabei werden alle Gutachten und ergänzenden Dokumentationen samt Schadstoffkataster als verknüpfte Daten mit dem Modell erwartet. Ähnlich einem Kfz-Brief sind die Historie sowie die Dokumentation des IST-Zustandes prüfbar und nachvollziehbar und revisionssicher durch Blockchain-Technologie archiviert.

Das große, gemeinsame Gesamtmodell mit komplexer und konsistenter Verknüpfung mit der Datenbank wird weiterhin ein noch zu bewältigendes Arbeitsziel sein. Auch wenn der Level 3 im UK BIM als webbasiertes, vollvernetztes Informationsmodell beschreibt, bleibt fraglich, ob ein Gesamtmodell jemals Sinn macht, oder nicht der Referenzierungsweg mit den iterativ zusammengestellten Teilmodellen und deren Dokumentation im IFC auch zukunftsfähig bleibt. Haftungsrechtlich ist dieser Weg immer noch der bessere, da jeder Beteiligte die Hoheit an seinem konsistenten Modell und den notwendigen Prozessen behält.

Die Zukunft *ist visuell*

Unser Weg ist richtig, denn das Bild ist der Informationsträger der Zukunft. In den digitalen Medien, denke Sie z. B. an TikTok, ist das – zunehmend bewegte – Bild der dominierende Informationsträger. Kulturwissenschaftler sprechen in diesem Zusammenhang bereits von einem Iconic Turn. Man sieht sich lieber bei Youtube ein Video an, als nachzulesen, wie etwas funktioniert. Das Modell ist ein sehr visuelles Transportmittel von Information. Künftig entscheidet der Abstraktionsgrad der Information über die Akzeptanz bei den digitalen Nutzern. Eine 2D-Welt passt da nicht mehr hinein. Das Metaversum ist n-dimensional! Speicherplatz war einst sehr teuer, das entfällt zunehmend. Daher können wir heute deutlich größere Datenmengen versenden, verarbeiten und verwalten als früher.

Die digitale Disruption, also eine Innovation, die bestehende Prozesse und Technologien verdrängt, wird unsere Berufe weiter verändern: Taxibetreiber ohne Taxis, Hotelbetreiber ohne Hotels, Händler ohne Läden sind erst der Vorgeschmack. Die Vernetzung von Akteuren und Daten wird auch die Bau- und Immobilienwirtschaft mit neuen Geschäftsmodellen konfrontieren. Planen ohne Planer, Bauen ohne Bauunternehmen und Betreiben ohne Facility Management, wir müssen alles in frage stellen. Schon heute sind Grundstücke im Metaversum teurer als in Ihrer Stadt vielleicht.

In der Industrie ist der 3D-Drucker bereits fester Bestandteil der Wertschöpfungskette geworden. In Amsterdam entstand eine Brücke im Spritzgussverfahren, wobei zwei Roboter mit flüssigem Metall in die Luft zeichnen. Die Roboter zeichnen anhand des digitalen Bauwerkmodells und arbeiten sich autark von zwei Seiten über eine Gracht im Rotlichtviertel. 3D-Roboter bauen innerhalb von nur 24 Stunden ein ganzes Haus, zugegeben nur den Rohbau. Aber auch die Ausbauten, wie Fenster, Türen und technische Ausstattungen wurden entsprechend 3D ausgedruckt. Der Drucker ist ein kleiner Kran, der während seiner Drehbewegungen ein Betongemisch sprüht. Mithilfe dieser Technik können lange Logistikwege durch Produktion vor Ort gespart werden. Mit einem Blick in die Zukunft wird der 3D-Druck von technischen Komponenten wohl auch im Facility Management noch einen großen Stellenwert einnehmen. Andere Entwicklungen, die noch vor wenigen Jahren als Zukunftsmusik bezeichnet wurden, konnten sich schon etablieren. Beispielsweise vermessen Drohnen nicht nur Bestand und Topographie und überwachen Bauabläufe und -fortschritte, sondern setzen bereits anhand eines Fertigungsmodells Steine aufeinander und errichten einen Rohbau. Auch erstellen Klinkerroboter Fassadenbilder, die bisher kaum durch das Handwerk möglich waren, und Bohrroboter setzen Bohrungen präziser nach dem Modell, als es ein Mensch je kann. Das ist alles toll, spannend, beeindruckend und beängstigend zugleich. Wenn Sie hier aber ein bisschen Neugier, gesunde Abwägung und durchaus auch Skepsis aufbringen, sind Sie schon deutlich digitaler als am Anfang der Lektüre dieses Buches.

Die Baustelle wird auch zunehmend digitaler. Das Bestellen von Baumaterialen „just in time“ gemäß der Simulation am Modell ist angesichts der Lieferengpässe und Einkaufspreise schon heute real. Schon das Verschwinden von 2D-Plänen auf der Baustelle wird eine große Neuerung sein. Wer schon heute sehen will, was morgen möglich ist, sollte das Einkaufsverhalten von Google beobachten. So wurde beispielsweise für mehrere hundert Millionen Dollar ein Start-up namens „Magic Leap“ erworben, das es ermöglicht, ein 3D-Hologramm auf die Linse des menschlichen Auges zu projizieren. Das bedeutet, dass wir Arbeitsaufträge individueller erstellen können. Heute ist die Gebrauchsanweisung zur Erstellung eines Gebäudes ein Plan. Künftig kann modellgestützt ein konkreter, personalisierter Arbeitsvorgang eingespielt werden. So kann der Eisenflechter anhand der projizierten 3D-Bewehrungsplanung direkt einen Abgleich des Vorgefundenen mit der Planung vollziehen und in echt nachmodellieren. Auch der Generalunternehmer nutzt heute bereits Augmented Reality- und Virtual Reality-Anwendungen im BIM2Field, indem zum Beispiel im Trockenbau die exakte Positionierung einer Schiene modellgestützt direkt eingeblendet werden kann. Der Anteil der Vorfertigung kann durch den Einsatz von Robotik und dem seriellen Produzieren von Bauteilgruppen stark erhöht werden. Witterungsgestützt können Maschinen große transportfertige Teile einfacher und qualitativ hochwertiger produzieren. An der ETH Zürich ist bereits ein Roboter im Einsatz, der dreidimensional ein Feld von 6 m × 15 m × 45 m bearbeiten kann. Dort wurde z. B. eine Dachkonstruktion in Holzmodulbauweise erstellt, wobei sogar das Nagelbild geplant war. Ebenso laufen Versuche durch Wurfmaschinen und konkret berechneten Flugbahnen Mauern aus Lehmklumpen zu erstellen. Auch die Art zu Bauen verbindet in nahezu poetischer Form Archaisches wie Lehm oder Schotter mit der digitalen Berechnung und Robotik. Ein weiteres Beispiel an der ETH Zürich ist die Konstruktion von Wänden und Stützen aus Schotter mit einem eingelegten Faden. Der Roboter legt eine Spur aus Schotter und der Nachfolgeroboter spinnt einen Faden in Schlangenlinien darüber. Die nächste aufgelegte Schicht verkantet sich mit dem Faden und bildet das Fundament für eine neue „Trockenbauwand“!

Auch die Auseinandersetzung mit Bauwerksbeständen ist ein Thema von Building Information Modeling. Arbeite ich künftig mit Gebäudedaten, reichen Daten von Neubauten nicht aus. Auch das Erstellen von Bauwerkbestandsmodellen wird ein Thema der Zukunft sein, wobei die Methodik der Erfassung und Aufnahme in verschiedene Richtungen läuft. Das Scannen ist bereits etabliert. Auch die fotogrammetrische Aufnahme ist eine ökonomische Methodik. Das händische Modellieren aufgrund von Bestandsunterlagen ist eine Planeraufgabe, die mit Ingenieursverstand auch hinter die oberflächliche Aufnahme schauen lässt. In Cambridge wurden erste automatische Modellgenerierungen anhand von Videodaten entwickelt. Wenn sich heute eine Soundanlage kalibriert wird mit Sonos der Raum erfasst und simuliert. Auch das kann mittelfristig zur Gebäudeaufnahme herangezogen werden.

Die Datenhaltung auf zentralen Servern, in einer Cloud oder Serverfarm und der Bezahlvorgang bei Bestellungen und Lieferungen werden sich durch Blockchain ebenfalls verändern und uns eine neue Form des 5D ermöglichen. Dabei werden uns in einer unbestechlichen Buchhaltung Lieferungen und deren Bezahlung aus dem Modell ermöglicht, wobei die Daten einen sicheren, transparenten Weg über die dezentralen Rechner des Blockchainnetzwerks nutzen. Das macht es uns möglich, die Lieferketten Schritt für Schritt nachzuverfolgen, und zeigt uns als Nutzer der gebauten Umwelt an, welche Baustoffe aus welchem Land bei welchem Energieaufwand für die Erstellung der Immobilie herangezogen wurden. Insbesondere der Gebäudebrief in der Blockchain ist ein unverfälschliches Qualitätsmerkmal. Einmal im www abgelegt, kann keine Manipulation an der Dokumentation eine Verfehlung der Rentabilitätsprognose erreichen.

Die Sensorik bringt uns neue zusätzliche Daten und ermöglicht uns, dynamische und statische Daten des Bauwerks zu erheben. Der Sensor selbst hat eine eigene IP-Adresse, was uns durch das 5G-Netz zusätzlich erschlossen wird. Hatten wir bei 4G noch 4,3 Milliarden Adressen, was 8,4 Adressen pro Quadratkilometer Erdoberfläche ausmachte, sind es beim neuen IPv6-Standard 340 Sextillionen, was 664 Billiarden pro Quadratmillimeter Erdoberfläche ausmacht. Dieses für uns unfassbare Exponential beschreibt den Fortschritt der Technik und die unerschöpfliche Möglichkeit, Daten zu erheben. Gleichzeitig werden die Aktoren über Niederfrequenz (Long Range Wide Area Network LoRaWan) fast überall mit extrem niedrigem Energieaufwand erreicht. Der derzeit kleinste Sensor ist gerade einmal 19 x 19 x 2 mm groß und hält 15 Jahre bei einer täglichen Datenübertragung in 100 Transaktionen, ist in Häusern innerhalb von 25 m, in Lagern innerhalb von 100 m und außen in einem Kilometer zu erreichen und ist dabei extrem günstig. Zukünftig wird sich der Preis der verbauten Hardware ändern, da Serviceprovider diese stellen oder im Rahmen der Produktcloud eines

Bauproduktes zur Verfügung stehen. Der Flughafen Düsseldorf hat in einem Feldversuch den Einsatz von Sensorik bereits im Infrastrukturbau erprobt. 50 Sensoren messen in einem wichtigen Brückenbauwerk Temperatur, Feuchtigkeit und Korrosion im Betonbauwerk und ermöglichen stetige, zerstörungsfreie Erkenntnisse über den Bauwerkszustand.

Es sind so viele Themen, die wir digital erschließen können. Kabellose Gebäude mit Sensorschaltern, die ihre Energie aus dem An- und Ausschalten gewinnen, Grünfassaden, die durch Photosynthese Strom erzeugen, Algenfassaden und Urban Farming sowie Bauweisen, die der Stadt auch als Schwammstadt ermöglichen, Wassermassen zu bewältigen. Es gibt so viele gute Ansätze, die wir Gestalter und Macher unserer eigenen Umwelt erschließen können.

Sie haben gesehen, ich bin als Architekt und Unternehmer immer engagiert, mich den aktuellen Aufgabenstellungen und Herausforderungen mit Lösungsansätzen zu stellen. Automation, Digitalisierung und die industrielle Produktion weg vom Unikat zum Seriengeschäft unter der

Nutzung von künstlicher Intelligenz ist gerade mein Beitrag zur notwendigen Bauwende.

Zum guten Schluss möchte ich Sie noch einmal auffordern, sich zu kultivieren. Bei all den technischen Neuerungen, all der Disziplin und den in Kürze vorliegenden Richtlinien, Prozessen und Standards haben wir uns erst zivilisiert. Wir hetzen der digitalen Zivilisation hinterher, und die Technologie erhöht dabei konstant die Geschwindigkeit. Vergessen Sie für einen Augenblick das eigene Geschäftsinteresse, vergessen Sie Ihren Status, Ihr Know-how und Ihr originäres, monetäres Interesse am Bauwerk. Wie Sie schon wissen, entsteht nach Kant Kultur erst mit dem Vorhandensein von Moral. Haben wir uns die digitale Zivilisation erst einmal erschaffen, wird die Digital-Ethik entstehen als ein faszinierendes Gut der neuen „Wir“-Bewegung. Dann können wir bewerten, wie moralisch die Akteure handeln. Cyberkriminalität, Verkauf von Kundendaten und Terrorismus werden ebenfalls unsere Wegbegleiter sein und die Digitalisierung und die Veränderung der Prozesse auf wenig moralische Weise für sich nutzen; doch das gab es auch schon vor der Digitalisierung.

Wir Deutschen sind sicher nicht die Early Adopters der Digitalisierungsmethoden in der Bau- und Immobilienwirtschaft sowie in der Nutzung der BIM-Methodik. Aber mit unserem Ruf der deutschen Gründlichkeit und der Fähigkeit, aus dem bereits Entwickelten nur das Beste zu übernehmen, plus einem starken Mittelstand in der Planerlandschaft und in der Bauindustrie haben wir die Chance, wieder weltweit Marktführer zu werden und sind dabei auf einem guten Weg. Wahrscheinlich wird es mit der BIM-Einführung in Deutschland ein wenig wie mit unserem Hauptstadtflughafen: Was lange währt, wird besonders gut! Bitte – werden Sie jetzt digital im Planen, Bauen und Betreiben!

„Nichts ist beständiger als der Wandel, ich BIM dabei!“

Der Autor und sein Drang, Wissen zu teilen
Architekt und digitaler Missionar

André Pilling wurde 1973 in Oberhausen geboren, also mitten im Ruhrgebiet. Vielleicht erklärt das seine Leidenschaft für den Kulturwandel, hatte diese Region doch nach dem Ende der Kohle- und Stahl-Ära einen grundlegenden Kulturwandel vollzogen. Als Sohn eines Bauingenieurs und Bauträgers kam er früh mit dem Planen und Bauen in Berührung. Schon als Kind plante er mit Vorliebe Häuser, die er seinem Vater dann zur Kalkulation vorlegte. Mehrere Praktika auf familieneigenen Baustellen trugen rasch ein grobes Verständnis über die am Bauen beteiligten Gewerke ein. Ein Praktikum im Architekturbüro beförderte den Wunsch, selbst in die Planung zu gehen.

Auch ein schulisches Ereignis hatte diesen Berufswunsch vorgeprägt. Als Schüler des Elsa-Brändström-Gymnasiums, eines der ersten Montessori-Gymnasien erhielt er die Chance, sich eigenverantwortlich an einem Freiprojekt zu beteiligen. Die Wahl des Projektes blieb den Schülern überlassen. Das Schulgebäude aus den frühen 70er Jahren verfügte über eine Laufbahn und eine Weitsprunggrube auf dem Dach des Lehrer- und Bibliothekstraktes. Die Umnutzung dieser maroden Fläche zu einem innerstädtischen Nachbarschaftsgarten und einer Begegnungsstätte für Kunst wurde zum Inhalt eines Revitalisierungskonzeptes. Dieses Projekt konnte dank der Förderung durch die Landesregierung von Nordrhein-Westfalen und die Unterstützung der Direktorin wirklich realisiert werden; noch vor dem Abitur konnten die Schüler das erste Unkraut rupfen.

Der erste Abschnitt von Pillings Hochschulausbildung begann an der RWTH Aachen im Bauingenieurwesen. Nach vier Semestern Grundstudium wechselte er an die Fachhochschule Düsseldorf, um sich stärker der praktischen und konzeptionellen Entwurfsmethodik zu nähern. Die heutige Peter-Behrens-School of Arts war bekannt für unkonventionelle, pragmatische und interdisziplinäre Ausbildungsansätze. Diese Form der Annäherung an die Entwurfsmethodik war auch die Grundlage für spätere selbst entwickelte Ausbildungsansätze zur BIM-Implementierung. André Pilling erläuterte dies an einem Beispiel aus dem dortigen Unterricht:

Um zu verstehen, was Architektur ist und wie sie entsteht, was sie braucht und wann sie angemessen ist, beschäftigten wir uns in einer dreistufigen Auseinandersetzung mit der Haut. Die Haut, die uns am nächsten ist, ist nun mal die eigene. Das heißt, die erste Auseinandersetzung mit Architektur startete mit der Auseinandersetzung mit dem menschlichen Körper. Der Mensch als Mittelpunkt, das haben wir auch schon bei den BIM-Faktoren gesehen. Architektur ist für den

Menschen. Deshalb ist ein Wissen um die Geometrie des Menschen wichtig, ohne sich deshalb gleich in Anatomie zu verlieren. Wie jeder Entwurfsprozess begann unsere Auseinandersetzung mit einem Blatt Papier. Das war damals ein sehr großes Stück Papier, das wir an die Wand hängten und an dem wir in kleinen Gruppen begannen, uns zu umreißen. Danach zirkelten wir die möglichen Bewegungsradien der Gliedmaßen mit Kreide aufs Papier und schufen uns so unseren ganz eigenen Leonardo. Wer als Architekt einmal ein Schwimmbad geplant hat, weiß, wie praktisch das Wissen darum ist, ob ein Mensch mit ausgestreckten Armen bei Gegenverkehr in einer Bahn 50 cm oder 150 cm in Anspruch nimmt.

Aus dieser Übung nahm ich aber noch ein weiteres Kriterium mit. Die Arbeitsteilung in „Du stehst an der Wand, ich umreiße dich und du misst später mit dem Maßband aus und notierst die Maße“ führte zur ersten Teamarbeit im Studium, die sogar über die weiteren Semester hinweg in Form einer Freundschaft halten sollte. Das war unser Mensch, der natürlich der Schönste war. Die nächste Annäherung irritierte mich so sehr, dass ich kurz dachte, ich wäre doch besser zurück zu den Bauingenieuren gegangen. Abstrahierung muss man bekanntlich auch erst mal lernen. Die zweite Stufe der „Häute“-Methodik führte nämlich über das Kleid. Doch was „Modedesign“ mit Architektur zu tun hatte, erschloss sich mir erst später. Das war die Haut, die nach unserer eigenen uns am nächsten kommt.

Die Art, wie wir das „bequeme Kleid“ darstellen, blieb uns überlassen. Ich nehme das Ergebnis vorweg: Es wurde getanzt, geschildert, gesungen und auf dem Laufsteg vorgeführt. Als Sohn eines Bauingenieurs, der seinem Kleinen schon früh das Erzeugen von Grundrissen, Schnitten und Ansichten beigebracht hatte, war ich zugegebenermaßen etwas gehemmt. Bequemes Kleid, was ist das? Ich entschied mich dafür, dass die vorher skizzierten Bewegungsradien freizuhalten seien, damit flexibel auf die Witterung reagiert werden kann und ich darin Dinge mitnehmen kann. Also verpasste ich einer Boxershorts und einem bequemen T-Shirt durch Klettband abnehmbare Arme und Beine sowie eine Tasche. Da ich bis heute nicht nähen kann, hatte ich das Klettband mit einem handelsüblichen Tacker befestigt, was beim Tragen doch etwas schmerzhaft war. Ergebnis der Arbeit: Der Professor kürte das Schönste und das „Praktischste“ mit den Worten „die Schöne und das Biest“. Ich durfte letzteres sein. Die anderen boten wirklich sehr poesievolle Interpretationen der zweiten Haut, bis zur sinnlichen Schilderung einer sehr attraktiven Asiatin, die beschrieb, wie die Seide am Strand im Wind ihre Haut berührt. Das Spannende dabei war die Vielfalt der Darstellung, auf wie unterschiedliche Art und Weise der Lösungsansatz vermittelt werden konnte und wie abstrakt Informationen zu transportieren waren. Und wie wichtig es ist, seine Rolle verlassen zu können, um kreativ und mutig zu sein, das war ebenfalls ein wichtiger Baustein, den ich aus dieser Lektion mitnahm.

Die dritte Haut war dann endlich das erste Haus! Ein kleines Haus für dich in einem Weinberg. Ein strenger Betonquader nahm alle Funktionsbereiche auf: Eine kleine Küche, das WC und das Duschbad wurden platzsparend gestapelt und schmiegten sich an einen glänzenden Aluminiumkeil, der im Erdgeschoss den Wohnbereich aufnahm und im Obergeschoss eine Schlafempore. Die reflektierende Fassade spielte dabei mit dem Bild der Weinberge und der Reflexion der Sonne. Das Ergebnis zeichnete ich mit Bleistift und Polychromo (Buntstift) mit Schattendarstellung auf große Präsentationsblätter. Als besonderes Highlight – ich wollte ja jetzt auch mal was Schönes machen – ließ ich den Lageplan bei einer befreundeten Grafikagentur vektorisieren und anschließend in Aluminium fräsen. Es wurde eine sehr gute Arbeit, ich erhielt allerdings den Hinweis, ich sollte nicht zu manieristisch werden. Im Nachhinein gesehen war das mein erster digitaler Plan, obwohl ich damals alles, was digital gezeichnet war, einfach nur tot, langweilig und irgendwie unsexy fand. Diese Freiheit der Wahl, ob analog oder digital und in welchem Zusammenhang und wann im Projekt einzusetzen, ist ein großes Gut, das ich mir aus den Übungen an der Hochschule bewahrt habe.

Während seines Studiums arbeitete Pilling bereits in den Entwurfsabteilungen mehrerer großer Düsseldorfer Architekturbüros. Zwei Erste Preise in Wettbewerben für Bürogebäude machten die Weiterbearbeitung dieser Projekte in den ersten Leistungsphasen in einem Büro möglich. Leider geriet dieses Büro kurz darauf in Insolvenz, und so entschloss sich einer der Partner, gemeinsam mit Pilling ein eigenes Büro zu etablieren. Uli Hinrichsmeyer hatte lange Jahre eine Gastprofessur an der Bartlett School of Architecture und an der Städelschule inne und arbeitete stark konzeptionell. Der konzeptionelle Entwurf, die architektonische Utopie sollte neben den klassischen Planungsaufgaben ein künstlerischer Freiraum bleiben. Vor allem die Konzeptentwicklung aus der Musik heraus war ein Thema zahlreicher Studien des jungen Unternehmens „pos4 architekten".

Die Restabwicklung der erwähnten Projekte lieferte die ersten Aufträge. Das brachte die ersten Erfahrungen mit Fachingenieuren und Generalunternehmern ein. Nach dem Abschluss des Architekturstudiums mit dem Diplom im Jahre 1999 konnten über Wettbewerbe große Projekte im Handelsbereich akquiriert werden, in denen besonders die Auseinandersetzung mit Immobilienbeständen thematisiert wurde. Im Rahmen der Neukonfektionierung des ehemaligen Messegeländes der Stadt Friedrichshafen konnte eine noch sehr neue, stützenfrei vollverglaste Messehalle in das neue Nutzungskonzept überführt werden. Es folgten zahlreiche Großprojekte im Bereich Handelsimmobilien, insbesondere Fachmarktcenter und hybride Einkaufscenter. Besonders im Fachmarktbereich verlangte die Auseinandersetzung mit der Entwurfsaufgabe eine innerstädtische Lösung mit hohem gestalterischem Anspruch bei ökonomischer Bauart, um die Projektkalkulationen mit den zu erzielenden Handelsmieten der Fachmarktfilialisten profitabel zu unterstützen.

Den Goldrausch im Osten und das Aus-dem-Vollen-Schöpfen hatte Pilling so nicht kennengelernt, was aber eine besondere Sensibilität bei der Berücksichtigung der Wünsche des Auftraggebers zur Folge hatte. Wiederum durch einen Wettbewerb wurde eine weitere Spezialimmobilie in die Bearbeitungsschwerpunkte der Planungsgesellschaft aufgenommen: Ein innerstädtisches kommunales Hallenbad wurde zum Startpunkt einer Reihe von Sportstätten und Bäderprojekten, die aus der Feder des Düsseldorfer Büros entstanden.

Wie oben im Kapitel 8 „Ja, ich will!" beschrieben, kam Pilling zuerst in den Niederlanden mit der BIM-Methodik in Kontakt. Neben der Implementierung im eigenen Unternehmen stand bald die Ausgründung einer spezialisierten Gesellschaft in der Entwicklungsstrategie: die DEUBIM. Dies ist heute ein unabhängiges Beratungsunternehmen, das sich mit dem strategischen Einsatz des Building Information Modeling (BIM) in der Immobilienwirtschaft befasst und die zunächst in Kooperation mit der TÜV SÜD Akademie Fort- und Weiterbildungsprogramme durchführte und heute mit den EDUBIM-Produkten selbst ausbildet. Das Leistungsspektrum der DEUBIM deckt alle Bereiche der digitalen Planung, der Realisierung und des Betriebs von Immobilienobjekten ab. Das Ziel ist der effiziente Einsatz der BIM-Methodik und eine nachhaltige Verbesserung der wirtschaftlichen Erfolgsgrößen über den gesamten Lebenszyklus der Immobilie hinweg.

Das Unternehmen mit Sitz in Düsseldorf wurde im Jahr 2014 von André Pilling als geschäftsführendem Gesellschafter des Planungsunternehmens pos4 architekten Düsseldorf gemeinsam mit Alfred Kornfeld gegründet, dem geschäftsführenden Gesellschafter des Technologieunternehmens IMPAQ Finance Berlin.

Das Unternehmen betreut und entwickelt in der strategischen Beratung Digitalisierungskonzepte für Konzerne, Unternehmen und Planungsgesellschaften und gibt Unterstützung bei der softwareunabhängigen, interdisziplinären BIM-Implementierung. Auch die Digitalisierung von Gebäudebeständen im Bereich der Inventur ist ein Forschungsgebiet des Unternehmens und berührt vor allem die Schnittstelle von Gebäudemodellen mit ERP, CAFM, CMMS-Systemen und Sensorik.

POS4 Architekten Generalplaner kann heute schon auf eine Vielzahl von Planungsaufgaben zurückblicken, in denen die BIM-Planungsmethodik über die Planungsphase konsequent in einer Vielzahl von BIM-Anwendungen genutzt wurde. Dabei werden die Projekte meist in der openBIM-Methode über alle Leistungsphasen betreut. Dazu sind die trainierten Teams oft aus den eigenen Ausbildungen über die DEUBIM bekannt und bezüglich des Know-hows der Bauaufgaben und der Auftraggeber-Informationsanforderungen projektspezifisch konfiguriert. So wird ein qualitativ hochwertiges Informationsmanagement sichergestellt und mit dem projektspezifischen Planungsknowhow verbunden.

Die BIM-Koordinatoren wurden bereits entsprechend den zukünftigen Anforderungen qualifiziert. Beispielhaft sollen die Projekte „Revitalisierung eines Einkaufszentrums in Weinheim“ (Hahn Gruppe mit Rewe), „Sportkomplex Lommel“ (Pellikaan mit Optisport für Gemeinde Lommel in Belgien) und der Sportkomplex Alm in Bielefeld (Pellikaan für Stadt Bielefeld) genannt sein. Auch sind die Bauvorhaben Fachmarktzentrum Leinefelde im „BIM-Mittelstandsleitfaden“ und das Hallenbad Werdohl in „Das neue Bauen mit BIM und Lean“ anschaulich publiziert. Das Blütenbad in Leichlingen kombiniert die Methoden BIM, Lean mit Nachhaltigkeitsbewertungen.

Um die hohe Beratungsqualität des Partnernetzwerks sicherzustellen und den BIM-Standard in Deutschland fortlaufend mit weiterzuentwickeln und allgemeingültig als inklusives System anzubieten, betreibt die DEUBIM seit 2014 eröffnete die DEUBIM ihre eigene Akademie. Dr. Thomas Liebich von AEC3 hatte dafür mit André Pilling einen Lehrplan erarbeitet, der sich nicht nur an die Anwender der Planung richtet, sondern auch den Geschäftsführungen der beteiligten Planungs-, Bau- und Betreibergesellschaften den Mehrwert der BIM-Methodik in Vortragsveranstaltungen vermittelt (u. a. durch Prof. Oltmanns, Prof. Eschenbruch). Auch Immobilienbetreiber, Entwickler und Projektsteuerer haben sich der Thematik bereits angenähert. Dabei wahrt die Akademie ihre Unabhängigkeit von Software-Herstellern. Auf die openBIM-Anwendung wird besonderer Wert gelegt, da nur diese dem heterogenen Querschnitt der deutschen Planerlandschaft und dem deutschen Mittelstand entspricht.

Die Entwicklung der Akademie geht auf den in den obigen Kapiteln beschriebenen Kreis der auszubildenden Planungsgesellschaften zurück. Damals hatten sich mehrere Unternehmen kooperativ von Experten wie Thomas Liebich ausbilden lassen. Dieses Modell gestattete es, den ersten interdisziplinären BIM-Kurs in Deutschland anzubieten, denn die Methodik kann nur gemeinsam erlernt werden. Im Jahr 2014 wurden in einem zehnmonatigen Kurs bereits 35 Teilnehmer aus 25 Unternehmen erfolgreich ausgebildet.

Ein erster BIM-Basiskurs sollte die Mehrwerte, Grundlagen und theoretischen Hintergründe aufzeigen. Lernziel sollte auch sein, die eigene Rolle zu finden und zu verstehen, ob man selber aktiv modelliert, Modelle verwertet oder Daten aus Modellen für sich nutzen wird. Im Mittelpunkt des Wissensaufbaus sollte in der Ausbildung immer der Mensch stehen. Dieser bedient sich wiederum der Prozesse, Technologien und Rahmenbedingungen und produziert Daten. Die Methodik sollte je nach Stand des Vorwissens anhand von verschiedenen Kursen in Modulen von Seminaren, Vorträgen und Workshops geübt und trainiert werden. An einem kleinen Übungsobjekt werden erste Modellierungsarbeiten in den Leistungsphasen entsprechend des LOIN erarbeitet und ausgetauscht. Referenzieren, Clashen und die Kommunikation am Modell wird im Team geübt und durch Experten begleitet.

Im Jahr 2015 wurde das Kursprogramm um einen Fortgeschrittenenkurs erweitert, außerdem durch einen Managementkurs, in dem sowohl die Koordination als auch die Aufgaben des BIM-Managers im Mittelpunkt stehen. Im neuen Basiskurs lernten die Teilnehmer als Erstes im Rahmen des „Rollentauschs" ganz analog den Anderen (aus einer anderen Fachdisziplin) kennen. Dazu wurden aus jeder Planungspartei zwei Freiwillige gesucht, die ihr Schaffen und ihre Rolle im Planungsprozess beschrieben. Einer der beiden Architekten hatte beispielsweise in einer Hausarbeit seinen Planungsalltag beschrieben und dabei versucht, auch seine Kommunikation mit den anderen fachlich Beteiligten zu skizzieren. Was erwarte ich vom Anderen und was ärgert mich in der Zusammenarbeit, ist eine weitere Fragestellung in diesem Zusammenhang. Der zweite Architekten-Freiwillige wurde nun aufgefordert, in die Rolle eines anderes zu schlüpfen, und wurde nun etwa zum Statiker. Das ist immer ein wundervoller Einstieg, um auch die interdisziplinäre Zusammengehörigkeit im Kurs zu stärken. Die Ergebnisse sind immer äußerst spannend.

Bei den echten Rollenvertretern ist hier sehr schön ein gewisser Stolz und eine Sicherheit bei der Beschreibung der eigenen Arbeit zu beobachten. Das ist sehr löblich, denn Sicherheit und Selbstwertgefühl sind wichtige Grundlagen interdisziplinärer Teamarbeit. Die Beschreibung des Anderen kann in sehr verschiedene Richtungen gehen: Von „ich habe ehrlich gesagt gar keine Ahnung davon, was ein Architekt eigentlich macht; ich zeichne halt meine Trassen in die oft nicht konsistenten Pläne ein und gebe sie zurück" bis hin zu Schilderungen ähnlich des „Seidentuches auf der Haut" weiter oben sind bei den Kursen dabei herausgekommen. In den anschließenden Diskussionen entsteht dann ein guter Überblick über das jeweilige Wirken der Akteure im Planungsprozess, und dies motiviert zur Hinterfragung von Prozessschritten der anderen. Schnell wird dann bewusst, dass gemeinsames Arbeiten nicht jeder für sich im Hinterzimmer erlernen kann. Das wird sich dann sicherlich positiv auf die Qualität der Arbeit auswirken, und ganz nebenbei kommt noch ein wichtiger, oft vergessener Faktor „ins Spiel":

BIM macht Spaß!

Nachdem die allgemeinen theoretischen Grundlagen vermittelt waren, wurden die Gruppen zur Einstimmung auf die Zusammenarbeit branchenspezifisch und bei den Planern auch fachspezifisch getrennt. Im Vorgriff auf die Koordination sollten die modellierenden Fraktionen in ihrer Fachdisziplin den korrekten Modellaufbau und die notwendigen Koordinierungsprozesse trainieren. Am Beispiel eines Lagerhauses wurden in den Übungsgruppen Teilmodelle erstellt, die dann in der großen Gruppe wieder im Koordinierungsmodell zusammengeführt wurden. In die Vorlage hatten wir natürlich bewusst auch Nickeligkeiten wie Rampen, einen Aufzug und verschiedene Fassadenaufbauten eingebaut, um beispielsweise die richtige Geschossigkeit und die Notwendigkeit von Einfügepunkten erfahrbar zu machen.

In weiteren Übungseinheiten wurde die 4D- und 5D-Simulation modellverknüpft am Übungsprojekt abgebildet. Auf besonderen Wunsch der Teilnehmer wurde das Kursprogramm im Jahr 2016 modular aufgebaut, da die Mitarbeiter durch die lange Dauer der Kurse zu sehr aus dem Alltag gerissen wurden. Als ehemaliges Mitglied des VDI-Gremiums 2552-8-Qualifizierung und als ehemaliger Leiter der Fachgruppe Zertifizierung bei buildingSMART war es André Pilling ein besonderes Anliegen, ein international rückverankertes Curriculum zu nutzen, um eine internationale Vernetzung der Personen und Rollen auch als Industriestandard zu schaffen. Unter Beteiligung von Thomas Liebich wurde in Abstimmung mit buildingSMART Deutschland als Mindestanforderung an die Ausbildungsinhalte ein Basis-Curriculum formuliert, das auf dem norwegischen Curriculum basiert und um landesspezifische Inhalte ergänzt wurde. 2018 wurde das Programm offiziell durch building-SMART Deutschland gelaunched, wobei die Deutschen die ersten international sind, die das Programm anbieten.

Im Sommer 2016 wurde zunächst für drei Jahre mit dem TÜV SÜD ein ebenso unabhängiger Partner gefunden. Gemeinsam mit einem der größten Anbieter von Weiterbildung in Deutschland wurde das bundesweite Roll-out in der BIM-Ausbildung für Deutschland geschaffen. Gleichzeitig konnte, basierend auf den Ergebnissen der Mitarbeit in verschiedenen Gremien, ein Rahmenprogramm der aufbauenden Kurs-Module entwickelt werden, das nach Planen, Bauen, Betreiben und Managen geclustert ist. Im BIM-Basisanwender-Kurs wird das Angebot bewusst zunächst für alle Zielgruppen geöffnet. Dort wird unter Beteiligung der gesamten Wertschöpfungskette Bau das notwendige Basiswissen vermittelt, um entscheiden zu können, welche Ausbildungsrichtung und -intensität man wählen möchte.

Der Bedarf an Fort- und Weiterbildung wächst stark. Insbesondere die Beratungskunden der DEUBIM müssen für den internen Wissentransfer oft unterstützt werden. Daher wurden 2018 die EDUBIM-Produkte entwickelt, die nunmehr auch mit innovativen Lernformen und -architekturen, wie eLearning oder blended Learning, einen effizienten Weg der Wissensvermittlung im Bereich des Building Information Modelings besetzen. Heute nutzen große Bau- und Technologiekonzerne wie auch öffentliche Auftraggeber wie der Bundesbau diese hocheffiziente Art zu lernen.

2020 beteiligte sich Pilling am Düsseldorfer Start-up Imti Enterprises, um mit dem Wissen um die BIM-Methodik neue automatisierte, industrielle Verfahren zu entwickeln, das Bauen logischer, schlüssiger, kostengünstiger, berechenbarer und vor allem nachhaltiger zu machen.

Mit den eigenen Produkten und Services im Unternehmensverbund wird das Profil Ausbildung/Beratung/Anwendung zukunftsfähig durch die Firmen DEUBIM, POS4 Architekten und Imti Enterprises zusätzlich geschärft und nutzt die Synergien zwischen den Unternehmen optimal.

BIM-Glossar

2D	**zweidimensional** Grundrisse, Ansichten und Schnitte werden als vektorbasierte Darstellungen in ein CAD-System eingebracht. Nachfolger des linienbasierten Bauzeichnens am Zeichenbrett; als grafische Beschreibung von Flächen
3D	**dreidimensional** Grafische Beschreibung eines Körpers, räumliche Darstellung von Bauwerken unter Berücksichtigung der x-, y-, z-Koordinaten
4D	**vierdimensional** Die 4. Dimension bezieht sich auf die Verbindung zwischen 3D und der Zeit. Diese Verbindung wird im Bereich der Simulation, z. B. des Bauablaufs, durch die Verknüpfung von Modellelementen und Zeitkomponenten verwendet.
5D	**fünfdimensional** Die 5. Dimension bezieht sich auf die Verbindung zwischen 4D und Kosten. Mit dieser Verbindung werden modellbasierte Kostenschätzungen sowie der prognostizierte Materialaufwand ermöglicht.
6D	**sechsdimensional** Die 6. Dimension bezieht sich auf Nachhaltigkeit und Facility Management. Damit geht die Lebenszyklusbetrachtung eines Bauwerksmodells einher.
AEC	**Architecture, Engineering, Construction** Mit AEC wird die gesamte Branche der Architektur, des Ingenieurwesens und das Bauwesen beschrieben. In der Planung bedeutet das Architektur, Haustechnikplanung und Tragwerksplanung.
AG	**Auftraggeber**
AHO	**Ausschuss** der Verbände und Kammern der Ingenieure und Architekten für die Honorarordnung e. V.
AIA (EIR)	**Auftraggeber-Informations-Anforderung** (engl.: Exchange Information Requirements) Mit den AIA werden die Anforderungen des Auftraggebers hinsichtlich der zu erbringenden Informationslieferungen, Standards und Prozesse, die der Auftragnehmer erfüllen muss, beschrieben.
AIM	**Asset-Informationsmodell** (engl.: Asset Information Model) auch bezeichnet als **Liegenschaftsinformationsmodell (LIM)**. Das AIM beinhaltet alle wichtigen Informationen eines Assets und soll die Instandhaltung, die Verwaltung und den Betrieb unterstützen.

AIR	**Asset-Informationsanforderungen** (engl. Asset Information Requirements) AIR beschreibt die Informationsanforderungen, die sich aus dem Liegenschaftsmanagement und der Arbeit mit Liegenschaftsinformationsmodellen ergeben.
AM	**Asset Management** bedeutet für Vermögensverwaltung von Real Estate, das bedeutet, das investierte Kapital unter Ausnutzung aller Wertsteigerungspotenziale zu sichern und zu maximieren.
AN	**Auftragnehmer**
As-built-Modell	Bauwerksinformationsmodell im Übergang zum Betrieb. Das Modell stellt mit seinen grafischen und nichtgrafischen Informationen sowie den verknüpften Datenbanken und Dokumenten die Gebäudedokumentation dar und wird während der Realisierung um Produktdaten und Seriennummern, z. B. von haustechnischen Komponenten, angereichert.
AR	**Augmented Reality** ist die computergestützte Erweiterung der Sinneswahrnehmung. Dabei werden insbesondere die visuellen Sinne durch die Überlagerung des realen Bildes mit virtuellen Inhalten genutzt. Anwendung im BIM2Field.
BAP	**BIM-Abwicklungsplan** (engl. BEP – BIM Execution Plan) In diesem Dokument wird unter anderem die Zusammenarbeit der Projektbeteiligten hinsichtlich der zu erbringenden Informationslieferungen geregelt.
BCF	**BIM Collaboration Format** ist ein herstellerneutrales Datenformat und offener buildingSMART-Standard. Das Format wird für den Austausch von Koordinationsnachrichten im Änderungsmanagement zwischen verschiedenen BIM-Softwareprodukten, bspw. Lage, Perspektive, Verantwortlichkeit, betroffenes Objekt, Text.
Bestandsmodell	Dieses beschreibt die **Ist-Situation von Bauwerken** in einem digitalen Gebäudemodel (AIM) und dient oft dem Abgleich geplanter anschließender Bauwerksmodelle im Rahmen von Neubauten und Revitalisierungen. Die Erzeugung wird durch tachymetrische Aufnahme oder durch Laserscans erzeugt.
BGF	**Brutto-Geschossfläche** umschreibt den Außenumriss eines Geschosses, wobei seine Konstruktion inklusive der Außenwände übermessen wird. Sie ist Bestandteil der DIN 277.

Big BIM	Big BIM beschreibt die interdisziplinäre, durchgängige Anwendung der BIM-Methode (Nutzung digitaler Bauwerksmodelle mit herstellerneutralem Datenaustausch), bei der die gesamten Potenziale der Methode über den kompletten Bauwerkslebenszyklus genutzt werden können. Dabei wird eine Minimierung von Datenverlusten ermöglicht.
BIM	**Bauwerksinformationsmodellierung** (engl.: Building Information Modeling) Eine offizielle Definition des BMVI laut Stufenplan Digitales Bauen: „Building Information Modeling bezeichnet eine kooperative Arbeitsmethodik, mit der auf der Grundlage digitaler Modelle eines Bauwerks die für seinen Lebenszyklus relevanten Informationen und Daten konsistent erfasst, verwaltet und in einer transparenten Kommunikation zwischen den Beteiligten ausgetauscht oder für die weitere Bearbeitung übergeben werden." Nach der offiziellen Definition der DIN EN ISO 19650 ist es die: „Nutzung einer untereinander zur Verfügung gestellten digitalen Repräsentation eines Assets zur Unterstützung von Planungs-, Bau- und Betriebsprozessen als zuverlässige Entscheidungsgrundlage. Zu baulichen Assets gehören unter anderem Gebäude, Brücken, Straßen und Prozessanlagen."
BIM2Field	BIM-Anwendungen in der Realisierungsphase, insbesondere modellgestützte Bauzustandsüberwachungen über Wearables, AR- und VR-Anwendungen zum Modellabgleich.
BIM-Protocol	Einfache AIA in den Niederlanden
bSDD	**buildingSMART Data Dictionary** Das bsDD basiert auf dem ISO 12006-3-Standard und stellt eine Schnittstelle zur mehrsprachigen Verknüpfung von Daten und Produkten für das Planen, Bauen und Betreiben dar.
bS-GS	**buildingSMART Deutschland e.V.** ist das Deutsche Chapter des bSI, 1995 gegründet und in Berlin als eingetragener Verein ansässig.
bSI	**buildingSMART International** buildingSMART International ist eine Organisation, die offene Standards im Bauwesen fördert. Früher bekannt unter IAI (International Alliance for Interoperability). Offene Standards sind z. B. IFC und bsDD.
CAD	**Computer Aided Design** Rechnerunterstütztes Konstruieren und Entwerfen mit Hilfe von EDV.

CAFM	**Computer Aided Facility Management** ist eine Anwendung, die die Unterstützung des Facility Managements mithilfe von Informationstechnologie unter Nutzung von Datenbanken ermöglicht. Planung, Ausführung und Überwachung von betriebsrelevanten Prozessen wie Instandhaltung, Wartung, Inventarverwaltung, Reinigung sowie Umzugs- und Belegungsplanung.
CAFM-Connect	ist eine bewährte Initiative des CAFM Ring e.V. zur Gewährleistung der Interoperabilität von Software, die entlang des Lebenszyklus von Gebäudedaten zum Einsatz kommt unter Nutzung des IFC-Formates für den Betrieb.
CAFM-Connect 3.0	ist eine bewährte Initiative des CAFM Ring e.V. zur Gewährleistung der Interoperabilität von Software, die entlang des Lebenszyklus von Gebäudedaten zum Einsatz kommt, unter Nutzung des IFC-Formates für den Betrieb.
CDE	**Gemeinsame Datenumgebung** (engl.: Common Data Environment) beschreibt einen digitalen Projektraum, der als Informationsquelle für alle Projektbeteiligten dient. Dabei werden grafische, wie nicht grafische Informationen und Dokumentationen verwaltet, gemanagt und bereitgestellt.
closedBIM	**geschlossene BIM-Methode** innerhalb einer Software; setzt voraus, dass alle Beteiligten in der gleichen CAD-Software arbeiten.
COBie	**Construction Operation Building Information Exchange** Dateiformat zu Übermittlung von wartungsrelevanten Daten, MVD des IFC-Formats.
CoBIM	**Common BIM Requirements** beschreibt BIM-Anforderungen für Hochbauprojekte. Aufgeteilt in 13 Dokumente werden verschiedene Aspekte in Form eines Guides vermittelt.
DGNB	**Deutsche Gesellschaft für nachhaltiges Bauen e.V.** Aufgabe der Vereinigung ist es, Wege und Lösungen für nachhaltiges Planen, Bauen und Nutzen von Bauwerken zu entwickeln und zu fördern.
DIN	**Deutsches Institut für Normung e.V.** Eine DIN-Norm ist ein freiwilliger Standard, in dem unter Leitung eines Fachausschusses materielle und immaterielle Dinge vereinheitlicht werden.

DIN 276	ist eine DIN im Bauwesen, die zur Ermittlung von Projektkosten dient. Dabei werden in den Kostengruppen die einzelnen Bauteile benannt und klassifiziert.
ER	**Exchange Requirements** beschreiben im Rahmen des BIM-Datenaustausches eine spezifische Informationsanforderung für einen bestimmten Zweck oder eine weiterführende Nutzung.
ERP	**Enterprise-Resource-Planning** unterstützt als Software die Einsatzplanung von Personal, Informations- und Kommunikationstechnik, Betriebsmittel und Material als effizienter Wertschöpfungsprozess zur Optimierung von betrieblichen Abläufen.
Fachmodell	Ein **Fachmodell**/Domänenmodell beschreibt das Anwendungsgebiet (Domäne) von Software (oder eines Teils davon) in der Sprache des Anwendungsgebiets und legt dabei den Fokus auf die „Fachobjekte“ (Entitäten), deren Eigenschaften und Beziehungen.
FM	Facility Management
GEFMA	**German Facility Management Association** 1989 gegründet versteht sich GEFMA als das deutsche Netzwerk der Entscheider im Facility Management (FM).
GFZ	**Geschossflächenzahl** ist mit der GRZ, der Grundflächenzahl, Bestandteil zur Beschreibung des Maßes der baulichen Nutzung. Die ist die Addition der BGF unter Berücksichtigung der Geschosszahlen. Die GRZ und GFZ stehen im Verhältnis zur Grundstücksfläche.
GIS	Unter **Geoinformationssystemen** (GIS) versteht man Werkzeuge, die eine Darstellung, Analyse und Manipulation räumlicher Daten ermöglichen.
GRZ	**Grundflächenzahl** s. GFZ
GUID	Bauteil-ID zur eineindeutigen Identifizierung von Bauteilen eines digitalen Gebäudemodells.
HOAI	Die **Honorarordnung für Architekten und Ingenieure** ist eine Verordnung des Bundes zur Regelung der Honorare für Architekten- und Ingenieurleistungen in Deutschland.
IDM	**Information Delivery Manual** Prozessprotokoll, spezifiziert Anforderungen an den Datenaustausch und die Kommunikation im Verlauf des Lebenszyklus eines Projekts.

IFC	Die **Industry Foundation Classes** sind ein herstellerneutraler und länderübergreifender Standard im Bauwesen zur digitalen Beschreibung von Bauwerksmodellen in allen Planungs-, Ausführungs- und Bewirtschaftungsphasen.
ISO 9001	International anerkannte Normenreihe zur Qualitätssicherung im Organisationsmanagement
ISO 16739	Die IFC ist seit dem Release IFC4 ein offizieller ISO-Standard.
ISO 19650-1	In Bearbeitung (Stand April 2018) befindliche Norm zur Organisation von Daten zu Bauwerken – Informationsmanagement mit BIM, Teil 1 Konzepte und Grundsätze
ISO 19650-2	s. ISO 19650-1, Teil 2 Lieferphase der Assets
ISO 55000	International anerkannte Normenreihe, die die Inhalte des Asset Managements beschreibt sowie Standardterminologien und Definitionen
Kollisionsprüfung	Computergestützte (teil-)automatisierte Prüfung von Fachmodellen hinsichtlich Überschneidungen von Modellelementen zur Vermeidung von Kollisionen.
Koordinierungsmodell	Zusammenstellung aller Fachmodelle (Überlagerung) zur Koordinierung der Gewerke, Kollisionsprüfung und Gesamtansicht.
LOD	**Level of Development** beschrieb früher die für BIM-Objekte relevanten geometrischen und informativen Inhalte (LOG + LOI) und deren Umsetzung in den unterschiedlichen Detaillierungsstufen, heute ersetzt durch LOIN.
LOG	**Level of Geometry** beschreibt den Detaillierungsgrad der geometrischen Darstellung von Objekten in einem digitalen Modell. Wird für bestimmte BIM-Anwendungen (z. B. Kostenermittlung) aufgestellt.
LOI	**Level of Information** beschreibt den Detaillierungsgrad die alphanumerischen Darstellung (Attribuierung, Eigenschaften) von Objekten in einem digitalen Modell. Wird für bestimmte BIM-Anwendungen (z. B. Kostenermittlung) aufgestellt.
LOIN	**Level of Information Need** beschreibt die für BIM-Objekte relevanten geometrischen und informativen Inhalte (LOG + LOI) und deren Umsetzung in den unterschiedlichen Detaillierungsstufen, auch LOD. Wird auch als Fertigstellungsgrad und für die Freigabe entsprechender BIM-Anwendungen zu einer bestimmten Projektphase beschrieben.

Modell	Digitales Abbild einer zu erwartenden Realität. Dieses setzt sich aus einer geometrischen Repräsentation und verknüpften Informationen zusammen.
Model Checker	Ein Prüfwerkzeug, welches mehrere Teilmodelle auf Kollisionen prüft und teilweise auch Regelprüfungen durchführen kann.
Model Viewer	Mit **Model Viewern** werden Softwareprodukte beschrieben, mit denen das digitale Modell in verschiedenen Aspekten betrachtet, jedoch nicht verändert werden kann.
MVD	**Model View Definition** beschreibt einen bestimmten Blick auf das digitale Modell, wobei nur relevante Bauteile für bestimmte Zwecke angeschaut werden.
Natives Format	Software- und herstellerabhängiges Dateiformat. Ist in der Regel nur in der Ersteller-Software einzulesen und zu bearbeiten.
NHN	Normalhöhennull beschreibt seit 1993 die amtliche Bezugshöhe in Deutschland.
NN	Normalnull war von 1879 bis 1992 die amtliche Bezugshöhe in Deutschland.
OIA	**Organisatorische Informationsanforderungen** (engl.: **OIR** – Organisational Information Requirements) beschreiben die übergeordneten strategischen Informationsbedürfnisse einer Organisation oder eines Unternehmens.
openBIM	bedeutet in der Planungs-, Bau- und Betriebsphase eine Zusammenarbeit auf offener Schnittstelle (IFC), wobei jeder Projektbeteiligte die Wahl hat, welche Software er nutzt.
PAS 1192	**Publicly Available Specification 1192** öffentlich frei zugängliches Dokument, herausgegeben durch die British Standard Institution. Besteht aus 5 Teilen, die unter anderem Aspekte des BIM Level 2 (UK) beschreiben.
PB 4.0	**planen-bauen 4.0 GmbH** Gesellschaft zur Digitalisierung des Planens, Bauens und Betreibens in Deutschland. Initiative aller relevanten Verbände und Kammerorganisationen der Wertschöpfungskette.
PIA	**Projekt-Informationsanforderung** Grundlage für Auftraggeber-Informationsanforderung AIA, reflektiert OIA.

PIM	**Projekt-Informationsmodell** (engl.: **Project Information Model**) Bauwerksinformationsmodell während der Planungs- und Realisierungsphase, um die Planung bzw. virtuelle Darstellung des Assets zu vermitteln. Es trägt zum AIM bei und kann als Langzeitarchiv des Projektes dienen.
PIR	**Projekt-Informationsanforderungen** (engl.: **Projekt Information Requirements**) erläutern die Informationen, die erforderlich sind, um auf strategische Ziele innerhalb des Informationsbestellers in Bezug auf ein bestimmtes Bauvorhaben zu reagieren oder als Grundlage dafür zu dienen.
PM	**Property-Management** bedeutet performanceorientierte Bewirtschaftung von Bauwerken. Dabei liegt die Betreuung von Mietern und Nutzern, Mietvertragsmanagement sowie die Vergabe an externe Dienstleister und deren Überwachungen in der Verantwortung des PM.
PREM	Public Real Estate Management
Punktwolke	Durch einen Laserscan erzeugte Datenwolke, die einen dreidimensionalen Raum bezeichnet und oft auch mit fotogrammetrischer Kennung ein Abbild eines Bauwerkbestandes erzeugt. Mithilfe der Punktwolke kann ein Bestandsmodell modelliert werden.
TA	Die **Technische Ausrüstung** umfasst Grundleistungen für Neuanlagen, Wiederaufbauten, Erweiterungsbauten, Umbauten, Modernisierungen, Instandhaltungen und Instandsetzungen innerhalb der Gebäudetechnik.
VDI 2552	**Richtlinienkreis des Vereins Deutscher Ingenieure** stellt den nationalen Standpunkt in den internationalen Standardisierungsaktivitäten dar. Im Koordinierungskreis BIM werden derzeit die 11 VDI 2552-Richtlinien, teilweise mit mehreren Unterthemen, erarbeitet.
VR	**Virtual Reality**. Computergestützte Darstellung der Wirklichkeit in Form von virtuellen, interaktiven Darstellungen, Modellabbildungen und -begehungen mittels VR-Brillen oder in einer VR-Cave.

Danksagung

Die Inhalte dieses Buches sind in Zusammenarbeit mit Verbänden, Wissenschaftlern, Anwendern und ausgewiesenen Experten mit BIM-Hintergrund entstanden. Mithilfe vieler Interviews, Text-, Bild- und Modellbeiträgen konnte ich einen Überblick zusammenstellen, der die ganze Bandbreite demonstriert, wann, wo und warum BIM Mehrwerte für die Wertschöpfungskette Bau generiert. Besonderen Dank möchte ich buildingSMART Deutschland aussprechen, der als Vereinigung rund um die Digitalisierung dem Thema BIM seit Jahrzehnten ein Forum gibt. Auch für mich war dieser Verein eine wichtige Station auf meinem Weg in mein „BIM-Dasein“.

Großer Dank auch meinen Interviewpartnern, Richard Wilbert vom Büro Brendebach, Jan Laubach von der iwb Gruppe und Paul Lennon von Coady Partnership sowie Heinrich Lünenschloß von Köster Bau. Vielen Dank an den ehemaligen Bankenvorstand Oliver Maassen heute Trumpf und an Katharina Schumacher von der Arina Personalvermittlung für die Auseinandersetzung mit BIM im Personalwesen. Danke auch an das gesamte DEUBIM- und POS4-Team. Ein besonderes Dankeschön an die „Buchmacher“ wie Bernd Feuchtner, Peter Boragno und Andree Volkmann (für die Illustration) sowie Sarah Merz, ehemals Beuth Verlag, heute DEUBIM, für ihren Beitrag zur Ausbildung und das Möglichmachen dieser erfolgreichen Publikation.